国家职业技能等级认定培训教程
国家基本职业培训包教材资源

电梯安装维修工

（中级）

编审委员会

主　任	刘　康　张　斌	
副主任	荣庆华　冯　政	
委　员	葛恒双　赵　欢　王小兵　张灵芝　吕红文　张晓燕　贾成千	
	高　文　瞿伟洁	

本书编审人员

主　编	金新锋　高福明　虞雪芬
副主编	韩　霁　马溢坚
编　者	霍龙达　史汤豪　钟晓东　傅军平　陆晓春　王兵健　王勤锋
	佟　星　戴勇磊　戴亮丰　陈向俊
主　审	王　锐
审　稿	姜　磊　罗智菲

中国人力资源和社会保障出版集团

中国劳动社会保障出版社　中国人事出版社

图书在版编目（CIP）数据

电梯安装维修工：中级/中国就业培训技术指导中心组织编写．--北京：中国劳动社会保障出版社：中国人事出版社，2020

国家职业技能等级认定培训教程

ISBN 978-7-5167-4571-7

Ⅰ.①电… Ⅱ.①中… Ⅲ.①电梯－安装－职业技能－鉴定－教材②电梯－维修－职业技能－鉴定－教材　Ⅳ.①TU857

中国版本图书馆 CIP 数据核字（2020）第 232226 号

中国劳动社会保障出版社
中国人事出版社　出版发行
（北京市惠新东街 1 号　邮政编码：100029）

＊

北京市艺辉印刷有限公司印刷装订　新华书店经销
787 毫米×1092 毫米　16 开本　19.75 印张　324 千字
2020 年 12 月第 1 版　　2020 年 12 月第 1 次印刷
定价：59.00 元

读者服务部电话：（010）64929211/84209101/64921644
营销中心电话：（010）64962347
出版社网址：http://www.class.com.cn

版权专有　　侵权必究
如有印装差错，请与本社联系调换：（010）81211666
我社将与版权执法机关配合，大力打击盗印、销售和使用盗版图书活动，敬请广大读者协助举报，经查实将给举报者奖励。
举报电话：（010）64954652

前　言

　　为加快建立劳动者终身职业技能培训制度，大力实施职业技能提升行动，全面推行职业技能等级制度，推进技能人才评价制度改革，促进国家基本职业培训包制度与职业技能等级认定制度的有效衔接，进一步规范培训管理，提高培训质量，中国就业培训技术指导中心组织有关专家在《电梯安装维修工国家职业技能标准（2018年版）》（以下简称《标准》）制定工作基础上，编写了电梯安装维修工国家职业技能等级认定培训教程（以下简称等级教程）。

　　电梯安装维修工等级教程紧贴《标准》要求编写，内容上突出职业能力优先的编写原则，结构上按照职业功能模块分级别编写。该等级教程共包括《电梯安装维修工（基础知识）》《电梯安装维修工（初级）》《电梯安装维修工（中级）》《电梯安装维修工（高级）》《电梯安装维修工（技师　高级技师）》5本。《电梯安装维修工（基础知识）》是各级别电梯安装维修工均需掌握的基础知识，其他各级别教程内容分别包括各级别电梯安装维修工应掌握的理论知识和操作技能。

　　本书是电梯安装维修工等级教程中的一本，是职业技能等级认定推荐教程，也是职业技能等级认定题库开发的重要依据，已纳入国家基本职业培训包教材资源，适用于职业技能等级认定培训和中短期职业技能培训。

　　本书在编写过程中得到杭州职业技术学院、浙江省特种设备科学研究院等单位的大力支持与协助，在此一并表示衷心感谢。

中国就业培训技术指导中心

目录 CONTENTS

职业模块1　安装调试 ·· 1

培训项目1　机房设备安装调试 ··· 3
　培训单元1　曳引系统安装调试 ·· 3
　培训单元2　电梯机房控制柜安装调试 ·· 15
　培训单元3　绳头组合安装调试 ··· 24

培训项目2　井道设备安装调试 ·· 32
　培训单元1　土建勘测 ··· 32
　培训单元2　样板架安装调试 ·· 38
　培训单元3　层门系统安装调试 ··· 43
　培训单元4　井道位置信息装置安装调试 ·· 57
　培训单元5　缓冲器安装调试 ·· 61
　培训单元6　钢丝绳放置 ·· 66
　培训单元7　随行电缆安装调试 ··· 72
　培训单元8　补偿装置安装调试 ··· 78
　培训单元9　导轨安装调试 ··· 83

培训项目3　轿厢对重设备安装调试 ·· 91
　培训单元1　轿架与轿底安装调试 ·· 91
　培训单元2　对重安装调试 ··· 97
　培训单元3　轿门与轿厢开门机构安装调试 ·· 101
　培训单元4　轿顶设备安装调试 ··· 107

培训项目4　自动扶梯设备安装调试 ·· 112
　培训单元1　围裙板、扶手带、梯级安装调试 ··· 112
　培训单元2　现场土建尺寸测量复核 ··· 120
　理论知识复习题 ·· 124
　理论知识复习题参考答案 ·· 124

职业模块 2 诊断修理 ·········· 125

培训项目 1 机房设备诊断修理 ·········· 127
- 培训单元 1 电梯安全回路故障诊断修理 ·········· 127
- 培训单元 2 电梯制动回路故障诊断修理 ·········· 131
- 培训单元 3 电梯导电回路绝缘性检测修复 ·········· 133
- 培训单元 4 电梯安全运行试验 ·········· 138
- 培训单元 5 限速器校验 ·········· 151
- 培训单元 6 电梯控制系统部件故障诊断修理 ·········· 155
- 培训单元 7 电梯运行方向控制故障诊断修理 ·········· 157

培训项目 2 井道设备诊断修理 ·········· 161
- 培训单元 1 电梯层门门扇联动故障诊断修理 ·········· 161
- 培训单元 2 电梯井道位置信号故障诊断修理 ·········· 166
- 培训单元 3 电梯内外呼按钮故障诊断修理 ·········· 171
- 培训单元 4 上下极限开关故障诊断修理 ·········· 173

培训项目 3 轿厢对重设备诊断修理 ·········· 176
- 培训单元 1 门系统机械装置故障诊断修理 ·········· 176
- 培训单元 2 门刀机构及门锁锁闭装置故障诊断修理 ·········· 182

培训项目 4 自动扶梯设备诊断修理 ·········· 188
- 培训单元 1 安全回路故障诊断修理 ·········· 188
- 培训单元 2 运行抖动及噪声诊断修理 ·········· 195
- 理论知识复习题 ·········· 205
- 理论知识复习题参考答案 ·········· 206

职业模块 3 维护保养 ·········· 207

培训项目 1 机房设备维护保养 ·········· 209
- 培训单元 1 限速器及其张紧装置维护保养 ·········· 209
- 培训单元 2 钢丝绳端接装置维护保养 ·········· 222
- 培训单元 3 制动器监测装置维护保养 ·········· 225
- 培训单元 4 控制柜仪表及显示装置维护保养 ·········· 233
- 培训单元 5 曳引轮绳槽维护保养 ·········· 235
- 培训单元 6 联轴器螺栓维护保养 ·········· 236

培训单元7　减速机维护保养 239
培训项目2　井道设备维护保养 243
　　培训单元1　层门维护保养 243
　　培训单元2　补偿链（绳）与随行电缆维护保养 257
　　培训单元3　钢丝绳维护保养 265
　　培训单元4　钢丝绳张力检查调整 267
培训项目3　轿厢设备维护保养 271
　　培训单元1　导靴维护保养 271
　　培训单元2　轿门运行维护保养 278
　　培训单元3　门机机械装置、轿门门锁及其电气安全装置维护保养 280
　　培训单元4　运行噪声测试修正 283
培训项目4　自动扶梯设备维护保养 286
　　培训单元1　扶手装置维护保养 286
　　培训单元2　制动器间隙检查调整 289
　　培训单元3　监控和安全装置维护保养 290
　　培训单元4　运行制动距离测试 298
　　培训单元5　其他装置维护保养 300
理论知识复习题 307
理论知识复习题参考答案 308

职业模块 ①
安装调试

内容结构图

- 安装调试
  - 机房设备安装调试
    - 曳引系统安装调试
    - 电梯机房控制柜安装调试
    - 绳头组合安装调试
  - 井道设备安装调试
    - 土建勘测
    - 样板架安装调试
    - 层门系统安装调试
    - 井道位置信息装置安装调试
    - 缓冲器安装调试
    - 钢丝绳放置
    - 随行电缆安装调试
    - 补偿装置安装调试
    - 导轨安装调试
  - 轿厢对重设备安装调试
    - 轿架与轿底安装调试
    - 对重安装调试
    - 轿门与轿厢开门机构安装调试
    - 轿顶设备安装调试
  - 自动扶梯设备安装调试
    - 围裙板、扶手带、梯级安装调试
    - 现场土建尺寸测量复核

培训项目 1

机房设备安装调试

培训单元 1　曳引系统安装调试

能够进行曳引机承重梁的安装
能够进行曳引机及底座的安装调试
能够进行导向轮的安装调试

一、曳引机承重梁的安装方法及要求

曳引机承重梁是承托整台设备的重要构件,一般由槽钢或者工字钢构成。带主机底座的曳引机架如图 1-1 所示。

安装承重梁时,应根据电梯的运行速度和曳引方式、井道顶层高度、隔音层高度、机房高度、机房内各部件的平面布置,确定不同的安装方法。

1. 当隔音层或井道顶层高度足够时,可把承重梁安装在机房楼板下方,这种安装方式的优点是机房比较整齐,缺点是导向轮的安装及其维修保养不方便。

2. 若井道顶层高度不够时,可把承重梁安装在机房楼板上方,并在机房楼板上方安装导向轮的地方留出一个十字形安装预留孔。承重梁与楼板的间隙不小于 50 mm,以防止电梯启动时承重梁弯曲变形冲击楼板。这种方式安装比较方便,运用广泛。

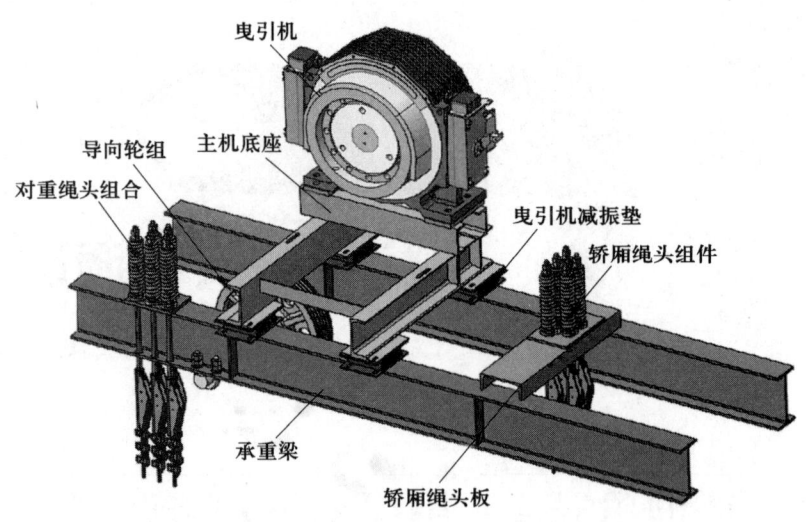

图 1-1 带主机底座的曳引机架

3. 当机房高度足够时，若机房内机件位置与承重梁发生冲突，可用两个高出机房楼面 600 mm 的混凝土墩把承重梁架起来，或者一端埋入墙内，一端固定在混凝土墩上。这种方式常在承重梁上下两端各焊两块厚 16 mm、宽 200 mm 的钢板，在梁上钻出安装导向轮的螺栓固定孔，在混凝土墩与承重梁钢板接触处垫放 25 mm 厚的减振垫，通过地脚螺栓把承重梁紧固在混凝土墩上。

二、曳引机的分类及工作原理

曳引机是驱动电梯轿厢和对重上下运行的装置，是电梯的主要部件。

1. 曳引机的分类

曳引机按有无减速器分类，可分为无齿轮曳引机（见图 1-2）和有齿轮曳引机（见图 1-3）。

图 1-2 无齿轮曳引机

图 1-3 有齿轮曳引机

由于电梯额定速度和额定载荷的变化，曳引电动机、减速器、曳引轮的尺寸参数及结构形式也会发生相应变化，曳引机机型众多，如图1-4和图1-5所示。

图1-4 无机房曳引机

图1-5 行星齿轮曳引机

2. 曳引机的工作原理

（1）无齿轮曳引机。我国早期的无齿轮曳引机一般用在 $v \geqslant 2.5$ m/s 的高速电梯上，这种曳引机的曳引轮紧固在曳引电动机轴上，没有机械减速机构，整机结构比较简单。目前无齿轮曳引机已经普遍用于各种梯速的客梯。曳引电动机是专为电梯设计和制造的，能适应电梯运行工作特点，具有良好调速性能的交、直流电动机。

近几年无齿轮曳引机的新产品层出不穷，被广泛应用在不同速度的电梯上。永磁同步电动机结合变频和低摩擦技术制成的无齿轮曳引机的结构如图1-6所示。这类曳引机以其效率高、噪声低、体积小、免维护、低速运转平稳、运行可靠等优点，被广泛应用在各类电梯的曳引系统中。

（2）有齿轮曳引机。有齿轮曳引机一般用在运行速度 $v<2.5$ m/s 的各种货梯、客梯、杂物电梯上。为了减小曳引机运行时的噪声，提高平稳性，一般采用蜗轮副作为减速传动装置。有齿轮曳引机的结构如图1-7所示。

近几年有齿轮曳引机也有很大发展，如行星齿轮曳引机和斜齿轮曳引机，这两种曳引机不仅改善了蜗轮副传动效率低的问题，而且提高了有齿轮曳引机电梯的运行速度。

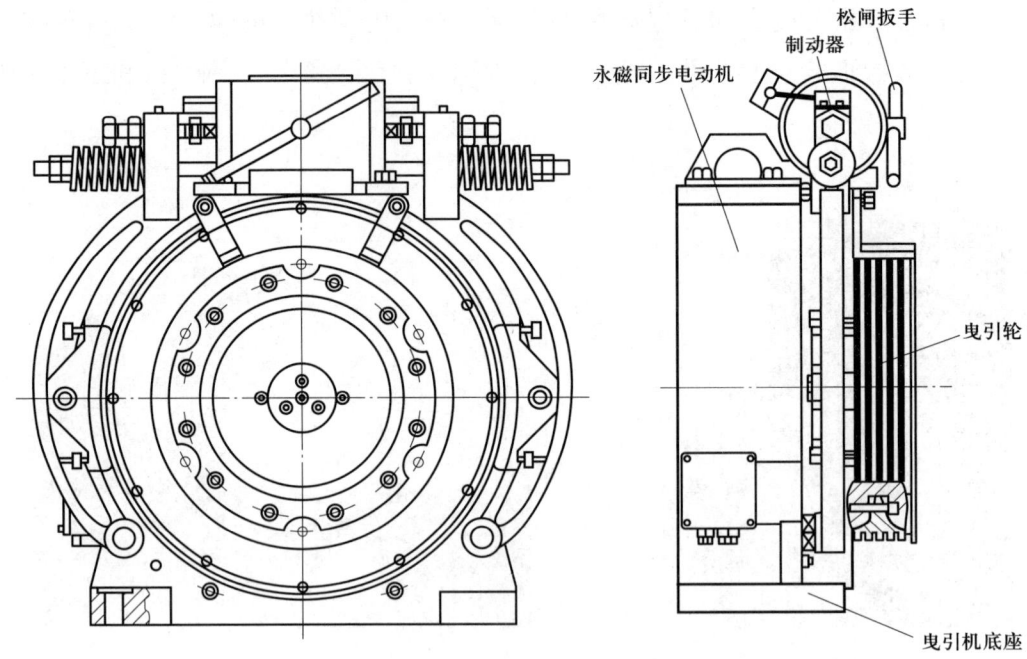

图 1-6 永磁无齿轮曳引机结构

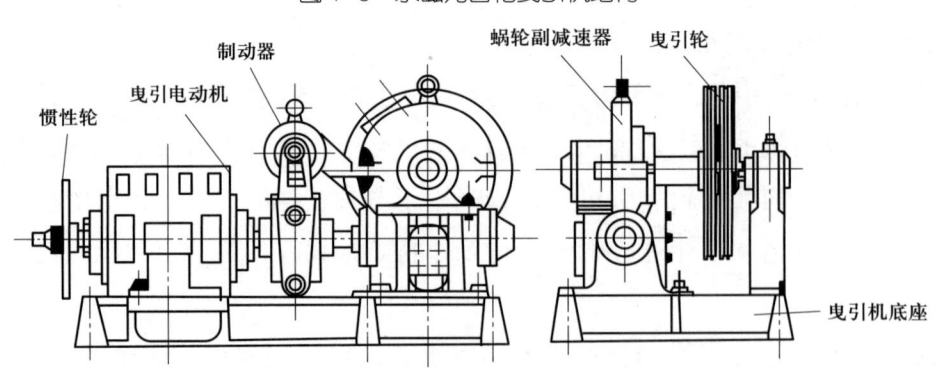

下置式（蜗杆在蜗轮下方）曳引机

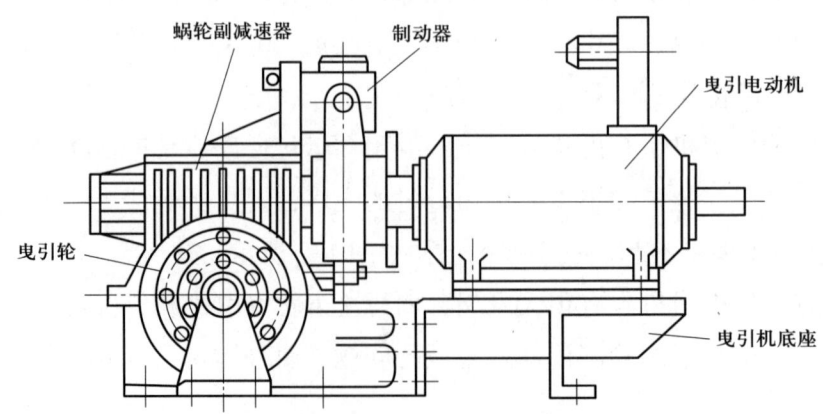

上置式（蜗杆在蜗轮上方）曳引机

图 1-7 有齿轮曳引机结构

有齿轮曳引机的曳引电动机通过联轴器与蜗杆连接，蜗轮与曳引轮装在同一根轴上。由于蜗杆与蜗轮间有啮合关系，曳引电动机能够通过蜗杆驱动蜗轮和绳轮做正反向运行。电梯的轿厢和对重装置分别连接在曳引绳（曳引电梯中的钢丝绳、钢带等）的两端，曳引绳绕在曳引轮上。曳引轮转动时，通过曳引绳和曳引轮之间的摩擦力（也叫曳引力），驱动轿厢和对重装置上下运行。为了提高电梯的曳引力，在曳引轮上加工有如图1-8所示的曳引轮绳槽，曳引绳位于绳槽内。

采用半绕2∶1吊索法和有齿轮曳引机的电梯，其曳引系统如图1-9所示，设置在轿厢和对重上部的动滑轮称为反绳轮。电梯的载荷、运行速度等主要参数取决于曳引机的电动机功率和转速、蜗杆与蜗轮的模数和减速比、曳引轮的直径和绳槽数、曳引比（曳引方式）等。

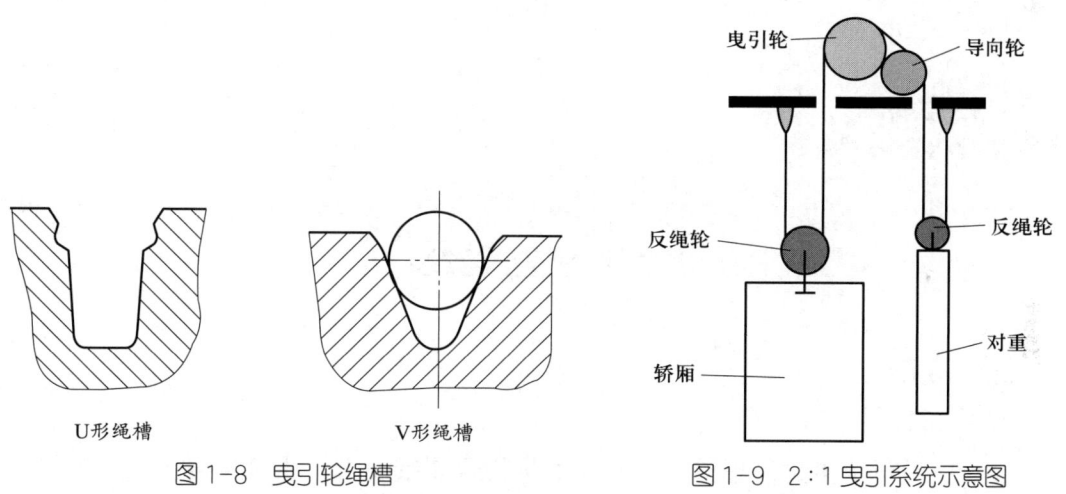

图1-8 曳引轮绳槽　　　　图1-9 2∶1曳引系统示意图

三、导向轮的工作原理

导向轮（见图1-10）一般选用耐磨的铸铁制成，其绳槽为圆槽，槽深应大于$D/3$（D为钢丝绳直径）；导向轮直径不小于钢丝绳直径的40倍。

导向轮可以通过调整钢丝绳与曳引轮之间的包角大小，改变钢丝绳的运动方向；也可以通过改变轿厢与对重间的距离，调整轿厢与对重的相对位置。导向轮工作示意如图1-11所示。

图 1-10 导向轮实物图

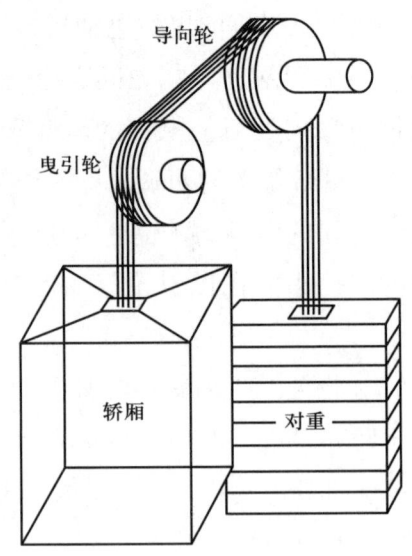
图 1-11 导向轮工作示意图

曳引机承重梁安装

操作准备

1. 设备材料要求

（1）曳引机承重梁的规格、型号及数量符合图纸要求，质量合格，完好无损。

（2）焊接使用的焊条有出厂合格证，并且为低碳钢焊条。

2. 主要工具

电钻、工字钢、水平尺等。

3. 作业条件

（1）作业现场能提供 220 V 交流电源。

（2）机房地面平整，无其他与电梯无关的设备和杂物。

（3）作业人员必须穿好工作服、防护鞋，戴好安全帽等，做好个人防护。

4. 技术要求

（1）承重梁与楼板的间隙不小于 50 mm，以防止电梯启动时承重梁弯曲变形冲击楼板。

（2）承重梁埋入墙的深度不小于 75 mm 且必须超过墙厚度中心线 20 mm。

（3）承重梁的纵向水平度不得大于 0.5/1 000，横向水平度不得大于 1/1 000。

（4）相邻两根承重梁的高度差不大于 0.5 mm，相邻间的平行偏差不大于 6 mm。

操作步骤

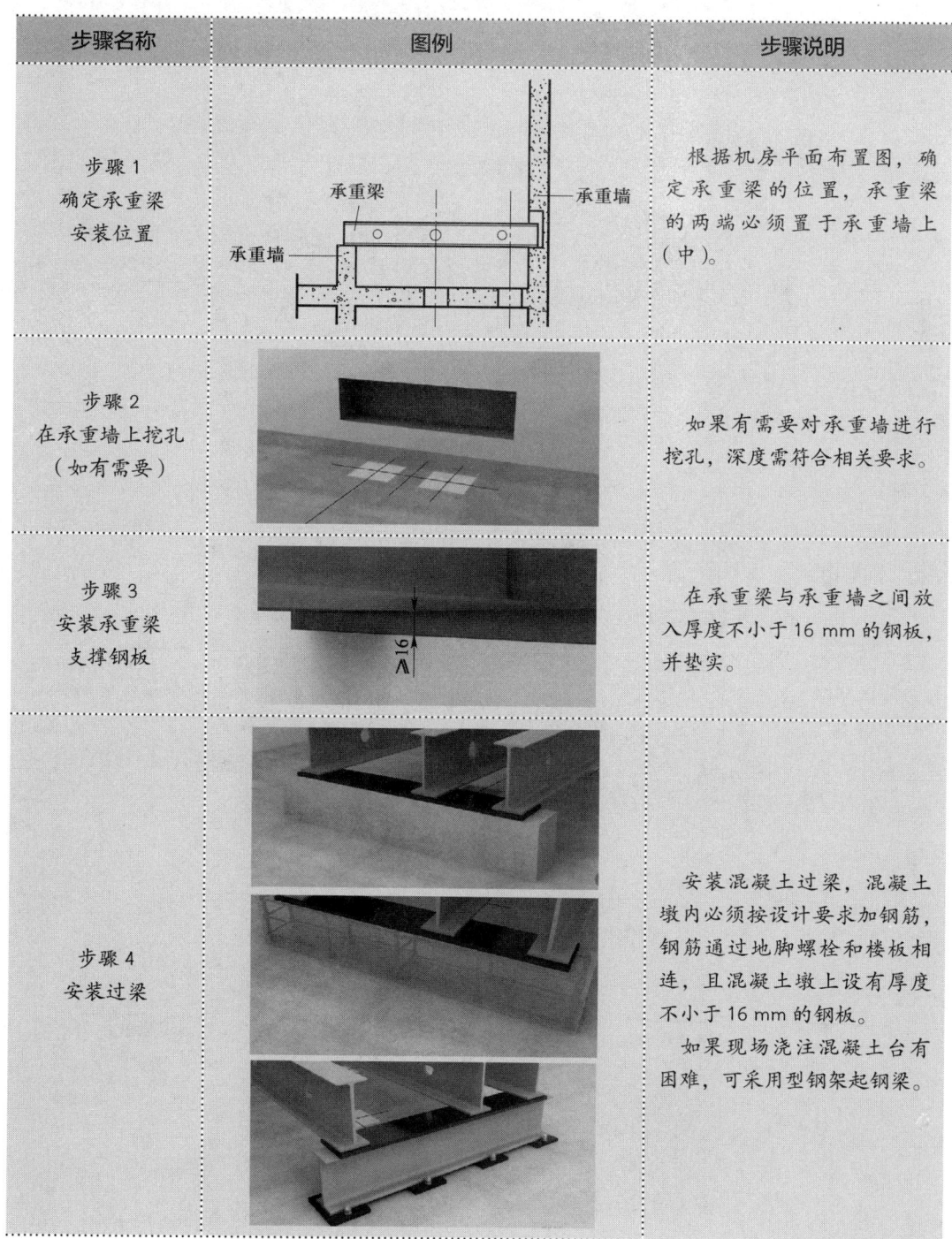

步骤名称	图例	步骤说明
步骤1 确定承重梁安装位置		根据机房平面布置图，确定承重梁的位置，承重梁的两端必须置于承重墙上（中）。
步骤2 在承重墙上挖孔（如有需要）		如果有需要对承重墙进行挖孔，深度需符合相关要求。
步骤3 安装承重梁支撑钢板		在承重梁与承重墙之间放入厚度不小于 16 mm 的钢板，并垫实。
步骤4 安装过梁		安装混凝土过梁，混凝土墩内必须按设计要求加钢筋，钢筋通过地脚螺栓和楼板相连，且混凝土墩上设有厚度不小于 16 mm 的钢板。如果现场浇注混凝土台有困难，可采用型钢架起钢梁。

续表

步骤名称	图例	步骤说明
步骤5 安装承重梁	  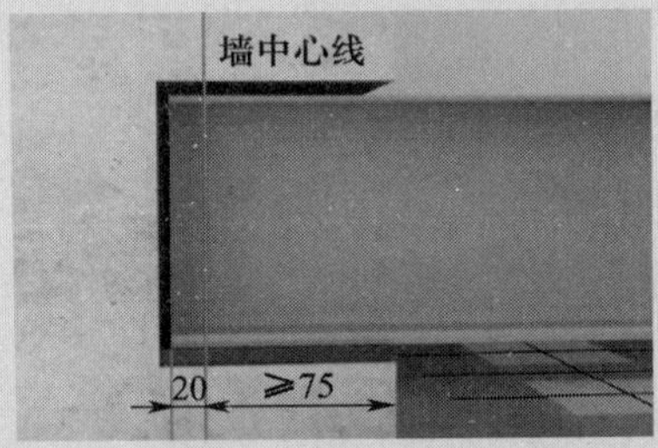	吊装承重梁，将多根承重梁放入承重墙内，承重梁埋入墙的深度应符合安装技术要求。
步骤6 焊接		在承重梁与钢板连接处进行焊接。
步骤7 填充混凝土	 	用混凝土对预留孔进行填充。

注意事项

1. 浇灌混凝土内属于隐蔽工程的部件，在正式作业之前需要经质检人员与业主签字确认后，方可操作。

2. 承重梁直接安装在机房楼板上时，应先根据机房地面上的基准线，确定轿厢与对重的中心连线。

曳引机及底座安装调试

操作准备

1. 设备材料要求

（1）曳引机及底座、夹绳器的规格、型号及数量符合图纸要求，质量合格，完好无损。

（2）焊接使用的焊条有出厂合格证，并且为低碳钢焊条。

2. 主要工具

电钻、工字钢、水平尺等。

3. 作业条件

（1）作业现场能提供 220 V 交流电源。

（2）机房地面平整，无其他与电梯无关的设备和杂物。

（3）作业人员必须穿好工作服、防护鞋，戴好安全帽等，做好个人防护。

4. 技术要求

（1）不设减振装置的曳引机底座水平度一般不大于 1/1 000。

（2）曳引轮在前后（向着对重）和左右（曳引轮宽度）方向的偏差不超过表 1-1 中的规定。

表 1-1　电梯与曳引轮偏差对照表　　　　单位：mm

类别	高速电梯	快速电梯	低速电梯
前后方向	±2	±3	±4
左右方向	±1	±2	±2

（3）曳引轮的轴向水平度，从曳引轮缘上边下放线坠，与下边轮缘的最大间隙一般小于 0.5 mm。

（4）曳引轮在水平面内的扭转一般不大于 0.5 mm。

操作步骤

步骤名称	图例	步骤说明
步骤1 加装缓冲垫		在承重梁上安装曳引机缓冲垫。对机房预留孔进行有效覆盖保护，防止杂物掉入井道。吊装时，曳引机上下均不能站人，也不应有杂物。
步骤2 固定缓冲垫		将缓冲垫用螺栓进行固定。
步骤3 安装加高台		安装曳引机加高台，安装时应注意方向。
步骤4 起吊曳引机		在机房用手拉葫芦起吊曳引机。曳引机吊离地面30 mm时，应停止起吊，观察吊钩、起重装置、锁具、曳引机有无异常，确认安全后继续吊装。
步骤5 调整曳引机		安装曳引机时必须确保对重装置中线与曳引机曳引轮外缘相切。
步骤6 固定曳引机		用螺栓把曳引机底座固定在承重梁上，并确保曳引机牢固可靠地固定在底座上。

注意事项

1. 曳引机应由专业吊装人员吊装进入机房，吊装人员应持有特种作业人员证件。吊装人员不得在曳引机停在半空时离开岗位。

2. 曳引机直接固定在承重梁上时，必须实测螺栓孔，用电钻打眼，其位置误差不大于 1 mm，且不得损伤工字钢立筋。

3. 当曳引机为弹性固定时，为防止曳引轮在电梯运行时产生位移，在曳引机和机架或上基础板的两端用压板、挡板、橡胶垫等定位。

4. 在安装时，需要核对机房地面预留孔位置和尺寸是否符合要求。

导向轮安装调试

操作准备

1. 设备材料要求

（1）曳引机导向轮的规格、型号及数量符合图纸要求，质量合格，完好无损。

（2）焊接使用的焊条有出厂合格证，并且为低碳钢焊条。

2. 主要工具

线坠、水平尺、钢直尺等。

3. 作业条件

（1）作业现场能提供 220 V 交流电源。

（2）机房地面平整，无其他与电梯无关的设备和杂物。

（3）作业人员必须穿好工作服、防护鞋，戴好安全帽等，做好个人防护。

4. 技术要求

（1）导向轮经调整校正后，与曳引轮的平行度误差一般不大于 1 mm。

（2）导向轮与曳引轮同侧端面的平行度误差一般不大于 1 mm。

（3）导向轮的位置偏差在前后方向一般不大于 5 mm，在左右方向一般不大于 1 mm。

导向轮安装技术要求如图 1-12 所示。

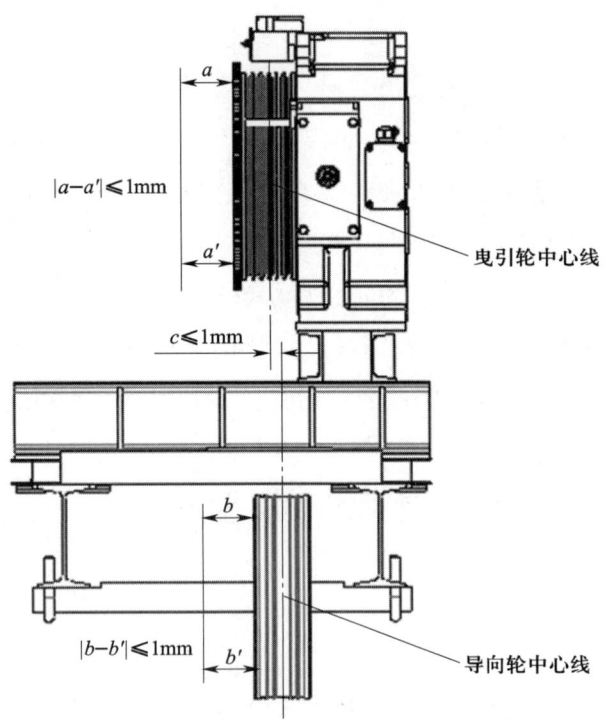

图 1-12 导向轮安装技术要求示意图

操作步骤

步骤名称	图例	步骤说明
步骤1 固定导向轮	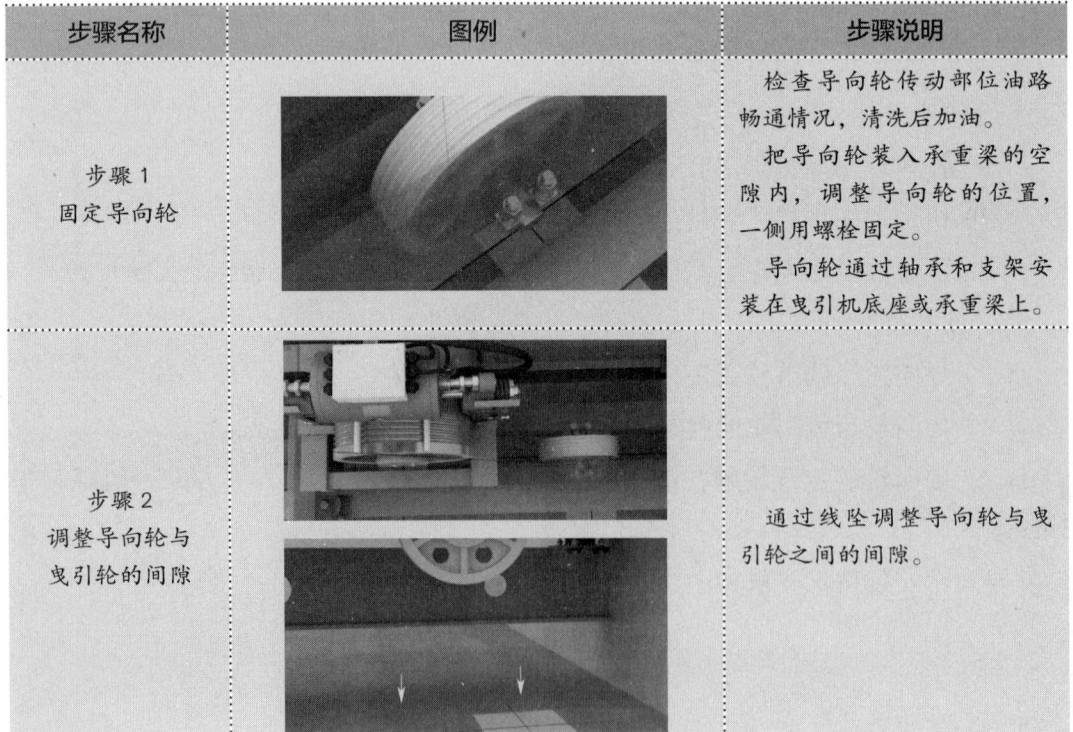	检查导向轮传动部位油路畅通情况，清洗后加油。 把导向轮装入承重梁的空隙内，调整导向轮的位置，一侧用螺栓固定。 导向轮通过轴承和支架安装在曳引机底座或承重梁上。
步骤2 调整导向轮与曳引轮的间隙		通过线坠调整导向轮与曳引轮之间的间隙。

续表

步骤名称	图例	步骤说明
步骤3 用线坠校正 导向轮的偏摆		通过从导向轮绳槽向机房地面放置线坠A和B，使其对准井道顶样板架上的对重中心点，校正导向轮的偏摆。
步骤4 确定导向轮 位置		校正导向轮，使导向轮绳中心与井道顶样板架上的对重中心线重合，并用垫片在轴支架与曳引机底座或承重梁的固定处调整导向轮的垂直度。

注意事项

1. 确保轿厢中线与导向轮外缘相切，且轿厢中线在导向轮中间位置。
2. 在调整曳引轮和导向轮时，应避免机房和井道同时作业。

培训单元2　电梯机房控制柜安装调试

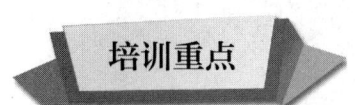

掌握电梯机房控制柜的安装方法与相关标准

能够进行电梯机房控制柜的安装调试

一、电梯机房供电的要求及标准

电梯机房供电通过机房电源箱把建筑物的电源线路引到电梯设备上。电梯机房电源箱内有电梯的动力线路开关（主开关）和照明线路开关，照明线路开关包括井道照明线路开关和轿厢照明线路开关。

1. 电梯的供电要求

电梯的供电和控制电路通过导线管（或导线槽）及电缆输送到控制柜、控制屏、曳引机、井道和轿厢。各类电梯的控制方式和线路差异较大，但管路或线槽的布置却大致相同，接线的要求也基本相似。

电梯的供电电源应是独立的，必须是三相五线制，而且要求电源的波动范围不超过7%。在电梯机房中，每台电梯都应单独装设一个能切断该台电梯电路的主开关，该开关整定容量应稍大于所有电路的总容量，并具有切断电梯正常使用情况下最大电流的能力。

2. 机房电源箱的安装要求

（1）每台电梯应装设单独的机房电源箱（见图1-13），并设置在机房内便于操作和维修的地点，作业人员应能从机房入口处方便、迅速地接近。

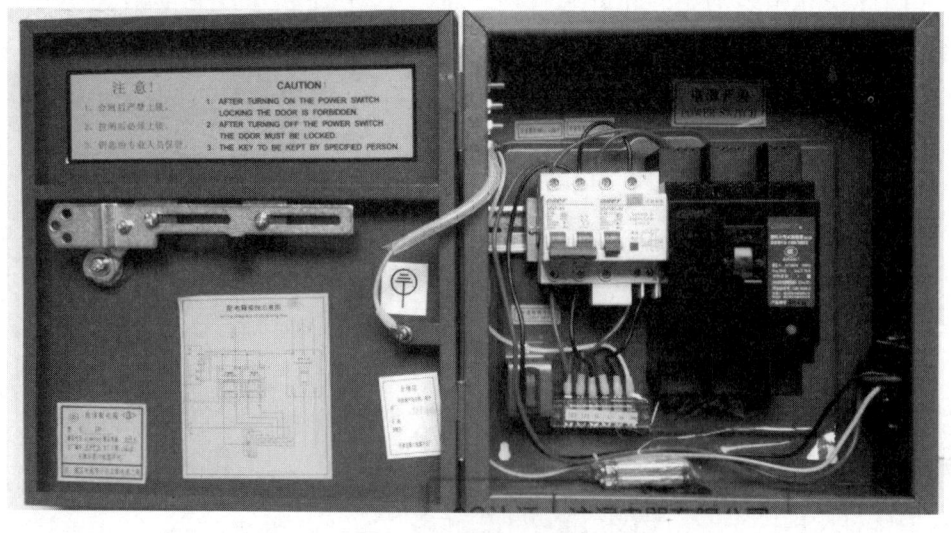

图1-13 机房电源箱

（2）如果机房为几台电梯共用，各台电梯的主开关应易于识别。主开关应安装于机房电源箱内，开关高度以手柄中心为准，一般离地高度为 1.3～1.5 m。安装时要求牢固，横平竖直。

（3）电梯电源设备的开关宜采用低压断路器。低压断路器又称自动空气开关，是一种既有开关作用又能进行自动保护的低压电器。当电路中发生短路、过载和欠电压（电压过低）等故障时，低压断路器能自动切断电路，起到相应的保护作用，还能进行远距离操作。低压断路器及其内部结构如图 1-14 所示。

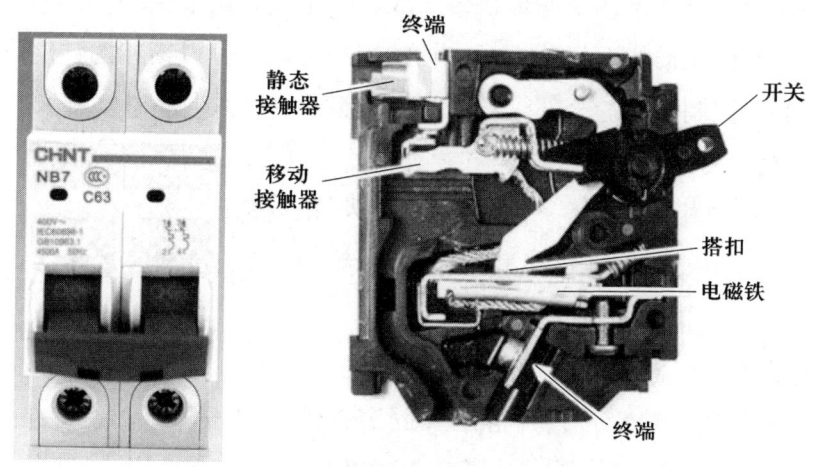

图 1-14　低压断路器及其内部结构

（4）照明、通风、报警装置和插座的供电电路应根据设备所在位置和工作特点划分，至少应分为两个供电电路，并分别设置隔离电器和保护装置。

1）对于轿厢用电设备（照明、通风、报警装置和插座）供电电路和断路器（如机房中有几台电梯驱动主机，每个轿厢应设置一个），此断路器应设置在相应的主开关旁。

2）对于机房、井道和底坑用电设备（照明、通风装置和插座）供电电路和断路器，此断路器应设置在机房内靠近入口处。

照明一般采用交流 220 V 电压，井道照明供电电路应单设地线，井道照明灯具外露可导电部分应可靠接地。当井道照明需以安全电压供电时，宜提供专用供电电路和断路器，照明变压器低压侧宜设置隔离电器和保护装置，外露可导电部分严禁直接接地或通过其他途径与大地连接。

（5）中性线和接地线应始终分开。整个电梯装置的金属件应采取等电位连接措施。接地支线应分别接至接地干线接线柱上，不得互相连接后再接地。

二、控制柜的外部框架及内部组成

电梯机房控制柜是把各种电子器件和电气元件安装在一个有安全防护作用的柜形结构内的电控装置,用于控制电梯运行,一般安装在电梯机房曳引机旁边,无机房电梯的控制柜设置在井道外或井道内适当位置,其具体位置受驱动主机在井道内的位置影响较大。

1. 控制柜的外部框架

控制柜由钣金框架结构及螺栓拼装组成。钣金框架尺寸统一,并能够用销钉方便地挂上、取下。正面的面板装有可旋转的销钩,构成可以锁住的转动门,以便从前面接触到装在控制柜内的全部元器件,使控制柜可以靠近墙壁安装。

2. 控制柜的内部组成

(1)三相和单相断路器。断路器由塑料外壳、操作机构、接触灭弧系统、脱扣机构等组成,主要用于现代建筑的电气电路及设备的过载、短路保护,也适用于电路的不频繁操作及隔离。

(2)转换开关和急停按钮。转换开关(见图1-15)的结构为若干个动触片和静触片分别装于数层绝缘件内,静触片固定在绝缘垫板上,动触片装在转轴上,拨动开关时动触片随转轴旋转,从而变更通断位置。急停按钮(见图1-16)是一种双稳态开关,当使用者用手按下此开关,该开关将自动锁死在断开状态,顺时针转动后即可复位。

图1-15 转换开关

图1-16 急停按钮

(3)接触器。接触器(见图1-17)主要由电磁机构和触点系统组成,电磁机构通常包括吸引线圈、铁芯和衔铁三部分。

(4)变压器。变压器(见图1-18)由铁芯、一次绕组和二次绕组组成,适用于交流电路,可用来变换交流电压、电流的大小。

图1-17 接触器

图1-18 变压器

（5）变频器。变频器（见图1-19）是应用变频技术与微电子技术通过改变电动机工作电源的频率和幅度来控制交流电动机的电力传动元件。

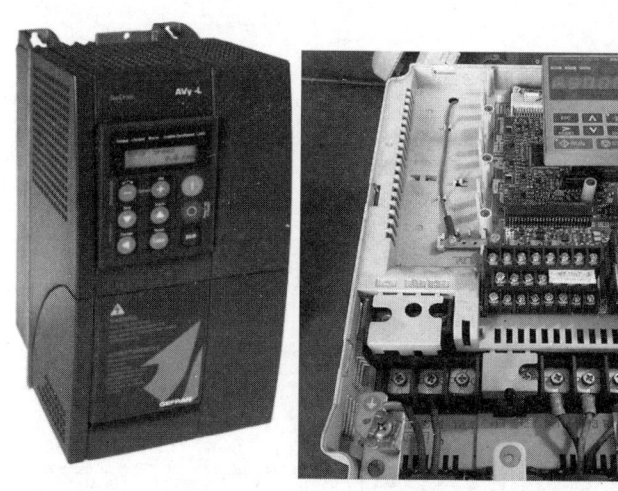
图1-19 变频器外部及其内部结构

（6）微控制器。微控制器（见图1-20）也称单片机，常用英文字母缩写MCU表示，它最早应用于工业控制领域。

（7）相序继电器。相序继电器（见图1-21）在所有电梯控制系统中是不可缺少的环节。当供电系统出现相序错误及缺相时，电梯不能运行。在直流电梯中，若驱动直流发电机的原动相序错误将导致发电机输出电压极性反向，由于反励磁磁场的存在，则会导致电梯飞车，从而造成事故。在交流电梯中，电梯的上下运行是通过改变电动机供电电压的相序实现的，当相序发生错误时，会导致上下运行反向。在控制系统中必须采用相序保护，避免意外事故的发生。

 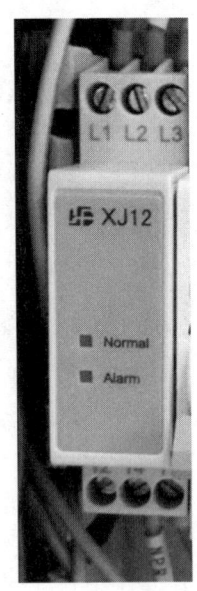

图 1-20　微控制器　　　　　图 1-21　相序继电器

机房控制柜及其电气线路安装调试

操作准备

1. 设备材料要求

（1）机房控制柜的规格、型号及数量符合图纸要求，质量合格，完好无损。

（2）焊接使用的焊条有出厂合格证，并且为低碳钢焊条。

2. 主要工具

电锤、线坠、剥线钳、压线钳、水平尺等。

3. 作业条件

（1）作业现场能提供 220 V 交流电源。

（2）机房地面平整，无其他与电梯无关的设备和杂物。

（3）作业人员必须穿好工作服、防护鞋，戴好安全帽等，做好个人防护。

4. 技术要求

（1）在控制屏和控制柜前有一块净空面积（见图 1-22），该面积应满足以下条件。

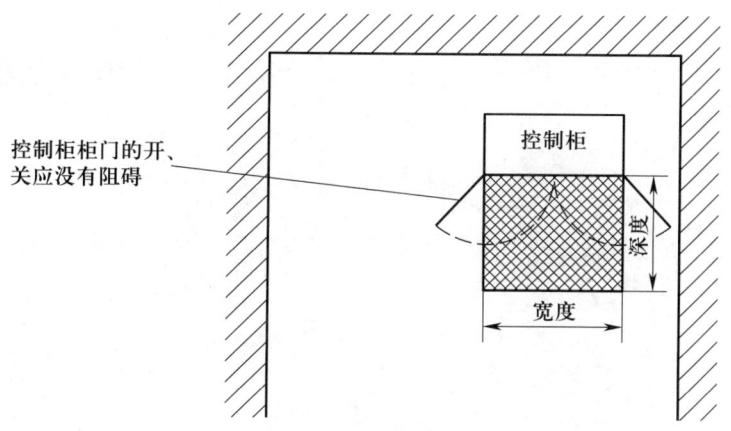

图 1-22 控制柜周边尺寸要求

1）深度不小于 0.7 m。

2）宽度为 0.5 m 或屏、柜的全宽，取两者中的大者。

3）通往上述净空场地的通道宽度不小于 0.5 m，在没有运动部件的地方，此值可减少到 0.4 m。

（2）控制柜与门窗、墙壁保持足够的距离，一般不小于 0.6 m。

（3）控制柜用膨胀螺栓固定在机房地面上，控制柜安装垂直度一般不大于 1.5/1 000。

（4）安装低压断路器时，应保证垂直安装，单相照明电源开关应与主开关分别控制。整个机房可设置一个总的单相照明电源开关，但每台电梯应设置一个分路控制开关，以便于线路检修，分路控制开关一般安装于主开关旁。

操作步骤

步骤名称	图例	步骤说明
步骤 1 确定控制柜安装位置	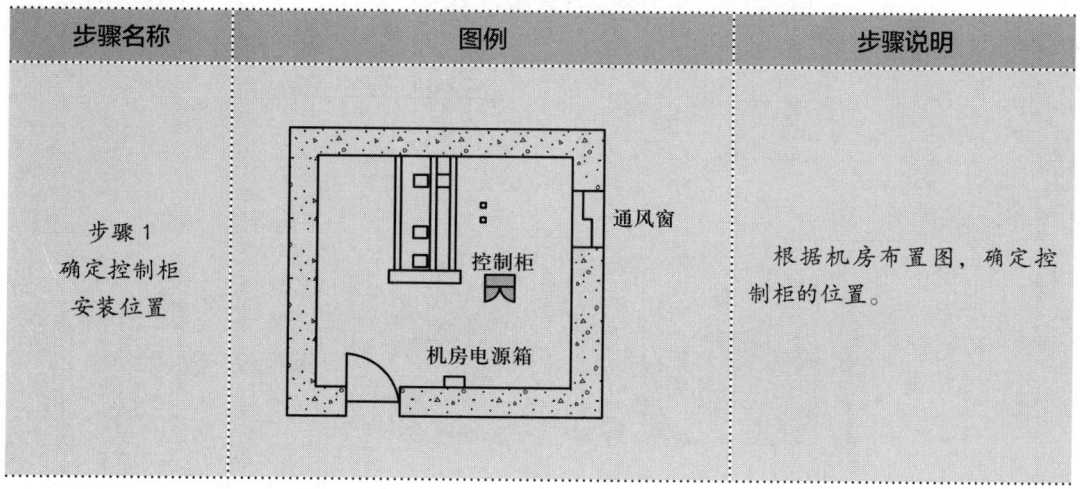	根据机房布置图，确定控制柜的位置。

续表

步骤名称	图例	步骤说明
步骤2 安装控制柜	 	根据控制柜底座安装孔的位置，使用电锤在机房地面打入4个膨胀螺栓，固定控制柜。
步骤3 校正控制柜垂直度	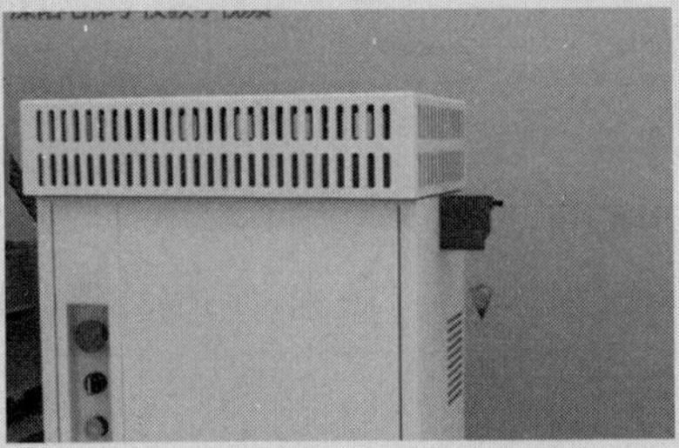 	从控制柜侧面向机房地面放置线坠，在上下两个位置分别测量，校正控制柜的垂直度。
步骤4 检查并调整控制柜与门窗距离	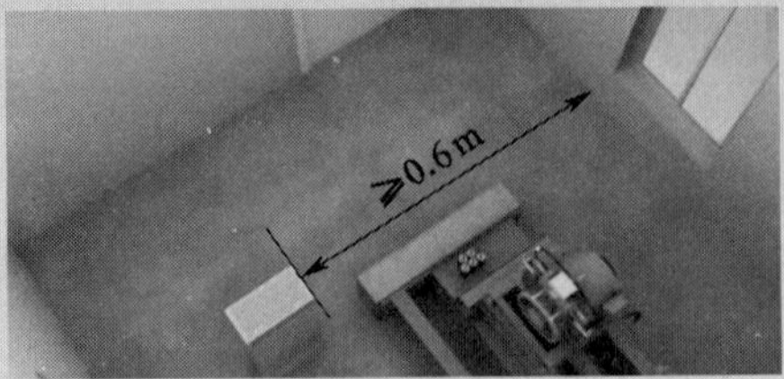	检查并调整控制柜与各个门窗距离不小于0.6 m。

续表

步骤名称	图例	步骤说明
步骤5 检查并调整控制柜与墙壁距离	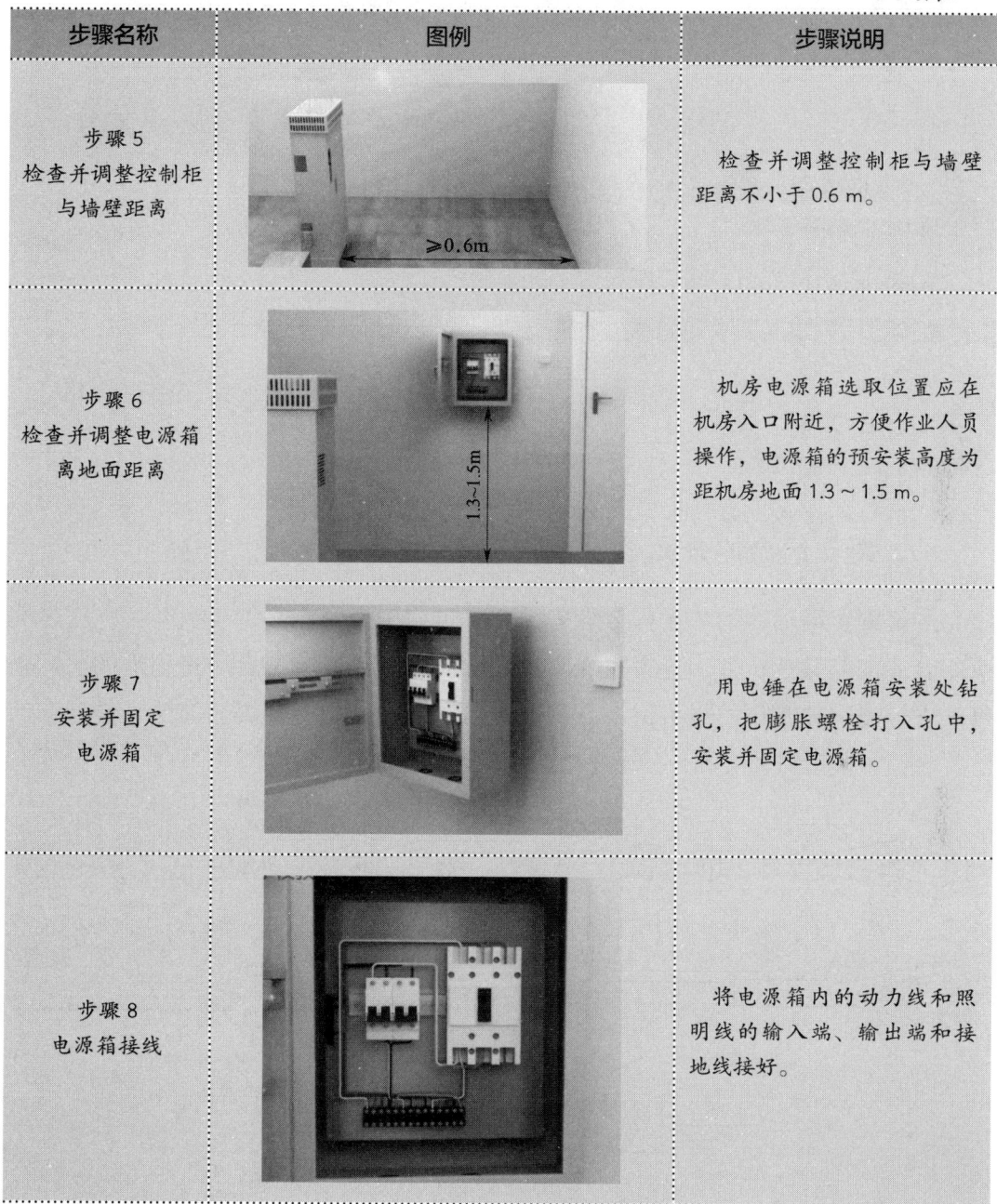	检查并调整控制柜与墙壁距离不小于0.6 m。
步骤6 检查并调整电源箱离地面距离		机房电源箱选取位置应在机房入口附近，方便作业人员操作，电源箱的预安装高度为距机房地面1.3～1.5 m。
步骤7 安装并固定电源箱		用电锤在电源箱安装处钻孔，把膨胀螺栓打入孔中，安装并固定电源箱。
步骤8 电源箱接线		将电源箱内的动力线和照明线的输入端、输出端和接地线接好。

注意事项

1. 确定控制柜安装孔时，应先将箱体放置于地面，用记号笔在地上标出箱体安装孔的位置，以便于正确打孔。

2. 控制柜固定后，可以用手晃动箱体，确认安装是否牢固。

培训单元3 绳头组合安装调试

掌握绳头组合的分类和工作原理
能够进行楔形自锁紧式绳头组合的安装

一、绳头组合的分类

固定钢丝绳端部的装置称为绳头组合,也称曳引绳锥套,曳引绳必须通过绳头组合才能与其他机件相连接。绳头组合的质量直接影响组合后曳引绳的实际强度。电梯曳引绳常用的绳头组合方式有绳卡法、插接法、金属套筒法、锥形套筒法、自锁紧楔形绳套法等,如图1-23所示。

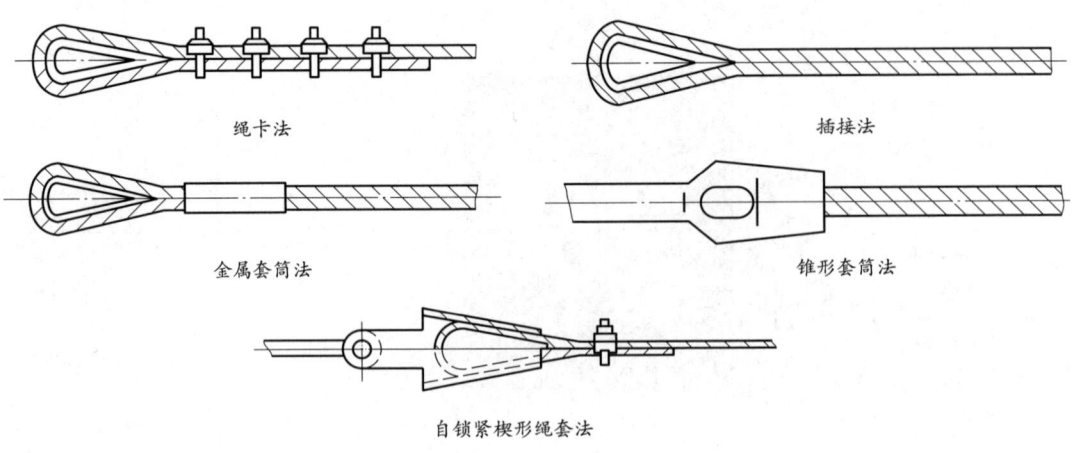

图1-23 电梯曳引绳常用的绳头组合方式

绳头组合按结构形式可分为组合式、非组合式、自锁楔式三种,如图1-24所示。组合式绳头组合的锥套和拉杆是两个独立的零件,它们之间用铆钉铆合在一起。非组合式绳头组合的锥套和拉杆是锻成一体的。绳头组合与曳引绳之间的连接处，其抗拉强度应不低于钢丝绳的抗拉强度。因此曳引绳头需预先做成类似大蒜头的形状，穿进锥套后再用巴氏合金浇灌。采用曳引方式为1:1的电梯，曳引绳、绳头组合、绳头板、轿架之间的连接关系如图1-25所示。其中自锁楔式绳头组合可以省去浇灌巴氏合金的环节，曳引绳伸长后的调节也比较方便。自锁楔式

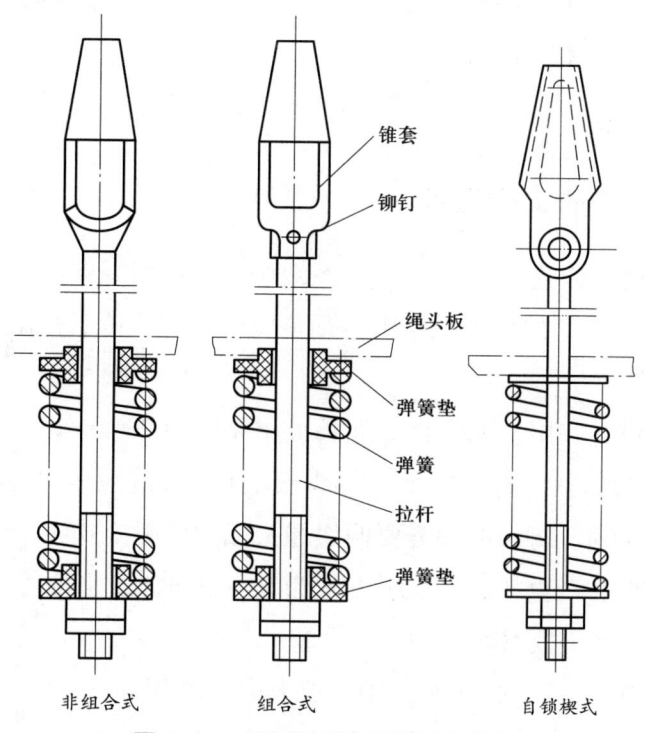

图1-24 绳头组合按结构形式分类

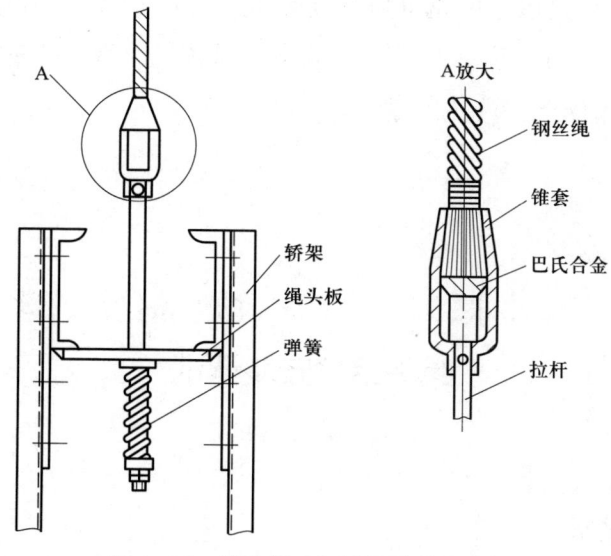

图1-25 绳头组合与轿架连接示意图

绳头组合的结构如图1-26所示，钢丝绳夹型号应与钢丝绳相匹配，钢丝绳夹间距应大于钢丝绳公称直径（d）的6倍，安装需牢固。

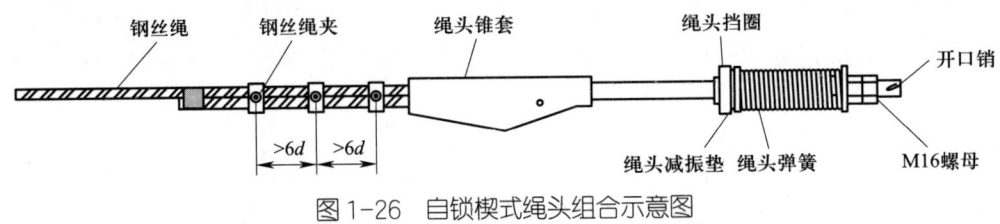

图1-26　自锁楔式绳头组合示意图

二、绳头组合的工作原理

绳头组合在曳引方式为1∶1的曳引系统中，是曳引绳连接轿厢和对重装置的一种过渡机件；在2∶1的曳引系统中，则是曳引绳连接曳引机承重梁及绳头板大梁的一种过渡机件。

绳头板是架设绳头组合的部件。绳头板用厚度为20mm以上的钢板制成，板上有固定绳头组合的孔，每台电梯的绳头板上钻孔的数量与曳引绳的根数相等，孔按一定的形式排列。每台电梯需要两块绳头板。曳引方式为1∶1的电梯，绳头板分别焊接在轿架和对重架上。曳引方式为2∶1的电梯，绳头板分别用螺栓固定在曳引机承重梁和绳头板大梁上。

采用曳引方式为2∶1的电梯，绳头板大梁由两根20~24号槽钢组成，按背靠背的形式放置于机房预定的位置，绳头板大梁的一端固定在曳引机的承重梁上，另一端稳固在对应井道墙壁的钢筋混凝土台座上。曳引绳的一端通过绳头组合和绳头板固定在曳引机的承重梁上；另一端绕过轿顶轮、曳引绳轮和对重轮，通过绳头组合和绳头板固定在绳头板大梁上。

绳头组合安装调试

操作准备

1. 设备材料要求

（1）绳头组合的规格、型号及数量符合图纸要求，质量合格，完好无损。

（2）钢丝绳公称直径符合电梯图纸要求。

2. 主要工具

卷尺、扳手、水平尺等。

3. 作业条件

（1）作业现场能提供 220 V 交流电源。

（2）机房地面平整，无其他与电梯无关的设备和杂物。

（3）作业人员必须穿好工作服、防护鞋，戴好安全帽等，做好个人防护。

4. 技术要求

至少应在悬挂钢丝绳的一端设置一个自动调节装置，用来平衡各绳间的张力，使任何一根绳的张力与所有绳的张力平均值的偏差均不大于5%。

操作步骤

1. 巴氏合金浇筑法

步骤名称	图例	步骤说明
步骤1 检查钢丝绳		在清洁宽敞的地方检查钢丝绳有无损伤。
步骤2 截断钢丝绳		确定钢丝绳长度后，在距剁口两端5 mm的地方用铅丝绑扎成15 mm的宽度，在剁口处截断钢丝绳。
步骤3 将钢丝绳穿入锥套		将截断后的钢丝绳穿入锥套。

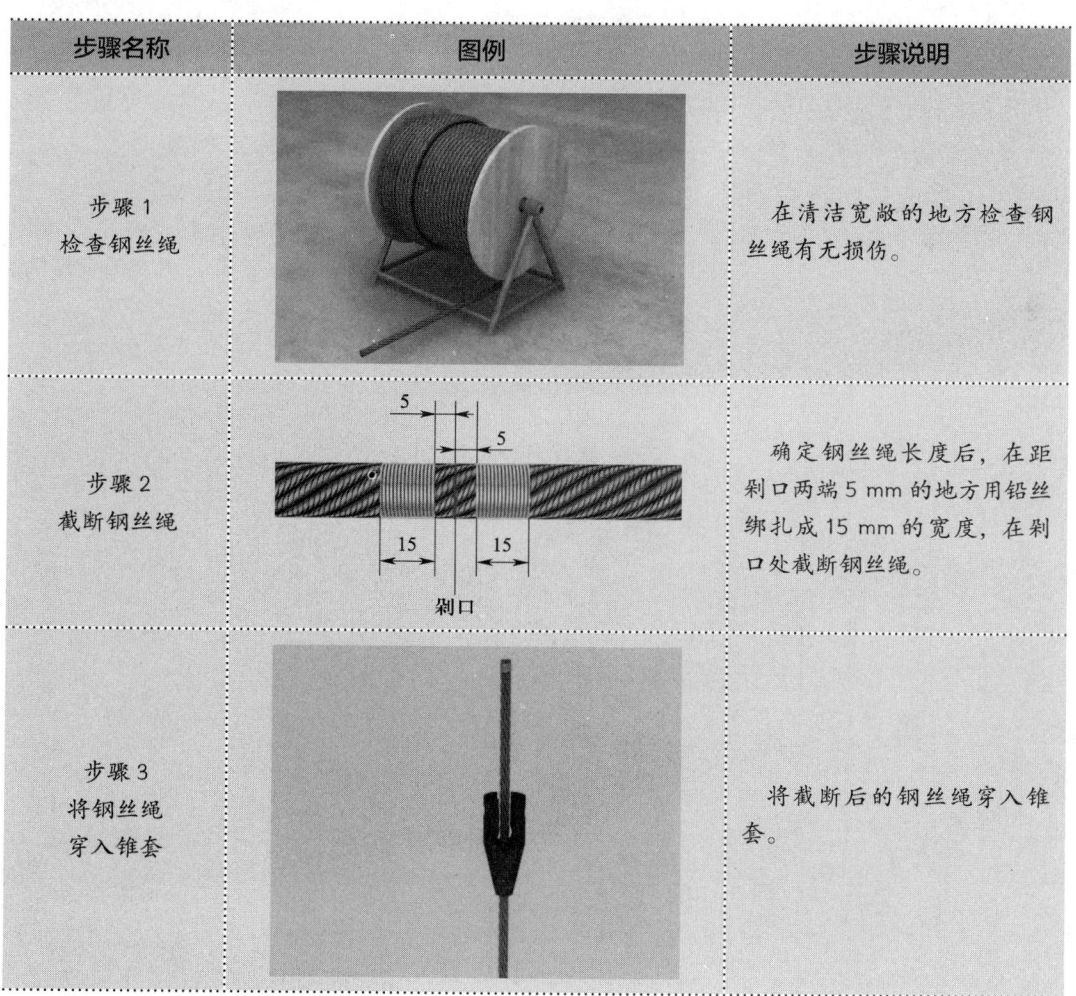

续表

步骤名称	图例	步骤说明
步骤4 松开绳股	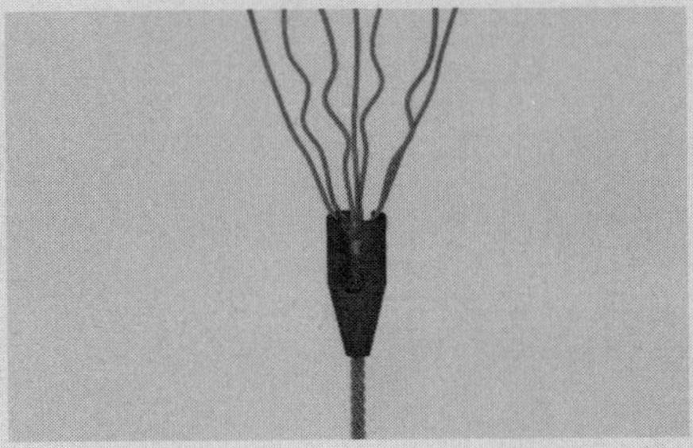	将剁口处的铅丝拆去,松开绳股,除去麻芯,将绳股清洗干净。
步骤5 将绳股放回锥套	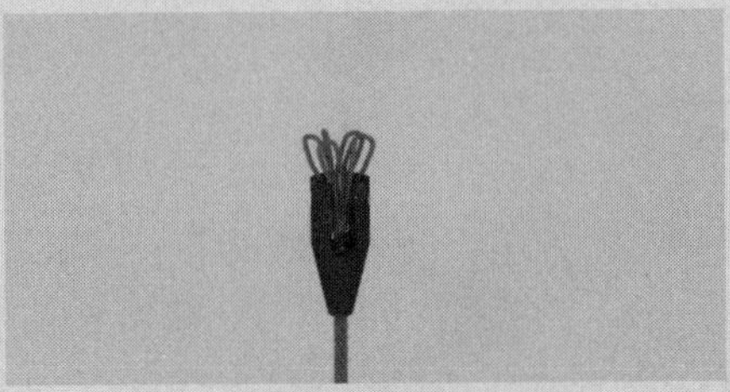  	将绳股按要求尺寸弯回,并拉入锥套,下口用石棉绳扎紧。
步骤6 巴氏合金浇灌		进行预热并用巴氏合金浇灌。

2. 自锁紧楔形绳套法

步骤名称	图例	步骤说明
步骤1 将钢丝绳穿入锥套	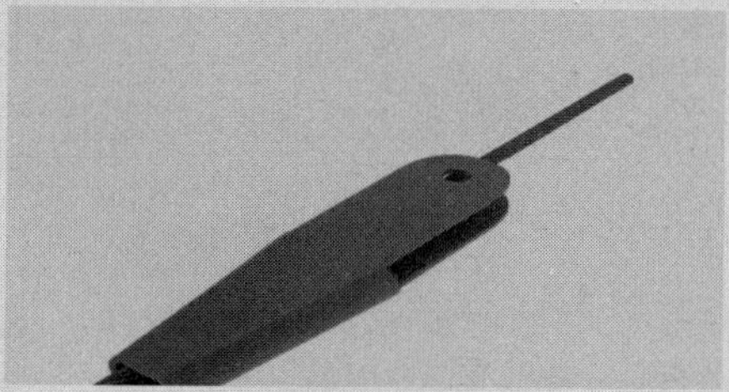	将截断后的钢丝绳穿入锥套。
步骤2 钢丝绳回弯	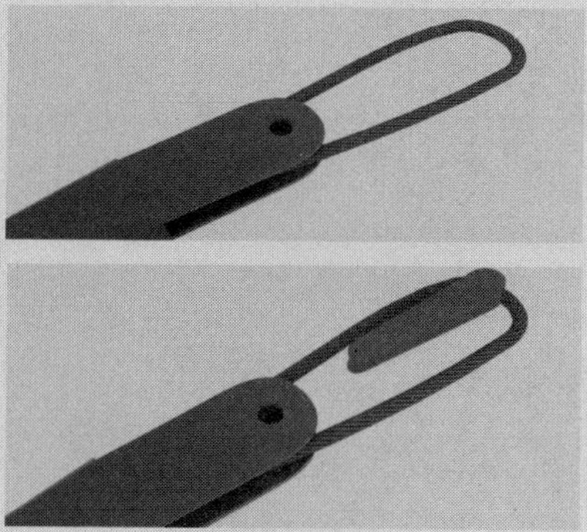	按规定要求将钢丝绳回弯，留出足够放入楔块的距离，并放入楔块，引入锥套。
步骤3 捆扎钢丝绳绳头和绳体	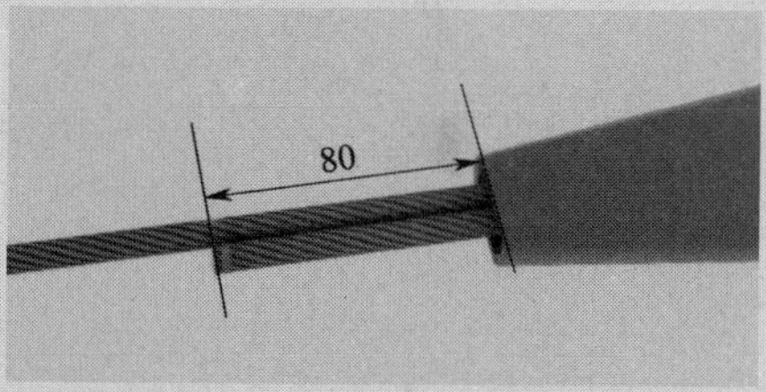 80	钢丝绳一头露出80 mm时，用铅丝将绳头和绳体捆扎在一起。
步骤4 楔块放入开口销，安装绳头拉杆	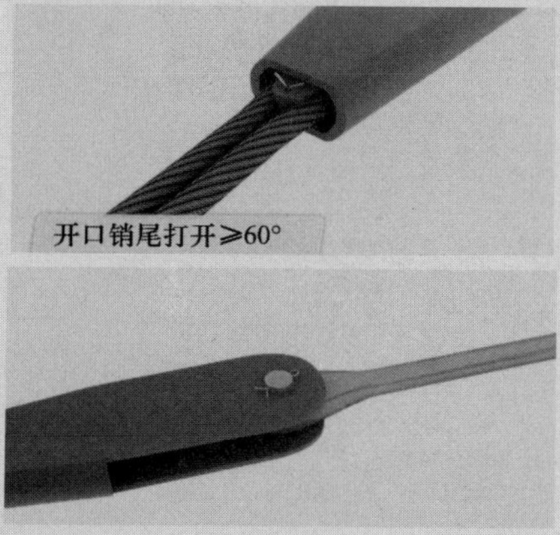 开口销尾打开≥60°	用力拉钢丝绳，直至楔块露出锥套位置，放入开口销。安装绳头拉杆。

续表

步骤名称	图例	步骤说明
步骤5 固定一侧绳头	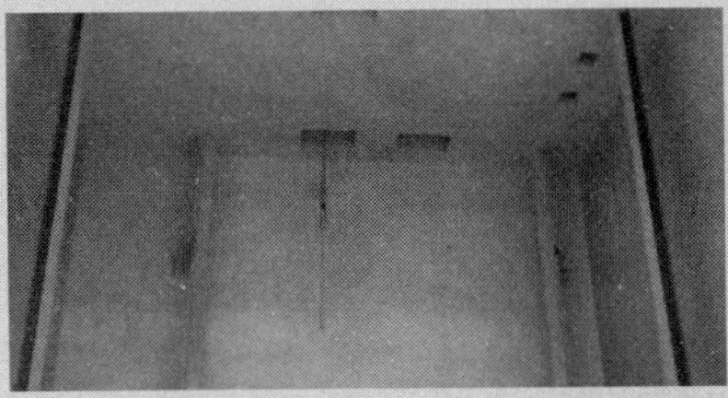 	一侧绳头做好后,开始进行钢丝绳的放置,将钢丝绳穿过对重反绳轮后,在机房进行绳头组合的固定。
步骤6 固定另一侧绳头	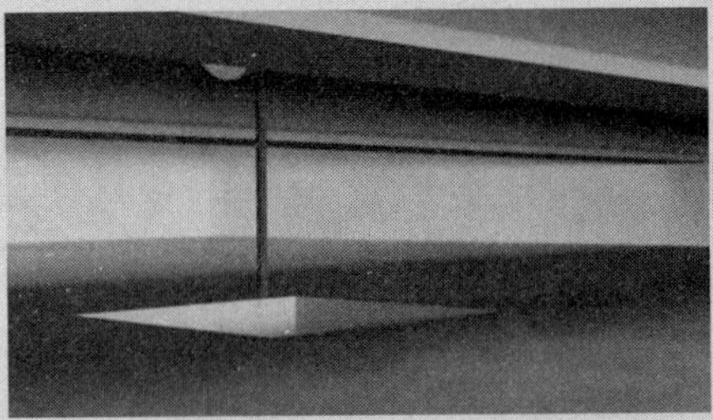 	另一侧钢丝绳通过机房预留孔进入井道,绕过轿顶反绳轮,在轿顶进行绳头制作,在机房进行绳头组合的固定。
步骤7 完成其他绳头组合的制作和固定		用同样的方式完成其他绳头组合的制作和固定,并测量调整每根钢丝绳张力,使任何一根绳的张力与所有绳的张力平均值的偏差均不大于5%。

注意事项

1. 巴氏合金浇灌前，应将绳头锥套内部油质杂物清洗干净，采用缓慢加热的办法使锥套温度达到 100 ℃左右。

2. 浇灌时必须一次完成，浇灌时轻击绳头，使巴氏合金灌实，灌实冷却前不可移动。

3. 钢丝绳挂接后，调整绳头组合上面的弹簧长度，使各条钢丝绳张力均匀。

4. 调整绳头组合上的组合螺母，将双螺母拧紧，插上销钉，待负荷实验后穿上防止锥套旋转的二次保护钢丝绳，用钢丝绳夹锁紧。

培训项目 2 井道设备安装调试

培训单元 1 土建勘测

了解电梯的土建结构和布置要求
能够进行井道垂直度的测量

合理的土建布置能使电梯功能得到有效发挥,保证电梯顺利安装。电梯土建布置图包括电梯位置平面图、井道纵剖面图、机房平面图、井道和机房的混凝土预留孔图等。

一、电梯的土建结构要求

电梯与建筑物的联系主要涉及井道、机房、层门入口、导轨固定等的设置方式和连接方法,必须处理好这些细节。此外,还应考虑建筑的抗震设计、电梯噪声的隔离措施、超高层建筑的摆动和垂直度对电梯的影响,电梯启(制)动引起的晃动、倾斜、变形对建筑结构强度的影响等。例如,根据建筑物摆动参数算出的钢丝绳最大晃动值过大时应采取晃动衰减措施。

电梯井道和机房的形式与尺寸应符合 GB/T 7025.1《电梯主参数及轿厢、井道、机房的型式与尺寸 第 1 部分:Ⅰ、Ⅱ、Ⅲ、Ⅵ类电梯》的有关规定。为了顺利安装和保证安全，土建结构应符合 GB 7588《电梯制造与安装安全规范》的规定。

为了防火需要，井道壁应全部采用实体墙。为了提高建筑利用率，井道尺寸应在标准范围内尽可能小。顶层高度和轿顶部间隙要保证当对重处于完全压缩缓冲器位置时，轿顶部仍有一定的安全高度。底坑的深度、底坑的承载力、底坑的排水、井道开口、消防电梯的井道与机房的耐火极限、层门牛腿的承载力、井道顶板的隔声、井道永久性照明等，均应符合建筑标准和电梯标准的有关规定。

机房应有足够的空间供作业人员安全、容易地接近所有部件。机房应防雨、通风，应防止小动物进入机房，保证机房灭火设备的可靠性，机房的设备布置、通道宽度、机房承重和为搬运设备而在机房顶板或上横梁设置的吊钩应符合电梯标准要求，楼板的预留孔应符合电梯的尺寸要求。

二、电梯的土建布置要求

电梯的土建布置项目分为机房、井道、底坑三大部分。

1. 机房

（1）机房中不能布置与电梯无关的设备装置。一些企业为保证建筑物外形整体美观，将压力管道或消防栓、消防管道设置在机房内而没有沿外墙敷设。若管道破裂，溢流出来的水将流至机房内，控制柜内的电气元件有可能被烧毁，一部分水还会从楼板孔洞流入井道，导致电梯系统线路短路而造成主板损毁，带来严重的经济损失，甚至造成人员伤害事故。

（2）土建电气工程进度及电源柜装配要符合要求。如果土建电气施工跟不上电梯的安装工期，电梯使用临时电源供电将延误电梯的安装监督检验，拖长施工工期。有的主电源容量过小，容易造成供电系统的故障，导致电梯无法安全运行。另外，主电源应能从机房入口处方便地接近，利于紧急情况的处理。

（3）电梯机房环境温度和通风采光设施要符合要求。大多数的电梯机房设置在建筑物的最顶层，部分设计单位为追求建筑物的外形美观，在机房外墙不设或尽量少设窗户，造成机房内的通风和采光不足。GB 7588 要求电梯机房应有适当的通风，机房的环境温度应保持在 5~40 ℃。在夏季，太阳照射时间长，加上电梯运行过程中产生的热量，往往导致电梯机房内的环境温度超过国家标准，增加了电梯运行的故障率，缩短了电梯的使用寿命。虽然很多建设单位在机房内增装了排风装置，但仍效果不佳。因此土建设计除了要考虑建筑物的外形美观外，还要综合考虑电梯机房的通风、采光、隔热和防雨等。在装设排风装置的同时，应在机房另一面墙体开设进风口（如百叶窗），使空气形成对流，从而达到增强通风和采光、改善机房环境温度的目的。

（4）机房与供水设备不能距离太近。有些建筑物为节省空间，将供水水箱和中央空调冷却塔紧靠机房。例如，将冷却塔放置在机房旁边，离机房窗户不到 1 m，在夏季温度过高时，湿蒸汽通过窗户进入机房，在顶板上形成冷凝水，导致机房湿度过大。

（5）要确保电梯机房和井道的有效面积。有些设计人员未能仔细审阅电梯制造商提供的电梯土建图纸就进行机房和井道设计，或者未按订购品牌电梯的结构图纸进行设计。往往在安装电梯时才发现机房和井道的有效面积不合理，造成空间不符合 GB 7588 中第 6.3.2 条对机房尺寸的要求，不利于作业人员的紧急操作和检查维修，因此机房与井道的土建图应按专业电梯生产厂家提供的同类型标准图纸，并结合建筑物电梯井道的不同结构（如砖结构、混凝土结构、砖混结构或钢骨结构等）绘制。

2. 井道

（1）合理设置紧急开锁的位置。多数使用单位为了强调美观，在层门门头用大理石或装饰物进行装饰，此时应注意紧急开锁的位置，应有足够的开锁空间。GB 7588 第 7.7.3.2 条规定："每个层门均应能从外面借助于一个与附录 B 规定的开锁三角孔相配的钥匙将门开启。"若忽略紧急开锁的位置，当安装完毕后才发现开锁空间不够而重新返工，会造成不必要的麻烦。

（2）层门地坎要高于装修地面。GB/T 10060《电梯安装验收规范》规定："层门地坎应高出装修地面 2～5 mm。"一些电梯安装单位与地面装饰单位没有协调，对各楼层地板完成面的标高无统一的要求，造成层门地坎与装修地面同高或低于装修地面。GB 7588 第 7.4.1 条规定："在各层站地坎前面宜有稍许坡度，以防洗刷、洒水时，水流入井道。"水是电梯安全的大忌，水顺着层门和轿门地坎间隙进入井道易引发电气短路。

（3）地坎强度应与使用环境相匹配。GB 7588 规定："每个层门入口均应装设一个具有足够强度的地坎，以承受通过它进入轿厢的载荷。"对于频繁承受较大载荷的货梯，地坎应在不影响运行的基础上做加强处理来保证地坎所承受的冲击载荷。层门地坎的前端可加设钢板，牛腿及支撑的焊接应牢固，焊缝应连续且为双面焊（不能点焊）。部分单位在安装电梯时忽视了实际的使用环境，造成短期内地坎遭到破坏甚至报废的后果。

（4）合理设置对重与缓冲器的距离。轿厢对重装置的撞板与缓冲器顶面间应保持一定的距离。在新梯安装时，厂家配备有调整块，其形式多种多样，用来调整对重与缓冲器的距离。

3. 底坑

（1）底坑悬空的地板强度。当底坑下存在有人可以进入的空间（如地下室、车库、通道等），底坑地板的强度应能承受不小于 5 000 N/m² 载荷。GB 7588 第 5.5 条除对底坑地板强度的设计承载能力有要求外，还要求将对重缓冲器安装于（或平衡重运行区域下面是）一直延伸到坚固地面上的实心桩墩，或在对重（或平衡重）上装设安全钳。

（2）底坑的渗水和防水。GB 7588 规定："底坑不得作为积水坑使用，且在导轨、缓冲器、棚栏等安装竣工后，底坑不得漏水或渗水。"有些土建施工单位对此不够重视，没有做好防水处理，出现了渗漏水现象，造成电梯机械部件锈蚀，电气元件绝缘性能下降。

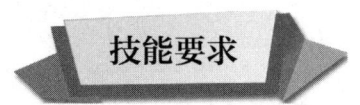

技能要求

井道垂直度测量

操作准备

1. 设备材料要求

（1）井道应浇注完工，井道内无其他工字钢或杂物，现场无安全隐患。

（2）井道的深度及宽度符合图纸设计要求。

2. 主要工具

线坠、扳手、钢直尺、样线等。

3. 作业条件

（1）作业现场能提供 220 V 交流电源。

（2）井道壁混凝土梁符合要求。

(3) 作业人员必须穿好工作服、防护鞋，戴好安全帽等，做好个人防护。

4. 技术要求

在测量井道垂直度之前，应先观察井道是否符合要求。

（1）建筑物中，要求井道有助于防止火焰蔓延，该井道应由无孔的墙、底板和顶板完全封闭起来。只允许有下述开口。

1）层门开口。

2）通往井道的检修门、井道安全门及检修活板门的开口。

3）火灾情况下，气体和烟雾的排气孔。

4）通风孔。

5）井道与机房或与滑轮间之间必要的功能性开口。

6）在装有多台电梯的井道中，电梯之间隔板上的开孔。

（2）井道垂直度应符合电梯企业安装要求。

操作步骤

步骤名称	图例	步骤说明
步骤1 放置门样线		从顶楼放置两根门样线至底坑，并在底坑放置线坠。
步骤2 测量每层门样线至墙壁的距离		分别从底楼至顶楼测量每层墙壁与门样线的前后左右距离，可以每隔两层测量一次，并记录数据。

电梯井道垂直度测量记录

工程名称			结构类型/层数	框剪/-2+31+1层	形象进度	主体封顶
施工单位				监理（建设）单位		
测量器具			线坠		测量日期	年　月　日
测量项目	层数、部位	实测偏差（mm）			备注	
垂直度	1层					
	2层					
	3层					
	5层					
	7层					
	8层					
	10层					
	12层					
	14层					
	……					
	30层					
	32层					
允许偏差	（1）当电梯行程高度≤30 m时，允许偏差为 ±25 mm （2）当电梯行程高度>30 m且≤60 m时，允许偏差为 ±35 mm （3）当电梯行程高度>60 m且≤90 m时，允许偏差为 ±50 mm （4）当电梯行程高度>90 m时，允许偏差应符合土建布置图要求					
实测垂直度＿＿＿＿点，偏差超标＿＿＿＿点				抽测人：＿＿＿＿＿＿ 复核人：＿＿＿＿＿＿ 　　　　　　　　　　年　月　日		
施工单位 项目负责人：				专业监理工程师： 建设单位项目负责人：		

培训单元 2　样板架安装调试

培训重点

熟悉样板架的作用和制作要求
掌握样板架的分类
能够进行样板架的安装调试

知识要求

一、样板架的作用和制作要求

1. 样板架的作用

确定电梯安装的样线是关系电梯安装质量必不可少的关键性工作。

电梯安装样线是通过在制作的放线样板架上悬挂的线坠位置来确定的，所以准确制作样板架是保证样线准确度的前提条件，确保在电梯安装过程中样线不会出现错位和偏移，以免影响电梯各部件的安装尺寸。而样板架下放线坠的位置是依据电梯安装平面布置图中给定的参数尺寸，并结合井道实际尺寸来确定的。

2. 样板架的制作要求

样板架必须制作精确、结实，并符合布置图上标出的尺寸要求。样板架的厚度和宽度（见图 1-27）与提升高度的关系见表 1-2。

图 1-27　样板架的厚度与宽度

表 1-2　样板架的厚度和宽度与提升高度的关系

提升高度 /m	厚度 /mm	宽度 /mm
<20	40	80
20～60	50	100
>60	60	100

样板架应选择用无节疤、不易变形、经过烘干处理的木料，并且应四面刨光，平直方正。当提升高度增加，木材厚度应相应增加，或采用角钢制作，所用型材应具有出厂检验报告和出厂合格证。

一般情况下，在井道顶部和底坑各设置一个样板架。但在安装样线由于环境条件影响可能发生偏移和建筑体有较大日照变形的情况下，应增加一个或一个以上的中间样板架。

样板架应在平坦的地面上制作，制作时应准确，相互间位置尺寸偏差不大于0.5 mm。

为了便于安装时观测，在样板架上必须用文字清晰地注明轿厢中心线、对重中心线、层门中心线、层门净宽等，如图1-28所示。

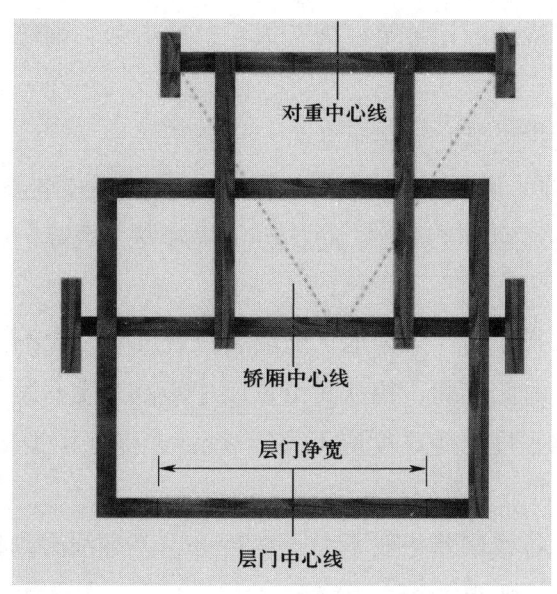

图1-28　样板架平面形状

二、样板架的分类

1. 样板架根据安装位置不同一般分上样板架和下样板架，其中上样板架安装在井道顶部，下样板架安装在井道底坑。在安装时，先安装上样板架，完成上样板架安装后，再安装下样板架。

2. 样板架根据结构可分为整体式和局部式。整体式结构严谨、扎实，不易变形；局部式制作简单，但稍受力极易损坏。

3. 样板架按对重位置分为对重后置式和对重侧置式。

样板架安装调试

操作准备

1. 设备材料要求

(1) 样板架木板厚度应符合表1-2中的要求。

(2) 样板托架方木应无节疤、不易变形,经过烘干处理,四面刨平,平直方正。

2. 主要工具

钢直尺、卷尺、线坠、记号笔、梅花扳手、冲击钻、钢丝。

3. 作业条件

(1) 作业现场能提供220 V交流电源。

(2) 实际顶层高度、底坑深度应与图纸相符,并核算是否能满足该梯越程的要求。

(3) 作业人员必须穿好工作服、防护鞋,戴好安全帽等,做好个人防护。

4. 技术要求

(1) 建筑物基准与层站样板架地坎前端线位置尺寸一般不大于1 mm。

(2) 样板架制作时应准确,相互间位置尺寸偏差一般不大于0.5 mm。

(3) 样板托架水平度、等高度应不大于2 mm,保证样板架放置的水平度公差一般为1/1 000。

(4) 基准线尺寸各线偏差一般不大于0.3 mm,基准线必须保证垂直。

电梯样板架各尺寸要求如图1-29所示。

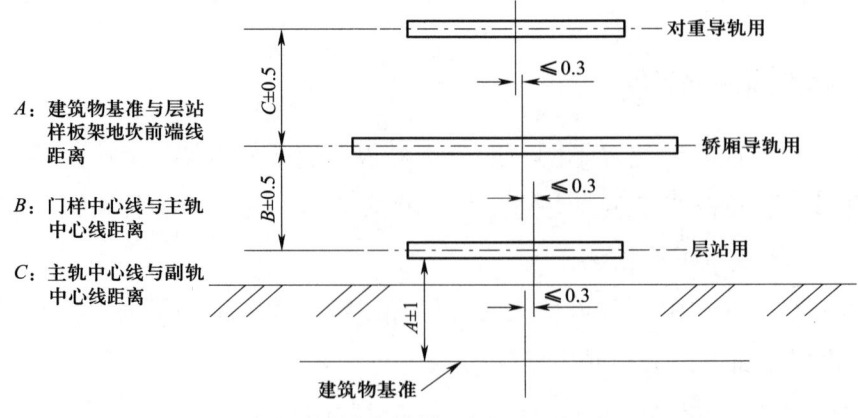

图1-29 电梯样板架各尺寸要求

操作步骤

步骤名称	图例	步骤说明
步骤1 制作样板架搁置支架		在井道顶板下1 m左右处,将角钢用膨胀螺栓固定于井道壁上,前后方向各两个。
步骤2 安装并固定样板托架		将两个四面刨平且互成直角的截面积大于0.1 m×0.1 m的木料制成的样板托架固定在井道壁的角钢上。
步骤3 制作样板架		按图纸要求组装样板架,在组装完的样板架上标出轿厢和对重中心线、层门中心线,最后核对各对角线尺寸是否相等。

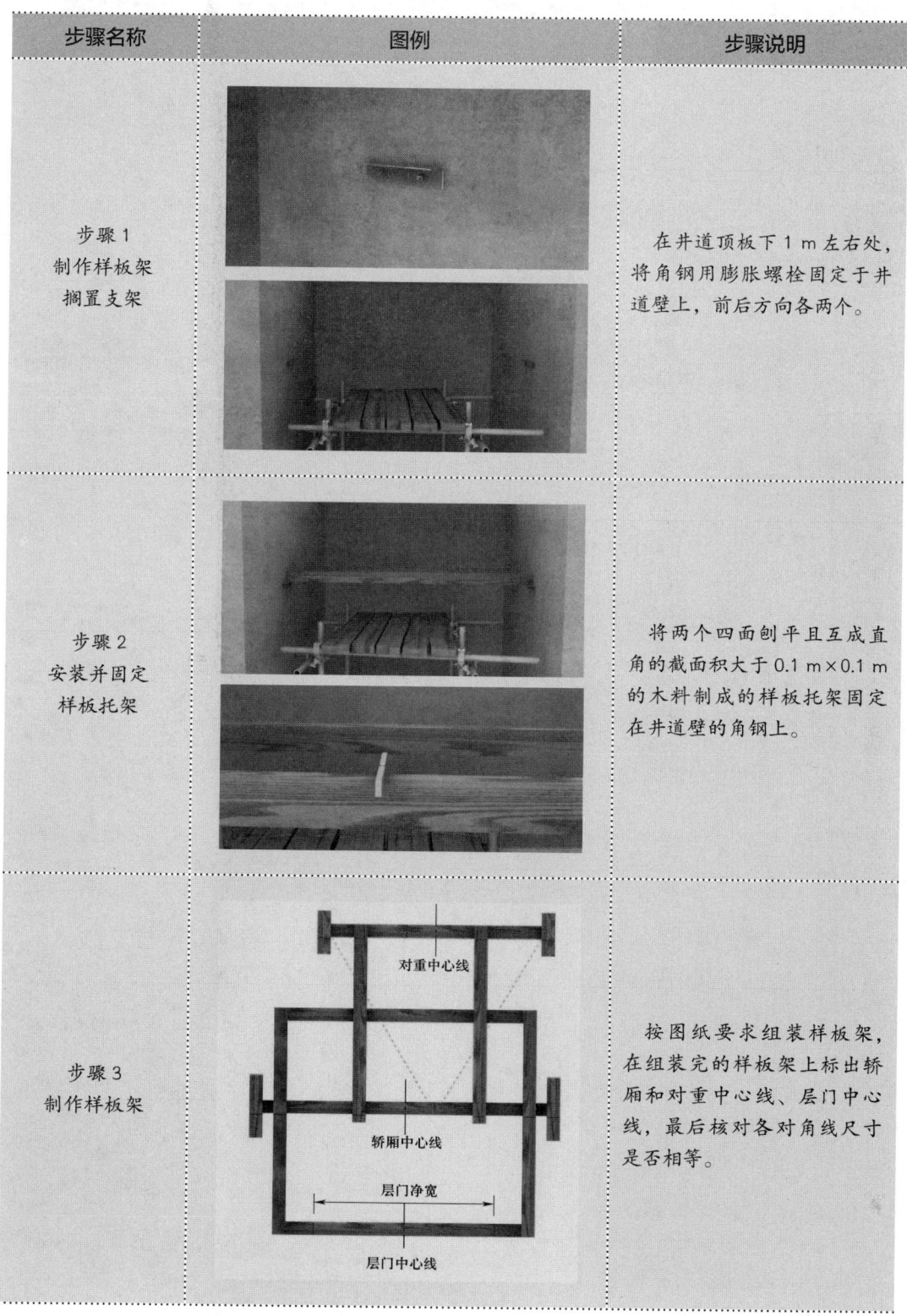

续表

步骤名称	图例	步骤说明
步骤4 安装上样板架	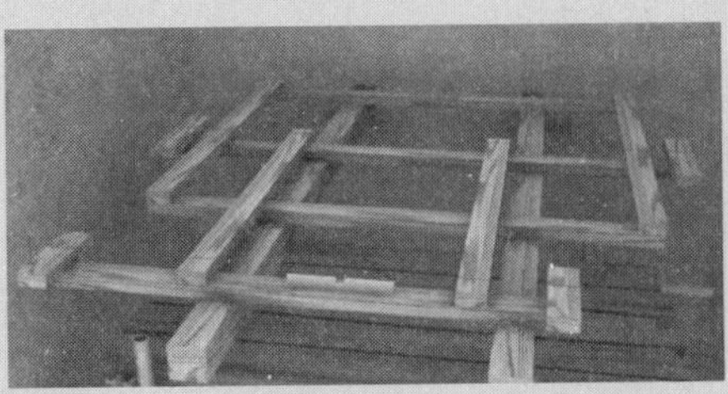	将样板架安装在样板托架上，并测量水平度。
步骤5 放置层门样线	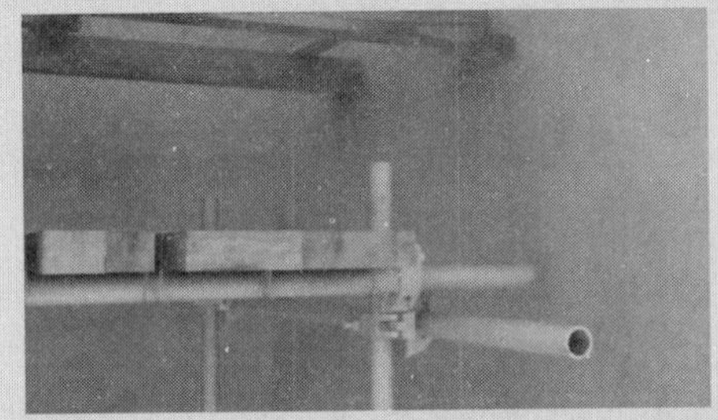 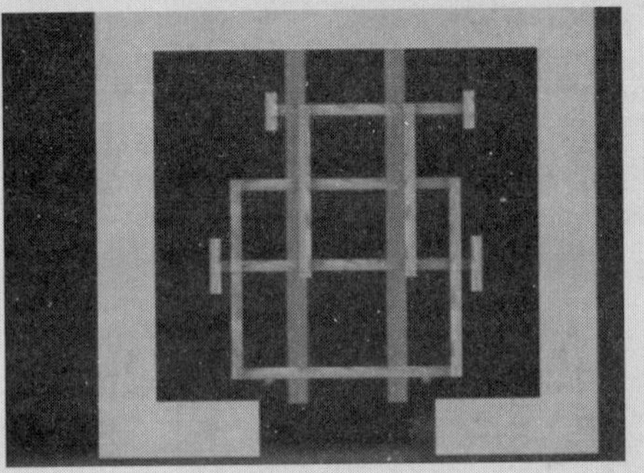	放置两根层门样线，并观察确认层门样线不与任何部件有干涉。
步骤6 测量各楼层数据		测量每层墙壁与层门样线的前后左右距离，可以每隔两层测量一次，并记录数据。

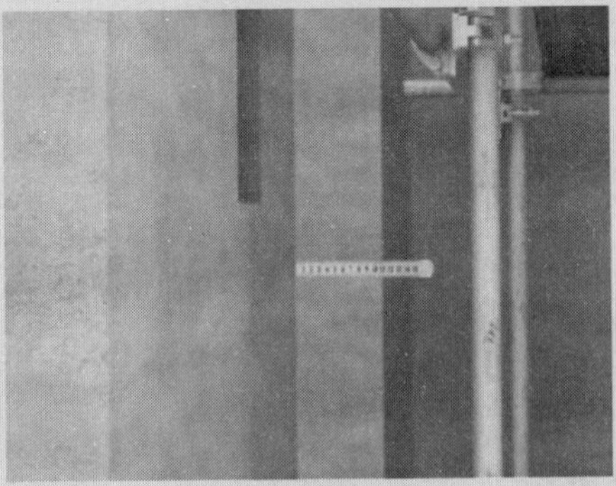

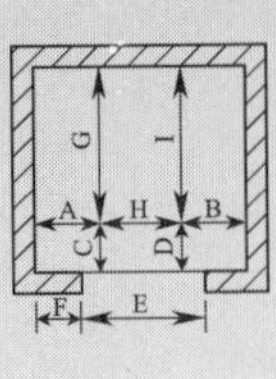

续表

步骤名称	图例	步骤说明
步骤7 确定轿厢导轨和对重导轨落线点		参照层门样线，结合井道平面图，确定轿厢导轨和对重导轨落线点。
步骤8 固定样线	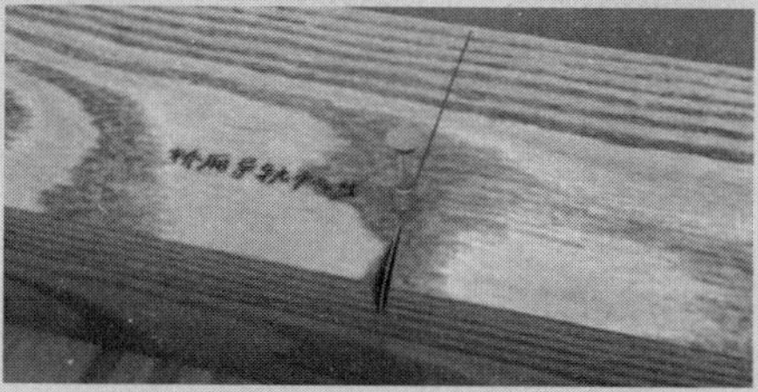	在放线点用锯条或电工刀垂直锯划一V形小槽，将样线放入，防止样线移位。
步骤9 安装下样板架		为防止样线晃动，可以在地面放置一水桶，将线坠放置于水桶中。 按图纸要求，安装与井道顶部相似的下样板架。
步骤10 核对尺寸		检查并确认下样板架各尺寸符合要求。

培训单元3　层门系统安装调试

培训重点

了解层门系统的组件

能够进行层门系统的安装调试

电梯中开封闭式层门如图 1-30 所示,一般由导轨架、自动门锁、门扇、强迫关门装置、层门滑块、层门地坎等组成。

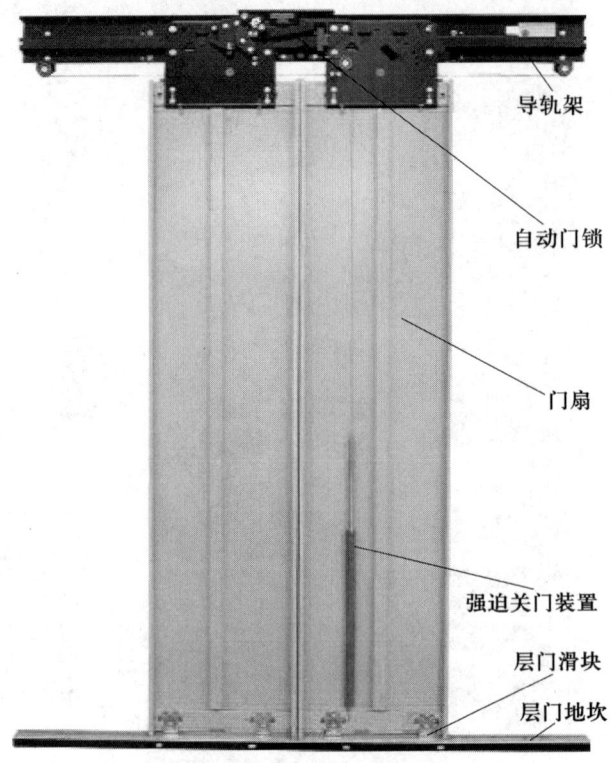

图 1-30　中开封闭式层门

一、门扇

电梯的门扇分为封闭式(见图 1-31)和不常用的交棚式(见图 1-32)、非全高式。全封闭式门扇一般用 1~1.5 mm 厚的薄钢板制成,为了使门具有一定的机械强度和刚性,在门的背面配有加强筋。为减小门运动中产生的噪声,门板背面涂贴防振材料。

二、层门滑块

层门滑块(见图 1-33)固定在门扇的下端,它被限制在地坎槽内,使门扇始终保持在垂直状态。它由金属板外包耐磨材料制作而成。

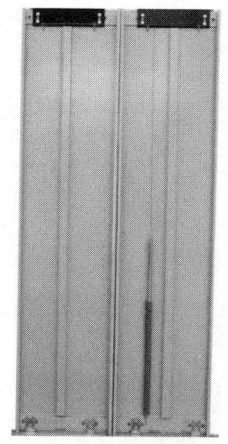
图1-31 封闭式层门

图1-32 交棚式层门

图1-33 层门滑块

三、层门上坎装置

层门上坎装置（见图1-34）处于层门系统的最上方，通过膨胀螺栓固定在墙壁上，主要由弯板、门导轨、门传动装置等组成。

图1-34 层门上坎装置

四、层门地坎

层门地坎（见图1-35）设槽，供层门滑块在槽内滑动，对门的运动起导向作用。乘客电梯的层门地坎一般用铝合金制作，载货电梯的层门地坎一般用铸铁加工或钢板压制而成。层门地坎固定在井道牛腿上或牛腿支架上，要求有足够的承载能力。

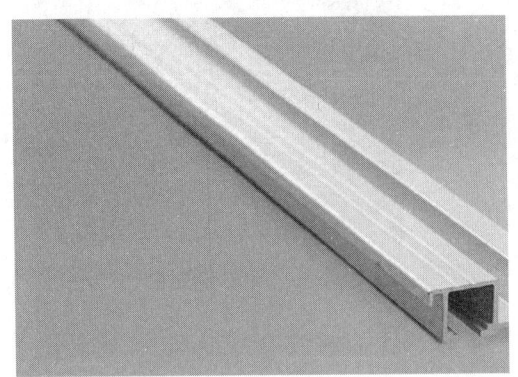

图 1-35 层门地坎

五、层门挂板

层门挂板（见图 1-36）是层门门扇与层门上坎装置的连接部件，主要由挂板、门滑轮、偏心轮等组成。

图 1-36 层门挂板

六、自动门锁

自动门锁（见图 1-37）一般位于层门内侧，是确保层门安全打开的重要保护设施。层门关闭后，门锁锁紧，同时接通门联锁电路，此时电梯方能启动运行。当电梯运行过程中所有层门都被门锁锁住，一般人员无法打开层门。只有电梯进入开锁区，并停站时层门才能被安装在轿门上的刀片带动而开启。在紧急情况下或需进入井道检修时，只有经过专门

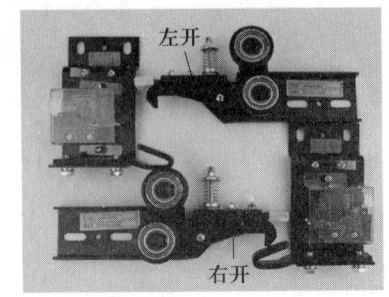

图 1-37 自动门锁

训练的专业人员方能用特制的钥匙从层门外打开层门。

七、层门上坎护板和地坎护板

层门上坎护板（见图1-38）和地坎护板（见图1-39）都是起安全防护作用的。

图1-38　层门上坎护板

图1-39　层门地坎护板

层门地坎安装调试

操作准备

1. 设备材料要求

（1）地坎应无变形、无损坏，功能可靠。

（2）用于制作牛腿和牛腿支架的型钢符合要求。

（3）焊条和膨胀螺栓有出厂合格证。

2. 主要工具

电钻、切割机、电焊机、线坠、水平尺、钢直尺等。

3. 作业条件

（1）作业现场能提供 220 V 交流电源。

（2）各层层门门口及脚手架上干净、无杂物。

（3）各层层门门口建筑结构墙壁上应有土建提供并确认的楼层装饰标高。

（4）作业人员必须穿好工作服、防护鞋，戴好安全帽等，做好个人防护。

4. 技术要求

（1）地坎端面与门口样线距离（31±1）mm（该尺寸与放样尺寸相关，不同电梯可以根据实际放线来确定该尺寸），在门口宽度尺寸上，该距离误差不大于 1 mm。

（2）层门地坎应具有足够的强度，地坎上表面宜高出装修地面 2~5 mm。

（3）在开门宽度方向上，地坎表面相对水平面的倾斜度一般不大于 2/1 000。

（4）轿厢地坎与层门地坎间的水平距离一般不大于 35 mm。在有效开门宽度范围内，该水平距离的偏差不大于 3 mm。

操作步骤

步骤名称	图例	步骤说明
步骤1 画地坎中心线及门宽刻度线		在安装之前，先在地坎中心画地坎中心线及门宽刻度线。
步骤2 安装地坎螺栓		将地坎螺栓放入地坎T形槽内。
步骤3 打膨胀螺栓孔		在已确定的金属牛腿需要固定的位置打一排膨胀螺栓孔。

续表

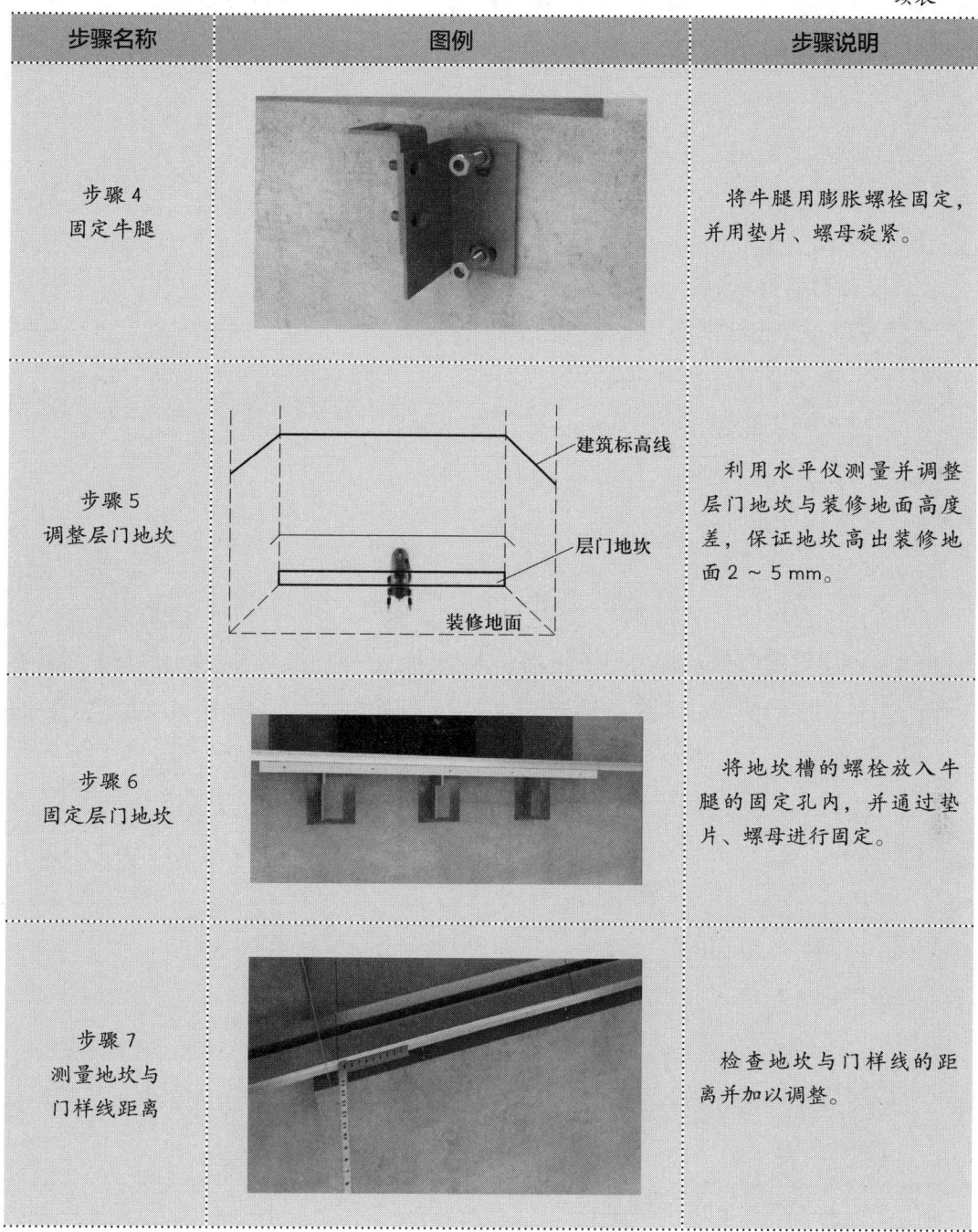

步骤名称	图例	步骤说明
步骤4 固定牛腿		将牛腿用膨胀螺栓固定,并用垫片、螺母旋紧。
步骤5 调整层门地坎		利用水平仪测量并调整层门地坎与装修地面高度差,保证地坎高出装修地面2~5 mm。
步骤6 固定层门地坎		将地坎槽的螺栓放入牛腿的固定孔内,并通过垫片、螺母进行固定。
步骤7 测量地坎与门样线距离		检查地坎与门样线的距离并加以调整。

注意事项

1. 所有焊接连接和膨胀螺栓固定一定要牢固可靠。

2. 凡是需要埋入混凝土中的部件,一定要经有关部门检查,办理隐蔽工程手续后,方可浇灌混凝土。

3. 每个层站入口均应装设一个具有足够强度的地坎,以承受通过它进入轿厢的载荷。

层门门套安装调试

操作准备

1. 设备材料要求
(1) 门套应无变形、无损坏,功能可靠。
(2) 用于固定门套的钢筋符合要求。
(3) 焊条和膨胀螺栓有出厂合格证。

2. 主要工具
电锤、电焊机、线坠、卷尺、钢直尺等。

3. 作业条件
(1) 作业现场能提供 220 V 交流电源。
(2) 各层层门门口及脚手架上干净、无杂物。
(3) 各层层门门口建筑结构墙壁上应有土建提供并确认的楼层装饰标高。
(4) 作业人员必须穿好工作服、防护鞋,戴好安全帽等,做好个人防护。

4. 技术要求
(1) 门套垂直度和横梁水平度一般不大于 1/1 000,门套要贴紧地坎,不得有间隙。
(2) 层门导轨界面的垂直度一般不超过 0.5 mm。
(3) 层门导轨上表面对地坎上表面的水平度一般不超过 1 mm。

操作步骤

步骤名称	图例	步骤说明
步骤1 安装门框门套		安装之前,在平整的地方组装好门套横梁和门套立柱。用卷尺测量门宽是否符合图纸安装要求。

续表

步骤名称	图例	步骤说明
步骤2 放置门套	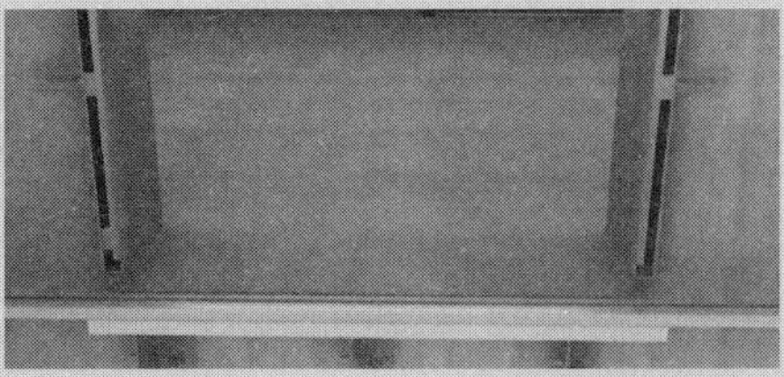 	将组装好的门套垂直放入地坎，确认左右门套立柱与地坎的出入口画线重合，找好与地坎槽的距离，使之符合图纸要求，然后拧紧门套与地坎之间的紧固螺栓。
步骤3 测量门套左右垂直度	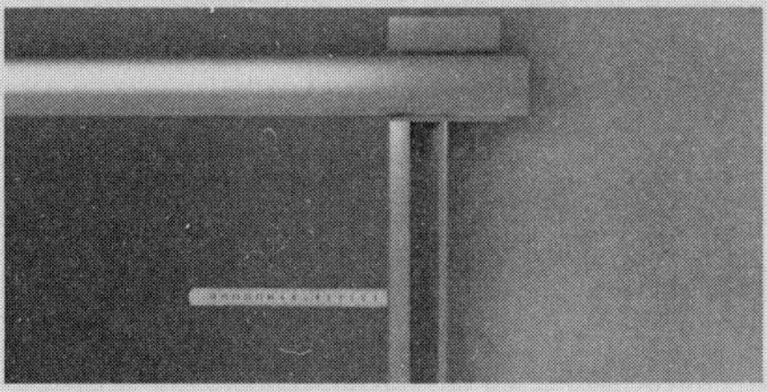	用线坠和钢直尺在上下位置分别测量门套左右垂直度，并调整至符合要求。
步骤4 固定门套	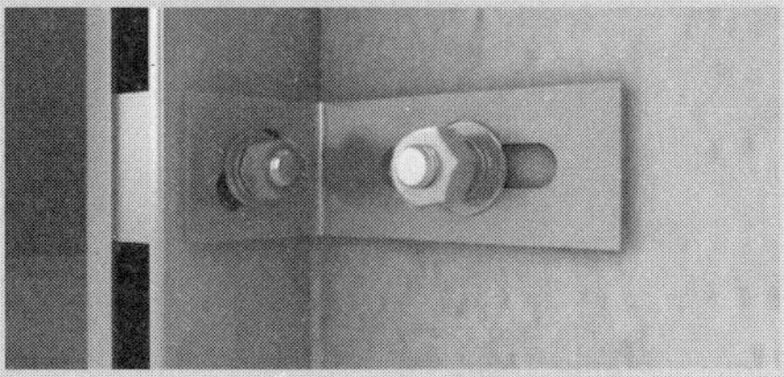 	用连接板或者钢筋焊接的方式将门套固定在井道墙层门门口处。每侧门套分上中下三处固定。

续表

步骤名称	图例	步骤说明
步骤5 测量门套前后垂直度	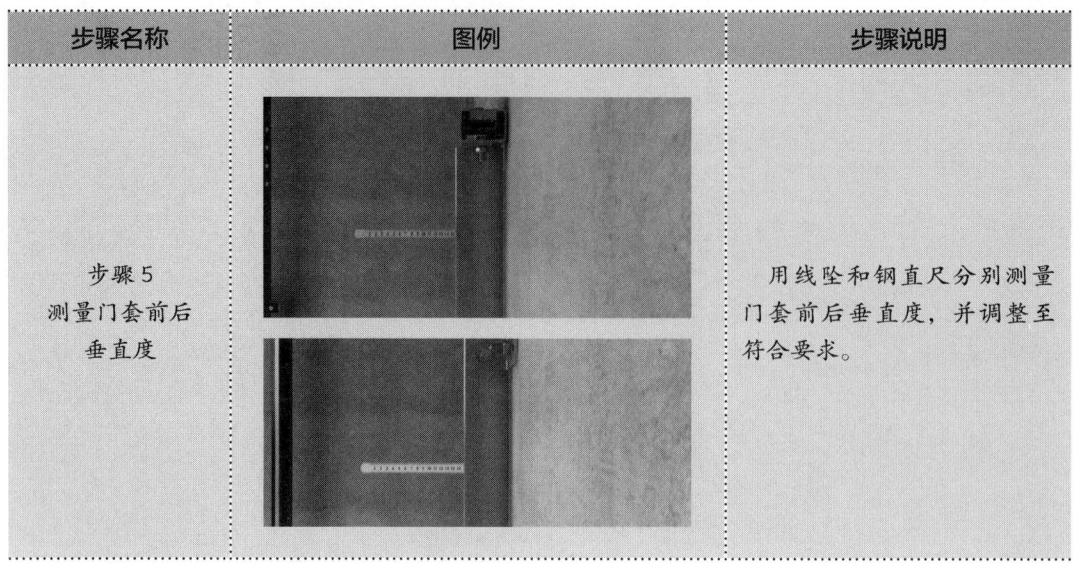	用线坠和钢直尺分别测量门套前后垂直度,并调整至符合要求。

注意事项

1. 门套使用钢筋焊接时,应用钢筋打入墙中后将钢筋完成弓形后再焊接,以免焊接变形导致门套变形。

2. 门套使用钢筋固定后,应再次测量各方向的垂直度,以防发生偏移。

3. 钢筋长度100 mm,打入墙内后,留在墙外的钢筋长度为30 mm。

4. 在使用电焊进行焊接时,应注意门样线的位置,防止将门样线切断。

门扇和悬挂装置安装调试

操作准备

1. 设备材料要求

(1) 门扇应无变形、无损坏,功能可靠。

(2) 层门的各部件与图纸相符,数量齐全。

2. 主要工具

电锤、电焊机、线坠、水平尺、钢直尺等。

3. 作业条件

(1) 作业现场能提供220 V交流电源。

(2) 各层层门门口及脚手架干净、无杂物。

(3) 各层层门门口建筑结构墙壁上应有土建提供并确认的楼层装饰标高。

（4）作业人员必须穿好工作服、防护鞋，戴好安全帽等，做好个人防护。

4. 技术要求

（1）轿厢应在锁紧元件啮合不小于 7 mm 时才能启动。

（2）应由重力、永久磁铁或弹簧来产生和保持锁紧动作。弹簧应在压缩下作用，应有导向，同时弹簧的结构应保证在开锁时弹簧不会被压并圈。

即使永久磁铁（或弹簧）失效，重力也不应导致开锁。

如果锁紧元件是通过永久磁铁的作用保持其锁紧位置，则用一种简单的方法（如加热或冲击）不应使其失效。

（3）门关闭后，门扇之间、门扇与立柱、门楣与地坎之间的间隙应尽可能小。对于乘客电梯，此运动间隙不大于 6 mm。对于载货电梯，此运动间隙不大于 8 mm。由于磨损，此间隙值允许达到 10 mm。

（4）在水平滑动门和折叠门主动门扇的开启方向，以 150 N 的人力（不用工具）施加在一个最不利的点上时，层门与地坎的间隙可以大于 6 mm，但不得大于下列值：对旁开门 30 mm，对中分门总和为 45 mm。

（5）阻止关门力不大于 150 N，这个力的测量不得在关门行程开始的 1/3 之内进行。

操作步骤

步骤名称	图例	步骤说明
步骤1 检查层门上坎各部件	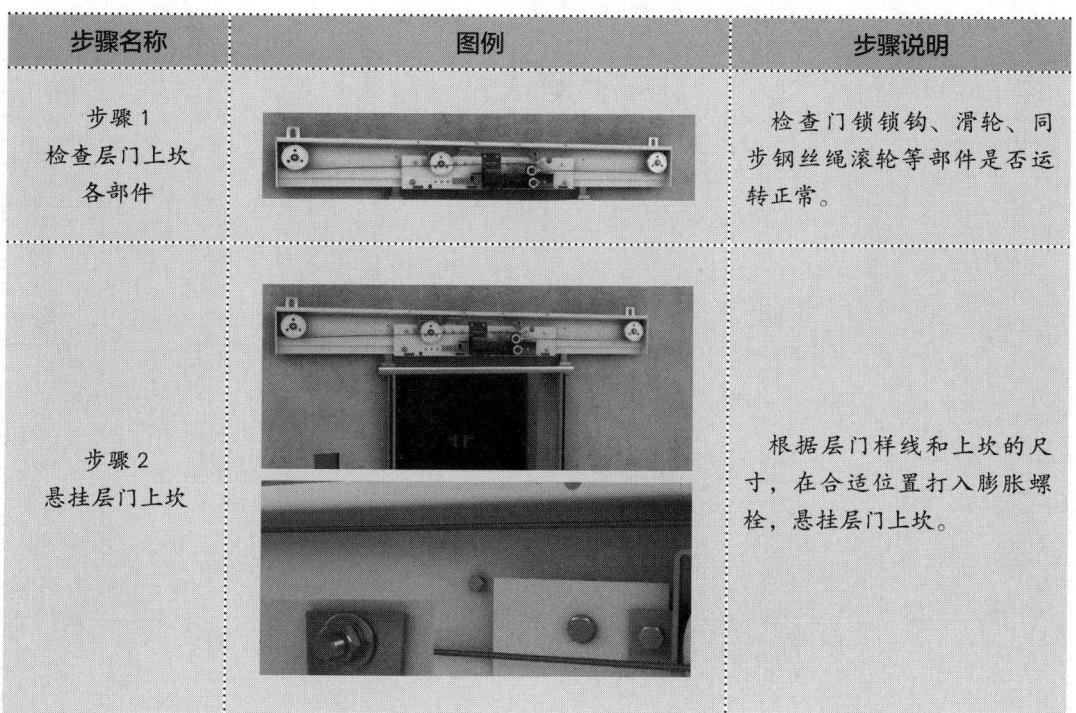	检查门锁锁钩、滑轮、同步钢丝绳滚轮等部件是否运转正常。
步骤2 悬挂层门上坎		根据层门样线和上坎的尺寸，在合适位置打入膨胀螺栓，悬挂层门上坎。

续表

步骤名称	图例	步骤说明
步骤3 测量并调整层门导轨的左右分中	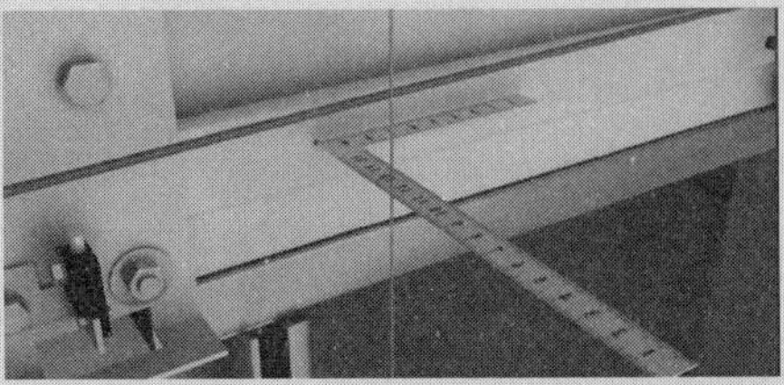 	用钢直尺分别测量并调整层门导轨左右分中。
步骤4 测量并调整层门上坎的垂直度	 	用钢直尺在层门上坎上下位置分别测量并调整其垂直度。
步骤5 固定层门上坎	 	移动层门上坎至正确位置后,紧固相应螺栓,固定层门上坎。

续表

步骤名称	图例	步骤说明
步骤6 固定层门滑块		把层门滑块固定在门扇下端,并放入一张塞片。
步骤7 吊装层门		用吊门螺栓将层门与门挂板连接为一体。
步骤8 调整地坎间隙	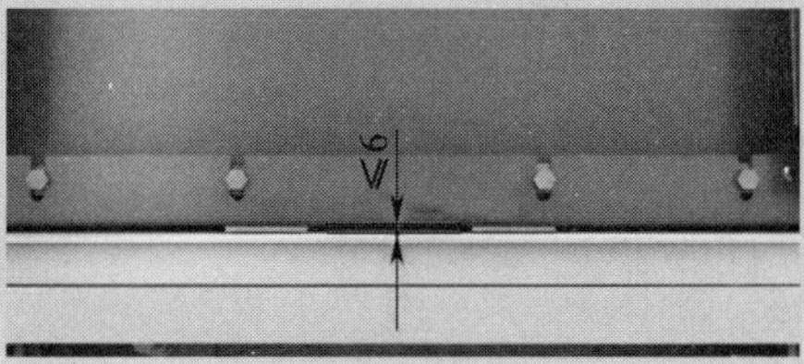	在层门下端与地坎之间垫上合适厚度的垫片,保证层门与地坎之间的运动间隙符合要求。
步骤9 调整层门间隙	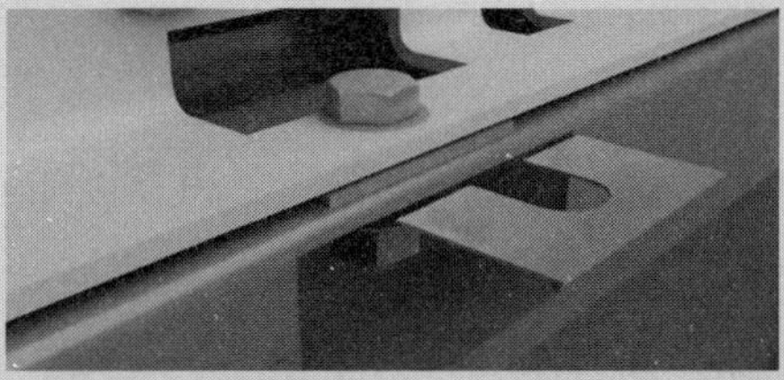 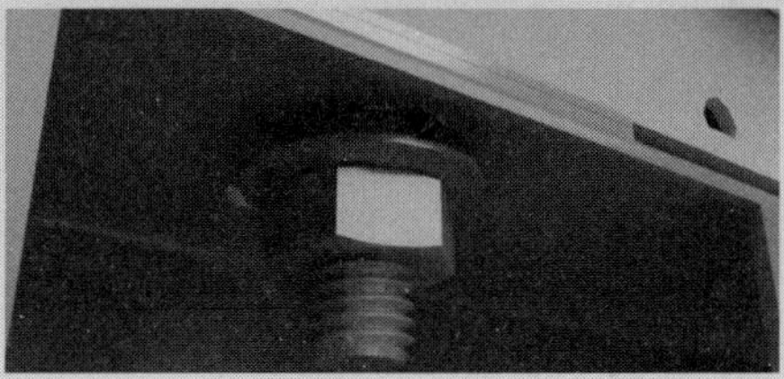	使用调门塞片,使门扇之间、门扇与立柱之间、门楣与地坎之间的间隙符合要求。

续表

步骤名称	图例	步骤说明
步骤10 调整偏心轮		调整4个偏心轮与门导轨间隙符合要求。
步骤11 拆除层门与地坎之间的塞片	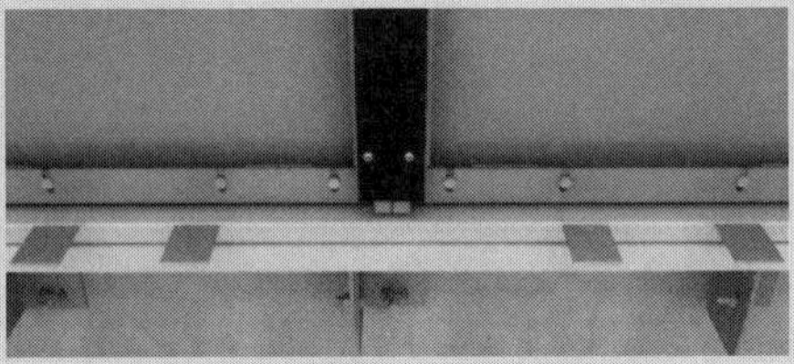	将层门与地坎之间的塞片拆除。
步骤12 层门试运行		试运行确认层门运行顺畅,层门与层门之间的水平度符合要求。

注意事项

1. 各层门表面用软布擦净,外观光洁、无尘、无油挂痕。

2. 各个层门强迫关门装置灵活,重锤与门导轨之间无摩擦声或其他异响。

3. 自动门锁各传动部件应注入少量润滑油并擦净,无油挂痕。

4. 三角锁应逐层手动开锁,动作及复位应灵活、可靠,如有异常应及时处理。

培训单元 4　井道位置信息装置安装调试

了解平层及平层准确度的定义
掌握平层感应器的分类及工作原理
能够进行井道位置信息装置的安装与平层准确度的调整

一、平层及平层准确度的定义

平层是指轿厢接近停靠站时，欲使轿厢地坎与层门地坎达到同一平面的动作。

平层准确度是指轿厢依控制系统指令到达目的层站停靠后，门完全打开，在没有负载变化的情况下，轿厢地坎上平面与层门地坎上平面之间垂直方向的最大差值。

二、平层感应器的分类及工作原理

电梯平层感应器一般分为磁电感应器和光电感应器，如图 1-40 所示。与之配合使用的是隔磁板或遮光板。隔磁板或遮光板安装在电梯井道内每个层站的平层区

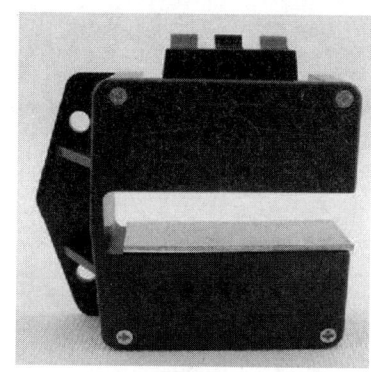
磁电感应器

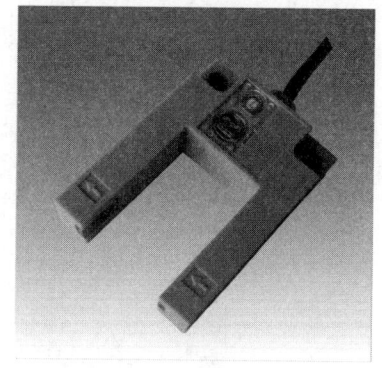
光电感应器

图 1-40　平层感应器

域内。当轿厢运行到某一平层区域时，该平层板插入轿顶上的平层感应器内，切断感应器回路，并将信号传入机房控制系统中，以实现楼层计数、电梯平层等。磁电感应器有两组，一开一闭，按要求接线。

1. 磁电感应器工作原理

要使电梯到达平层区域后能自动平层，必须有一套自动控制系统，即电梯的自动控制装置。磁电感应器的控制部分是干式舌簧感应器。它是将两片合金密封在玻璃管内，置于U形磁铁的对侧，磁铁与舌簧之间相距28~40 mm。干式舌簧管在强磁场的作用下，常开触点闭合，常闭触点断开。感应器安装在轿厢上，随轿厢一起运动。在电梯平层区域的井道内安装有隔磁板，当其插入感应器缺口后，遮阻了大部分磁力线，使作用于簧片的磁场减弱，舌簧管内的簧片在自身力的作用下恢复常态，从而完成平层动作。

2. 光电感应器工作原理

如图1-41所示为光电感应器示意图，光电感应开关共有4个，从上到下分别为上平层开关（LUL）、上再平层开关（ZUL）、下再平层开关（ZDL）、下平层开关（LDL），LUL输出上平层信号接入电梯控制系统，LDL输出下平层信号接入电梯控制系统，ZDL与ZUL串联输出门区信号接入电梯控制系统，同时接入UCMP（电梯轿厢意外移动保护系统）检测电路。LUL与ZUL、LDL与ZDL之间距离均为h_2，ZUL距隔磁板最上端为h_3，LUL距隔磁板最上端为h_1且不大于20 mm。当隔磁板同时隔住LUL、ZUL、ZDL、LDL时，轿厢位于正常平层位置（此时轿厢地坎与层门地坎的垂直高度差不大于10 mm）。

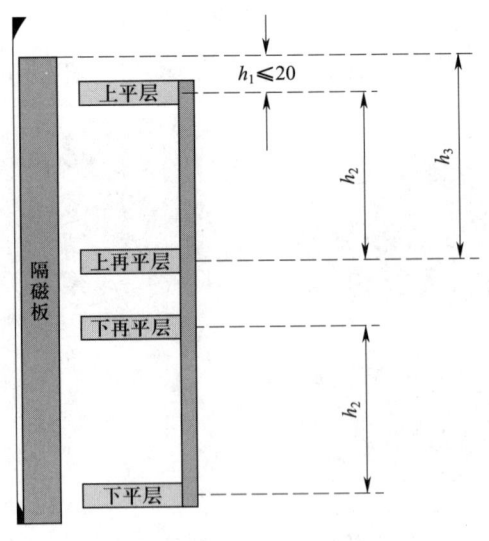

图1-41　光电感应器示意图

 **技能要求**

平层感应器的安装与平层准确度的调整

操作准备

1. 设备材料要求

（1）平层感应器应无变形、无损坏，功能可靠。

（2）隔磁板尺寸与图纸相符，数量齐全。

（3）电梯电气线路符合图纸要求。

2. 主要工具

水平尺、钢直尺、扳手等。

3. 作业条件

（1）轿顶能提供 220 V 交流电源。

（2）轿顶上干净、无杂物，防护栏符合要求。

（3）作业人员必须穿好工作服、防护鞋，戴好安全帽等，做好个人防护。

4. 技术要求

（1）轿厢的平层准确度为 10 mm；平层保持精度为 20 mm；如果装卸载时超出 20 mm，应校正到 10 mm 以内。

（2）隔磁板（遮光板）插入平层感应器距离应大于 2/3，以距离平层感应器最深处 10 mm 为宜。

操作步骤

步骤名称	图例	步骤说明
步骤1 安装平层感应器		在图纸要求位置安装平层光电感应器，要求横平竖直。

续表

步骤名称	图例	步骤说明
步骤2 安装隔磁板	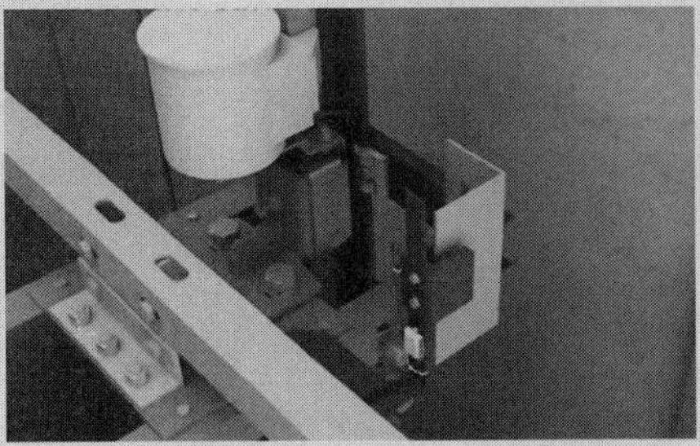 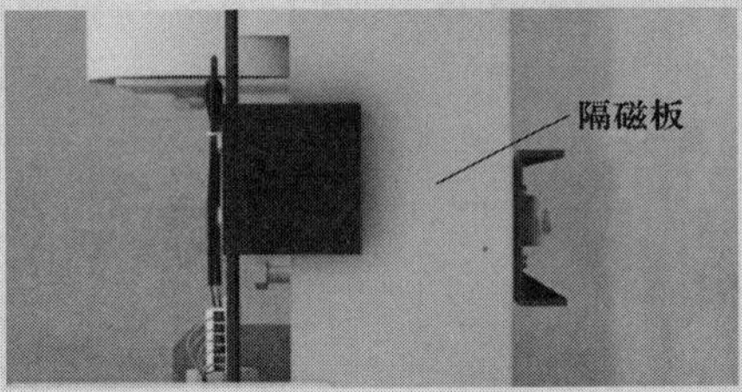	电梯处于平层位置时，在轿厢导轨对应位置上安装隔磁板。
步骤3 调整隔磁板位置	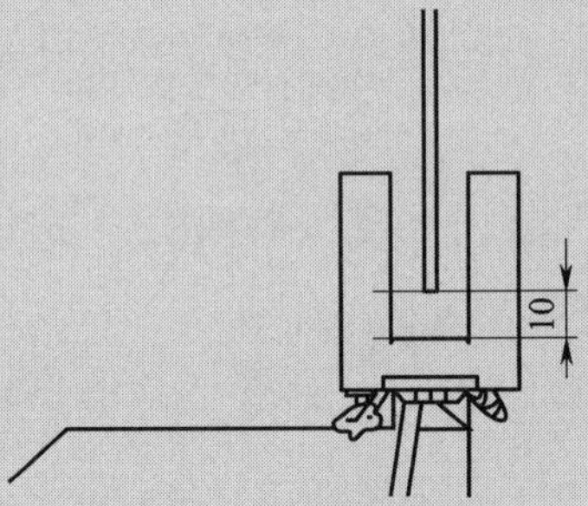	调整隔磁板与平层感应器位置，以隔磁板距离平层感应器最深处10 mm为宜。
步骤4 调整平层准确度		保持电梯空载单层上下运行、多层上下运行、全程上下运行，分别测量轿门地坎与层门地坎的垂直偏差，确保偏差不大于10 mm。

注意事项

测量平层准确度时，必须在电梯快车运行平层时测量，慢车及自平层情况下不能测量平层准确度。

培训单元 5　缓冲器安装调试

掌握缓冲器的定义、分类和安装标准
能够进行缓冲器的安装调试

一、缓冲器的定义及分类

1. 缓冲器的定义

缓冲器是电梯极限位置的最后一道安全装置，在轿厢和对重下方的井道底坑地面上均设有缓冲器。在轿厢下方，对应轿架底梁缓冲板的缓冲器称为轿厢缓冲器。在对重架下方，对应对重架缓冲板的缓冲器称为对重缓冲器。同一台电梯的轿厢缓冲器和对重缓冲器的结构、规格是相同的。

缓冲器是一种用来吸收或消耗轿厢或对重装置动能的安全装置。当轿厢或对重超越极限位置，发生蹲底冲击缓冲器时，缓冲器将吸收或消耗电梯的能量，从而使轿厢或对重安全减速直至停止。

2. 缓冲器的分类

（1）弹簧缓冲器。弹簧缓冲器也称蓄能型缓冲器，主要由缓冲橡胶、缓冲头、缓冲弹簧、地脚螺栓、缓冲弹簧座等组成，其结构如图 1-42 所示。由于弹簧缓冲器受到撞击后需要释放弹性变形能，产生反弹，造成缓冲不平衡，因此只适用于额定速度低于 1 m/s 的低速电梯。

（2）液压缓冲器。液压缓冲器也称耗能型缓冲器，主要由缓冲垫、复位弹簧、柱塞、环形节流孔、变量棒、缸体等组成，其结构如图1-43所示。

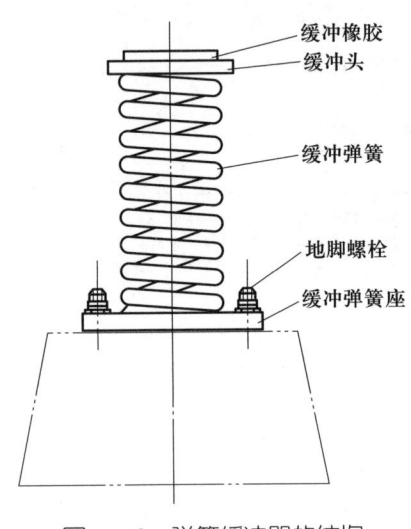

图1-42 弹簧缓冲器的结构

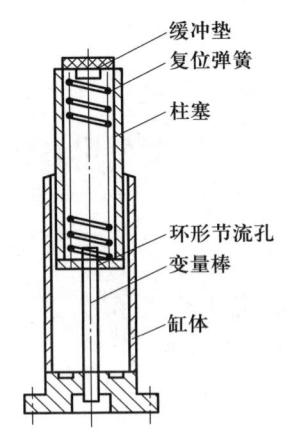

图1-43 液压缓冲器的结构

液压缓冲器是以液压油作为介质来吸收轿厢或对重动能的缓冲器。这种缓冲器比弹簧缓冲器要复杂得多，在它的液压缸内有液压油。当柱塞受压时，由于液压缸内的油压增大，使液压油通过油孔立柱、油孔座和油嘴向柱塞喷流。液压油因受压而产生流动和通过油嘴向柱塞喷流过程中产生的阻力，缓冲了柱塞上的压力，起缓冲作用。由于液压缓冲器的缓冲过程是缓慢、连续而且均匀的，因此效果比较好。当柱塞完成一次缓冲行程后，由于复位弹簧的作用使柱塞复位，以备应对新的缓冲。

液压缓冲器动作之后，柱塞应在120 s内恢复到全伸长位置。如果复位弹簧或柱塞发生故障，不能按时恢复到位，那么下次缓冲器动作时就起不到缓冲作用。为了保证缓冲器柱塞处于全伸长位置，应装设缓冲复位开关以检查缓冲器的正常复位。

额定速度不低于1 m/s的电梯一般采用液压缓冲器。

（3）聚氨酯缓冲器。聚氨酯缓冲器（见图1-44）是一种新型缓冲器，具有体积小、重量轻、软碰撞、无噪声、防水、耐油、安装方便、易保养、可减小底坑深度等特点，近年来开始在低速电梯中应用。

图1-44 聚氨酯缓冲器

二、缓冲器的安装标准

1. 安装前的检查

（1）检查缓冲器主体是否有变形及渗漏油现象。

（2）检查液压缓冲器柱塞是否锈蚀，如发现锈迹应先用砂纸打磨除锈，擦净后涂上适量润滑油。

2. 缓冲器座的安装定位

（1）根据实际底坑深度确定缓冲器底座是否需要抬高，如底坑实际深度与设计安装图所示的差值在 50 mm 以内，则无须进行高度调整。

（2）轿厢缓冲器座及对重缓冲器座就位后分别进行水平校正。要求横向偏差在全长范围内小于 3 mm，纵向偏差在全宽范围内小于 0.5 mm。

（3）校正后将轿厢缓冲器座、对重缓冲器座分别固定在轿厢导轨和对重导轨底部。

（4）校正缓冲器的垂直度，垂直度测定要求从前后或左右方向进行。

3. 缓冲距离

蓄能型缓冲器的缓冲距离为 200～350 mm，耗能型缓冲器的缓冲距离为 100～400 mm。

4. 其他标准和试验

（1）除蓄能型缓冲器外，在缓冲器上均应设有铭牌，标明以下内容。

1）缓冲器制造厂名称。

2）型式试验标志及其试验单位。

（2）应确定完全压缩缓冲器所需的重量。可采用压力试验机或在缓冲器上加重块来确定。

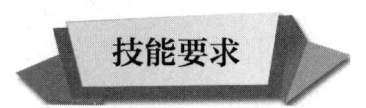

技能要求

缓冲器安装调试

操作准备

1. 设备材料要求

（1）缓冲器应无变形、无损坏，功能可靠。

(2)缓冲器尺寸与图纸相符,数量齐全。

(3)电梯电气线路符合图纸要求。

2. 主要工具

线坠、水平尺、钢直尺、扳手等。

3. 作业条件

(1)底坑能提供220 V交流电源。

(2)底坑干净、无杂物,防护栏符合要求。

(3)作业人员必须穿好工作服、防护鞋,戴好安全帽等,做好个人防护。

4. 技术要求

(1)轿厢在两端站平层位置时,轿厢、对重的缓冲器撞板与缓冲器顶面间的距离符合设计要求。轿厢、对重的缓冲器撞板中心与缓冲器中心偏差不大于20 mm。

(2)耗能型缓冲器的柱塞(或活塞杆)相对水平面的垂直度不大于5/1 000,设计上要求倾斜安装者除外。

(3)缓冲器缓冲垫水平度不大于2/1 000。

操作步骤

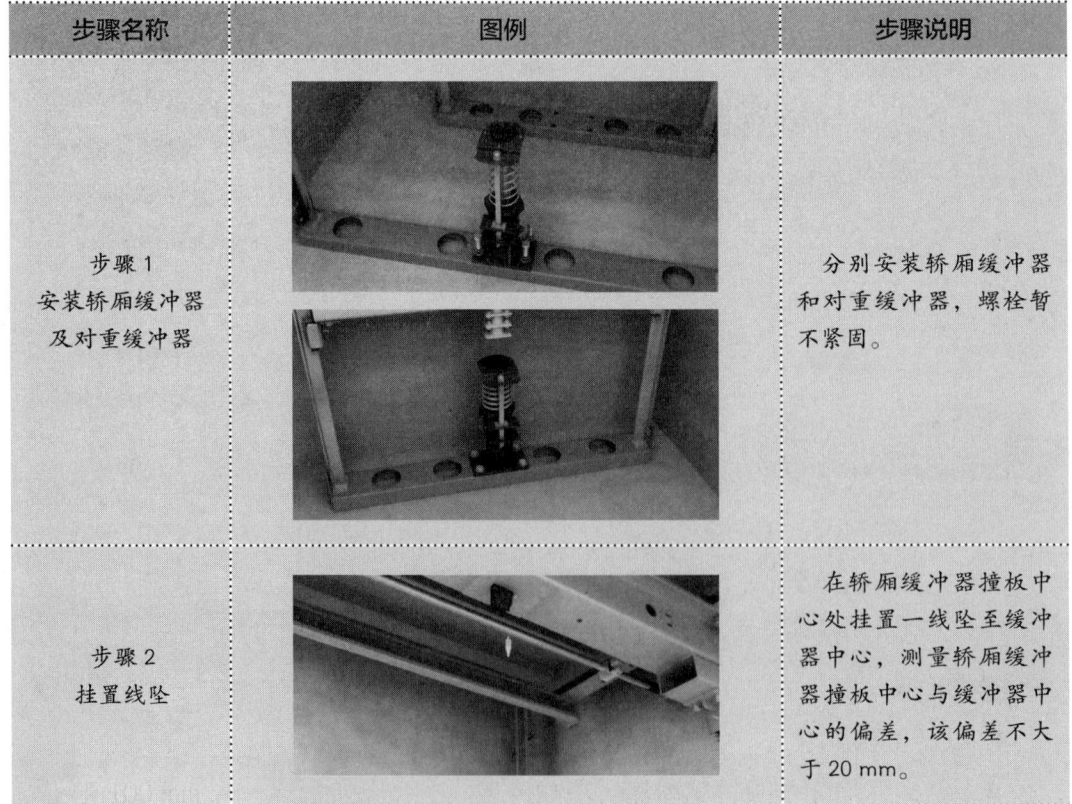

步骤名称	图例	步骤说明
步骤1 安装轿厢缓冲器及对重缓冲器		分别安装轿厢缓冲器和对重缓冲器,螺栓暂不紧固。
步骤2 挂置线坠		在轿厢缓冲器撞板中心处挂置一线坠至缓冲器中心,测量轿厢缓冲器撞板中心与缓冲器中心的偏差,该偏差不大于20 mm。

续表

步骤名称	图例 	步骤说明
步骤3 测量并调整缓冲器 水平度	 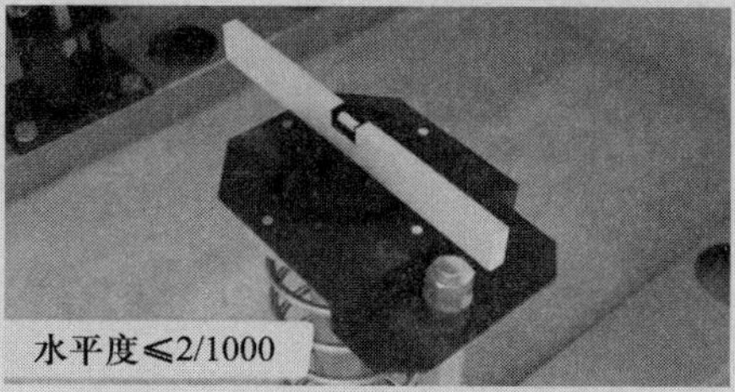 水平度≤2/1000	用水平尺分别在前后、左右方向测量缓冲器的水平度，并调整至标准范围。
步骤4 测量并调整缓冲器 垂直度	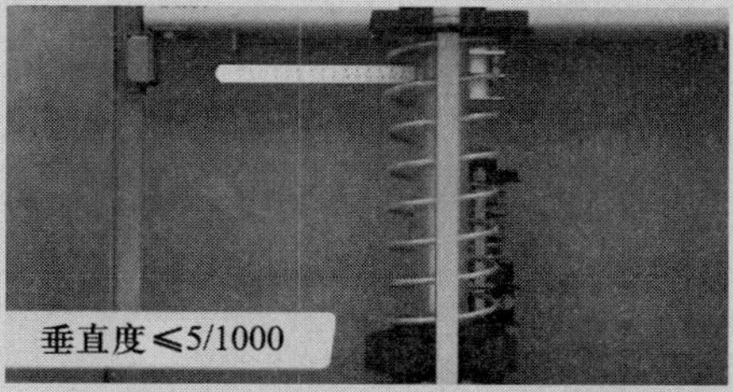 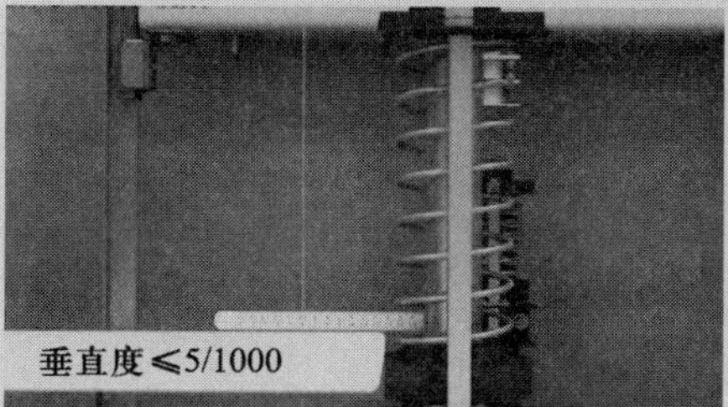 垂直度≤5/1000 垂直度≤5/1000	用线坠分别在缓冲器的上下两个位置测量垂直度，并调整至标准范围。

续表

步骤名称	图例	步骤说明
步骤5 紧固缓冲器 固定螺栓		尺寸符合要求后，紧固缓冲器固定螺栓。
步骤6 浇灌混凝土		用混凝土将缓冲器底座灌实。

注意事项

1. 安装缓冲器应注意缓冲器开关的位置，以便正确安装。
2. 在进出底坑时，不应踩踏缓冲器。

培训单元6 钢丝绳放置

掌握钢丝绳的组成及分类
了解钢丝绳的主要规格参数与性能指标
掌握钢丝绳放置中的部件安装标准
能够进行钢丝绳的放置（1:1）

一、钢丝绳概述

在电梯中,钢丝绳在绕过曳引轮和导向轮后,一端与轿厢连接,另一端与对重连接。

1. 钢丝绳的组成

钢丝绳由钢丝、绳股和绳芯组成,如图1-45所示。

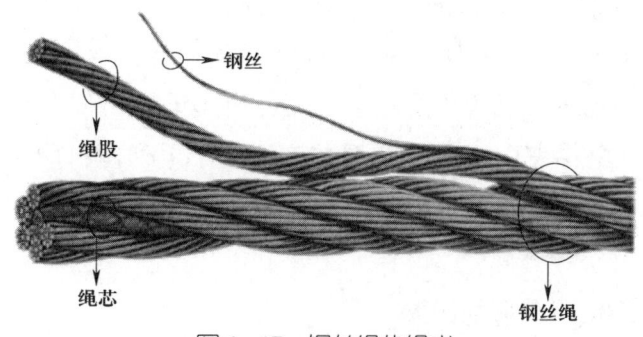

图1-45 钢丝绳的组成

(1)钢丝。钢丝是钢丝绳的基本强度单元,要求有很高的强度和韧性,分为特级、Ⅰ级和Ⅱ级。电梯中采用特级钢丝。

(2)绳股。用钢丝捻成的每一根小绳称为绳股。相同直径与结构的钢丝绳,股数多的抗疲劳强度高。

(3)绳芯。绳芯是被绳股缠绕的挠性芯棒,起支撑和固定绳股的作用,绳芯分纤维绳芯和金属绳芯两种。电梯用钢丝绳多采用纤维绳芯,这种绳芯能增加绳的柔软性,还能起储存润滑油的作用。

2. 钢丝绳的分类

电梯专用钢丝绳按照绳股的数量,一般分为6×(19)和8×(19)两种。6×(19)表示这种钢丝绳有6股,每股有3层,最里层为1根整体的钢丝绳芯,外面两层都是9根钢丝;8×(19)表示这种钢丝绳有8股,每股有3层,最里层为1根整体的钢丝绳芯,外面两层都是9根钢丝。

3. 钢丝绳的主要规格参数与性能指标

(1)公称直径。钢丝绳公称直径是指外围的直径,规定不小于8 mm。公称直径是钢丝绳的主要规格参数。

(2）破断拉力。破断拉力是指整根钢丝绳被拉断时的最大拉力，是钢丝绳中钢丝的组合抗拉能力，而破断拉力总和是指钢丝在未经缠绕前的抗拉强度总和。钢丝一经缠绕成绳后，由于弯曲变形，其抗拉强度会有所下降。一般钢丝绳的破断拉力为破断拉力总和的85%。

（3）公称抗拉强度。公称抗拉强度是指钢丝绳单位截面积的抗拉能力，为钢丝绳破断拉力总和与钢丝绳截面积总和之比，单位为 N/mm^2。

破断拉力和公称抗拉强度是钢丝绳的主要性能指标。

（4）安全系数。安全系数是指装有额定载荷的轿厢停靠在最低层站时，一根钢丝绳的最小破断拉力与这根钢丝绳所受的最大拉力之间的比值。计算最大拉力时，应考虑下列因素：钢丝绳的根数、回绕倍率（采用复绕法时）、额定载荷、轿厢重量、钢丝绳（或链条）重量、随行电缆的重量以及悬挂于轿厢的任何补偿装置的重量。电梯曳引绳的安全系数应不小于下列值：用三根或三根以上钢丝绳的曳引驱动电梯为12，用两根钢丝绳的曳引驱动电梯为16，卷筒驱动电梯为12。

4. 影响钢丝绳使用寿命的因素

（1）拉伸力。如果钢丝绳中的拉伸载荷变化为20%，则钢丝绳的使用寿命变化达30%~200%。

（2）弯曲度。弯曲应力与曳引轮的直径成反比，曳引轮、反绳轮的直径不能小于钢丝绳直径的40倍。

（3）曳引轮绳槽形状和材质。好的绳槽形状使钢丝绳与绳槽有良好的接触，产生最小的外部和内部压力，能减少磨损，延长使用寿命。

（4）腐蚀。要特别注意麻质填料解体、水、尘埃等渗透到钢丝绳内部而引起的腐蚀，对钢丝绳的使用寿命影响较大。

除此之外，电梯的安装质量，维护的周期与质量，钢丝绳的润滑情况、性能指标、直径大小和捻绕形式等也会影响钢丝绳的使用寿命。

二、钢丝绳放置（1∶1）中的部件安装标准

1. 悬挂装置

（1）轿厢和对重（或平衡重）应用钢丝绳悬挂。

（2）钢丝绳应符合的要求

1）钢丝绳的公称直径不小于8 mm。

2）对于单强度钢丝绳，宜为 1 570 MPa 或 1 770 MPa。

3）对于双强度钢丝绳，外层钢丝宜为 1 370 MPa，内层钢丝宜为 1 770 MPa。

4）钢丝绳的其他特性（延伸率、圆度、柔性、试验等）应符合 GB/T 8903《电梯用钢丝绳》的规定。

（3）钢丝绳最少应有两根，每根钢丝绳应是独立的。

（4）若采用复绕法，应考虑钢丝绳的根数而不是其下垂根数。

2．端接装置

（1）不论钢丝绳的股数，曳引轮、滑轮或卷筒的节圆直径与悬挂绳的公称直径之比不小于 40。

（2）钢丝绳与其端接装置的结合处按相关规定，至少应能承受钢丝绳最小破断拉力的 80%。

（3）钢丝绳末端应固定在轿厢、对重（或平衡重）或系结钢丝绳固定部件的悬挂部位上。固定时，必须采用金属或树脂填充的绳套、自锁紧楔形绳套。

（4）钢丝绳在卷筒上的固定应采用带楔块的压紧装置，或至少用两个绳夹或具有同等安全的其他装置，将其固定在卷筒上。

技能要求

钢丝绳放置（1∶1）

操作准备

1．设备材料要求

（1）钢丝绳无损伤，有合格标志。

（2）钢丝绳公称直径符合电梯图纸要求。

2．主要工具

卷尺、扳手、角磨机。

3．作业条件

（1）作业现场能提供 220 V 交流电源。

（2）机房地面平整，无其他与电梯无关的设备和杂物。

（3）作业人员必须穿好工作服、防护鞋，戴好安全帽等，做好个人防护。

4. 技术要求

（1）每根钢丝绳的端部应用合适的端接装置固定在轿厢、对重（或平衡重）或系结钢丝绳固定部件的悬挂装置上，钢丝绳和端接装置的接合处至少应能承受钢丝绳最小破断拉力的80%。

（2）悬挂链的安全系数不小于10。

（3）钢丝绳的公称直径不小于8 mm。

操作步骤

步骤名称	图例	步骤说明
步骤1 检查钢丝绳	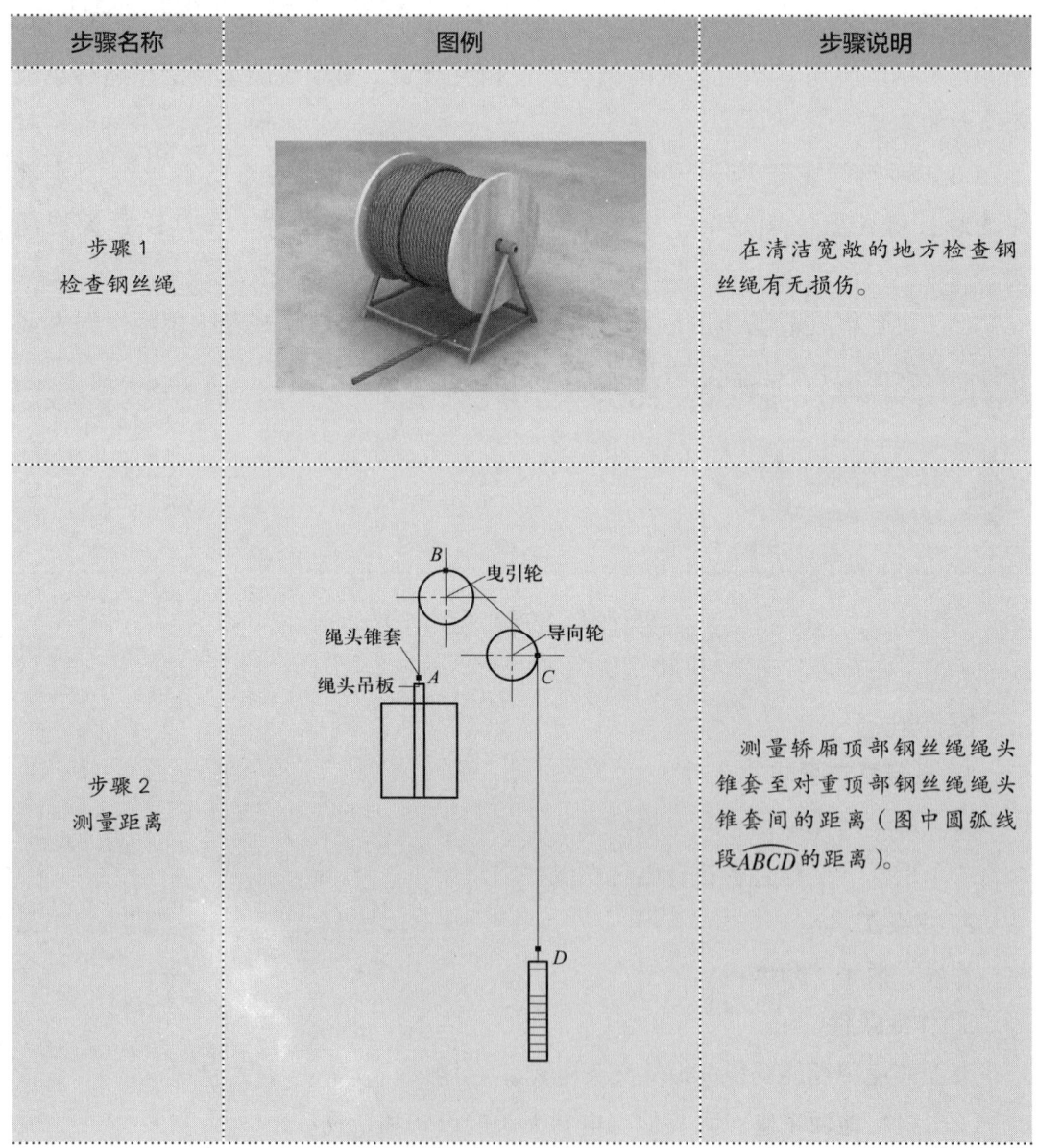	在清洁宽敞的地方检查钢丝绳有无损伤。
步骤2 测量距离		测量轿厢顶部钢丝绳绳头锥套至对重顶部钢丝绳绳头锥套间的距离（图中圆弧线段$\overset{\frown}{ABCD}$的距离）。

续表

步骤名称	图例	步骤说明
步骤3 截断钢丝绳	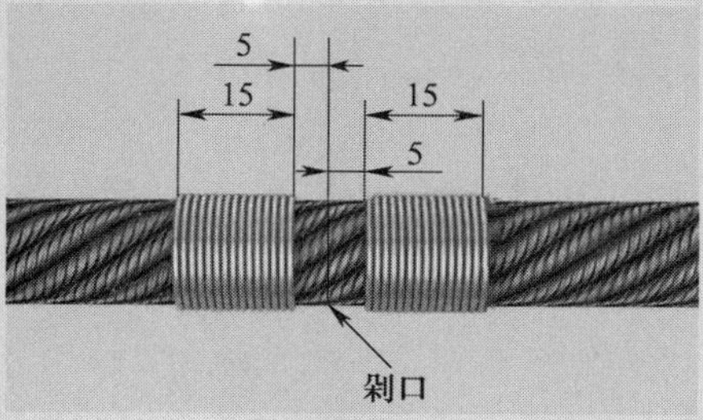	确定钢丝绳长度后,在距剁口两端5 mm的地方用铅丝绑扎成15 mm的宽度,截断钢丝绳。
步骤4 制作绳头	方法一(巴氏合金浇灌) 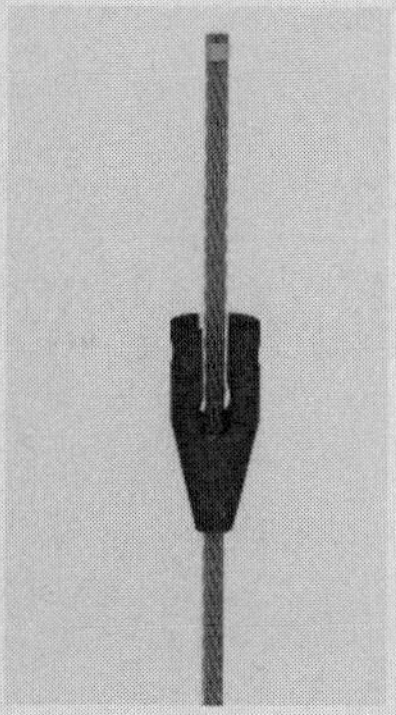 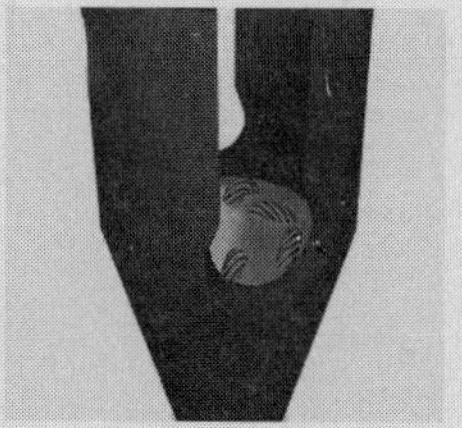	将截断的钢丝绳端部穿入锥套。 进行巴氏合金预热后浇灌。
	方法二(自锁紧楔形绳套法) 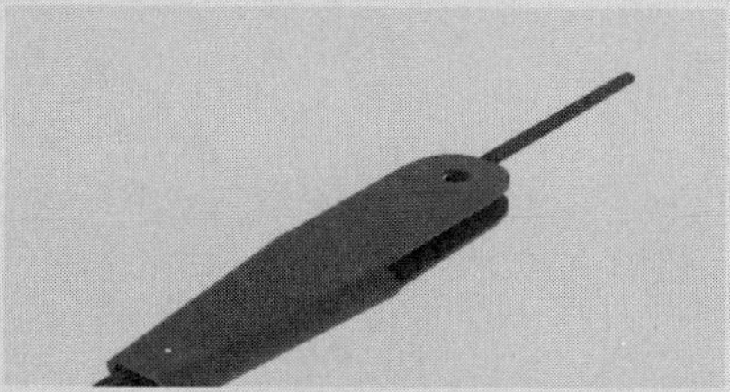	将截断的钢丝绳穿入锥套。
步骤5 固定一侧绳头	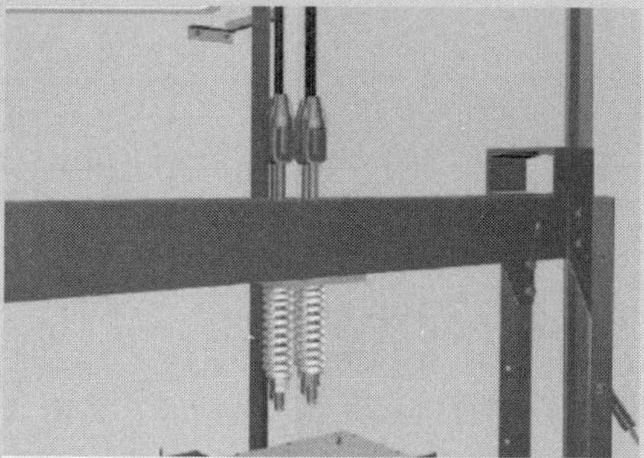	一侧绳头做好后,开始进行钢丝绳的放置,按1∶1曳引比在轿顶进行绳头固定。

续表

步骤名称	图例	步骤说明
步骤6 固定另一侧绳头	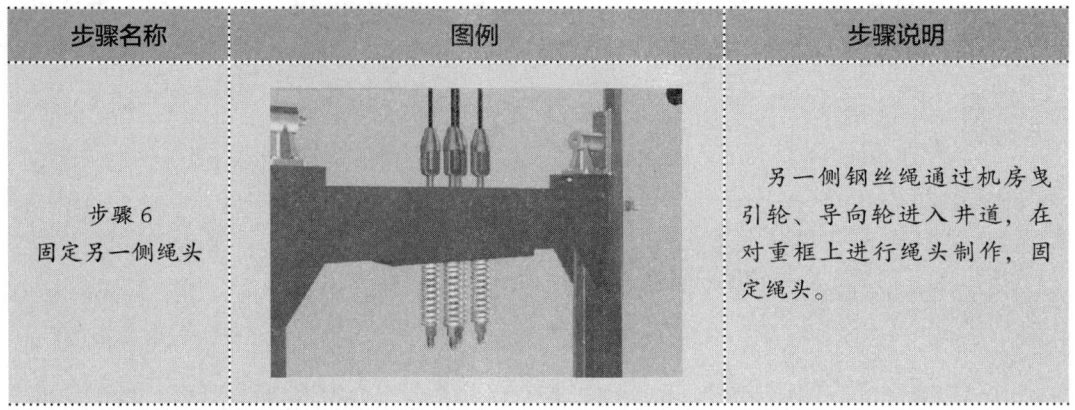	另一侧钢丝绳通过机房曳引轮、导向轮进入井道，在对重框上进行绳头制作，固定绳头。

培训单元 7　随行电缆安装调试

掌握随行电缆的安装位置与分类
掌握随行电缆的安装标准
能够进行随行电缆的安装调试

一、随行电缆的安装位置与分类

1. 随行电缆的安装位置

随行电缆是连接运行的轿厢底部与井道固定点之间的电缆。随行电缆架是架设随行电缆的部件。安装随行电缆架时，应注意避免电缆与限速器钢丝绳、选层器钢带、限位极限开关、井道传感器、对重等交叉。

随行电缆架应安装在电梯正常提升高度的 1/2 加 1.5 m 的井道壁上，中间接线箱安装在电缆架垂直高度上方 0.2 m，如图 1-46 所示。当电缆直接进入机房时，电缆架应安装在井道顶部的墙壁上，但要在提升高度1/2加1.5 m的井道壁上设置电缆中间固定卡板，以减少电缆运行中的晃动。轿底电缆架的方向应与井道电缆架方向一致，并使电梯电缆位于底坑时能避开缓冲器，且保持一定距离，电缆架固定点应牢固可靠，安装后应能承受电缆的全部重量。

电缆与电缆架的固定均应符合国标规定，电缆的长度为轿厢在下端站全部压缩缓冲器后略有余量，但也不宜过长，以免碰到底坑地面而磨损。轿底电缆架的位置应根据电缆的直径而定。

2. 随行电缆的分类

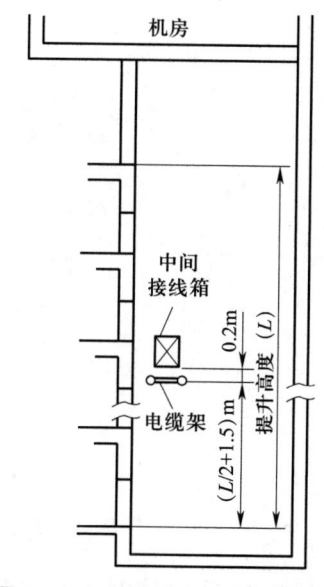

图 1-46　电缆架安装位置示意图

常用的随行电缆有扁形和圆形两种，扁形随行电缆型号用 TVVB 表示，圆形随行电缆型号用 TVV 表示。一般采用扁形随行电缆。

扁形随行电缆两侧绝缘线芯的导体可由铜线和钢线制成。这些导体的标称几何截面应与其他导体截面相等，其最大电阻应不大于相同标称截面铜导体最大电阻的两倍。

扁形随行电缆通常安装在自由悬挂长度不超过 35 m 及移动速度不超过 1.6 m/s 的电梯上，当电缆适用范围超过上述限制时，应增加承拉元件。

二、随行电缆的安装标准

1. 具有外侧连接悬垂导线的扁形随行电缆安装完成后，必须使其宽侧在整个长度内均平行于井道侧壁。

2. 当轿厢提升高度小于 50 m 及在 50～150 m 时，电缆的悬挂如图 1-47 所示，图中 HQ 为井道高度。

注意：在夹紧下部电缆夹时，要将悬挂电缆提起 30～40 mm，目的是使上股松弛。

3. 随行电缆的长度应根据中间接线箱及轿底接线箱的实际位置，加上两端电缆支架绑扎长度及接线余量确定。保证随行电缆在轿厢蹲底或冲顶时不拉紧，在正常运行时不蹲轿厢和地面；轿厢蹲底时，随行电缆距地面以 100～200 mm 为宜。截取电缆前，应模拟轿厢蹲底确定其长度。电缆的绑扎固定方法如图 1-48 所示。

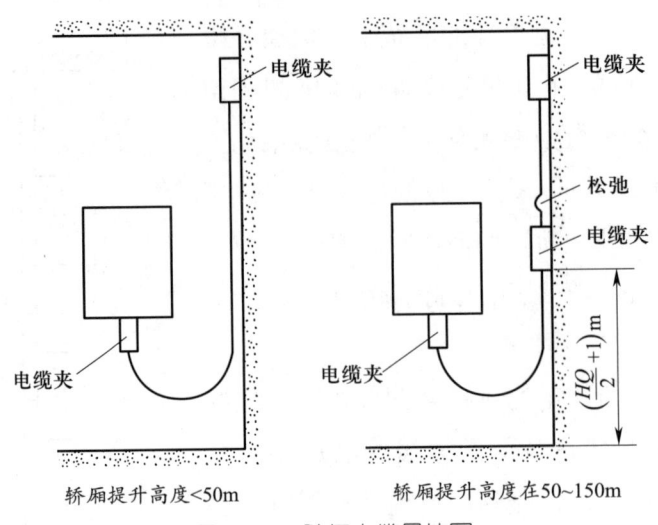

图 1-47 随行电缆悬挂图

4. 安装随行电缆前应将电缆自由悬垂，消除其内应力。安装后不应有电缆打结和扭曲的现象，多根电缆安装后长度应一致，且多根随行电缆的运动部分不宜绑扎成排，以防因电缆伸缩量不同导致电缆受力不均。

5. 用塑料绝缘导线将随行电缆牢固地绑扎在随行电缆架上，绑扎应均匀、可靠，绑扎长度为 30～70 mm，不允许用铁丝和其他裸导线绑扎，绑扎处应离开电缆架钢管 100～450 mm。随行电缆在井道内电缆架上的固定如图 1-49 所示，在轿底的固定如图 1-50 所示。

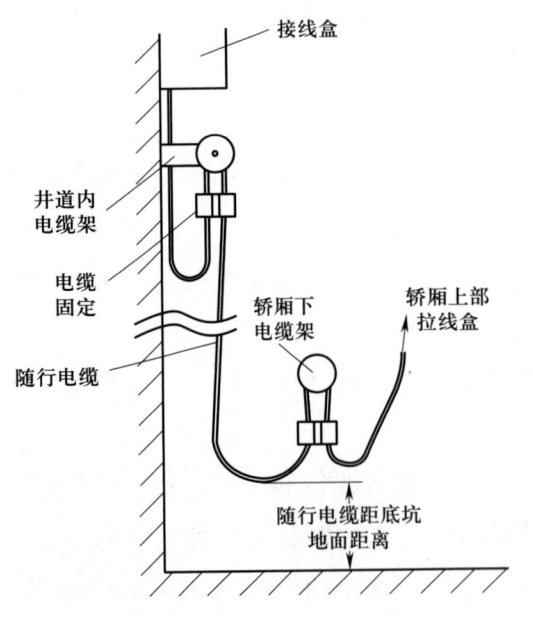

图 1-48 随行电缆的固定方法

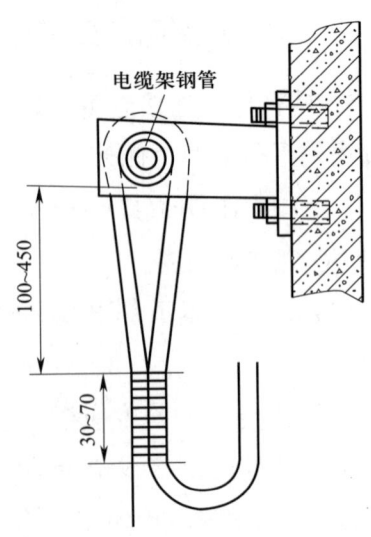

图 1-49 随行电缆在电缆架上的固定

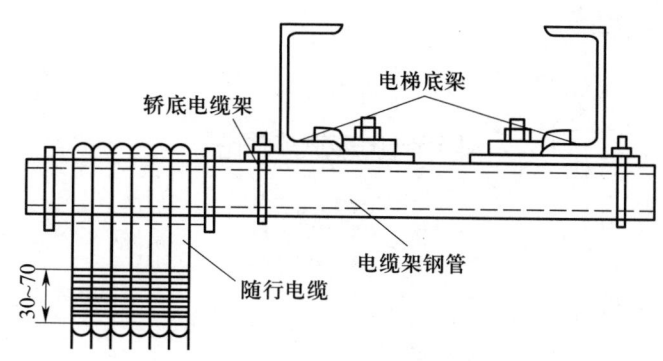

图 1-50 随行电缆在轿底的固定

6. 随行电缆可重叠安装，重叠根数不宜超过 3 根。每两根电缆之间应保持 30~50 mm 的活动间距。扁形随行电缆的固定应使用楔形插座或专用卡子。扁形随行电缆的安装如图 1-51 所示。

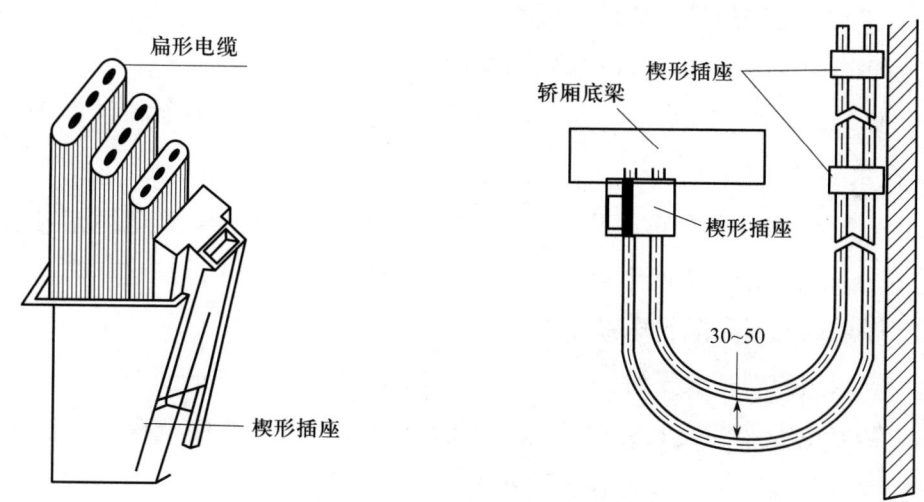

图 1-51 扁形随行电缆的安装

7. 电缆接入接线箱应留出适当余量，压接应牢固，排列应整齐。

8. 电缆的不运动部分在每个楼层且不超过 3 m 处要有一个电缆固定点，每根电缆要用电缆卡子固定在电缆架或井道壁上。

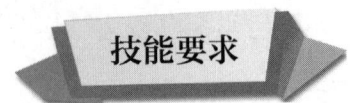

随行电缆安装调试

操作准备

1. 设备材料要求

（1）随行电缆长度适宜，无损伤。

（2）随行电缆架无变形、无损坏，功能可靠。

2. 主要工具

电锤、卷尺等。

3. 作业条件

（1）作业现场能提供 220 V 交流电源。

（2）井道内作业现场有足够的照明条件。

（3）作业人员必须穿好工作服、防护鞋，戴好安全帽等，做好个人防护。

4. 技术要求

（1）一般在中间接线箱的下方 0.2 m 处安装随行电缆架。固定电缆架要用直径不小于 16 mm 的膨胀螺栓两个以上，以保证其牢固。

（2）轿厢蹲底时，随行电缆距地面以 100～200 mm 为宜。

（3）总线盒位置一般安装在最上层站地坎向上 3.5 m 的井道壁上。

（4）轿底电缆架的安装方向应与井道随行电缆一致，并使电梯电缆位于井道底部时，能避开缓冲器且一般不小于 200 mm。

操作步骤

步骤名称	图例	步骤说明
步骤1 安装随行电缆 固定卡子		根据安装图纸和现场实际情况确定固定卡子的位置，并用膨胀螺栓固定在井道壁上。

续表

步骤名称	图例	步骤说明
步骤2 确定电缆固定点		电缆的不运动部分,在每个楼层且不超过3 m处要有一个电缆固定点。
步骤3 放置并固定随行电缆		放置随行电缆时要戴手套,不要让电缆进入脚手架内,应边放边旋转电缆,由于电缆比较重,不能直接用手拉着电缆往下放,要让电缆架在脚手架的横杆上借力。放置完毕后固定电缆。
步骤4 固定轿底随行电缆		把随行电缆固定在轿底电缆架上,绑扎结实,绑扎处应离电缆架钢管100~150 mm。
步骤5 调整随行电缆长度		把随行电缆从轿底延伸到轿顶上的接线箱内。保证轿厢蹲底时,随行电缆距底坑地面100~200 mm。

培训单元 8　补偿装置安装调试

了解补偿装置的作用及分类
熟悉补偿装置的安装标准
能够进行补偿装置的安装调试

一、补偿装置的作用及分类

1. 补偿装置的作用

电梯在运行中，轿厢侧和对重侧的曳引绳以及轿厢下的随行电缆长度在不断变化。随着轿厢和对重位置的变化，总重量将轮流地分配到曳引轮的两侧。当电梯提升高度超过 30 m，或建筑物楼层数超过 10 层时，悬挂在曳引轮两侧的曳引绳的重量不能再忽略不计。为了减少电梯传动中曳引轮所承受的载荷差，减小曳引机的输出功率，提高电梯的曳引性能，宜采用补偿装置，用以平衡曳引绳的偏重。补偿装置应悬挂在轿厢与对重底部的架中间，在电梯升降时，其长度的变化正好与曳引绳长度变化相反，当轿厢位于最高层时，曳引绳大部分位于对重侧，而补偿链（绳）大部分位于轿厢侧；当轿厢位于最低层时，情况与上述正好相反，这样轿厢侧和对重侧就不会因为曳引绳的偏重而失衡。补偿装置如图 1-52 所示。

2. 补偿装置的分类

（1）补偿链。补偿链以铁链为主体，一般在铁链环中穿麻绳，或在铁链外包上橡胶，如图 1-53 所示，以减少运行中铁链碰撞引起的噪声。另外，为防止铁

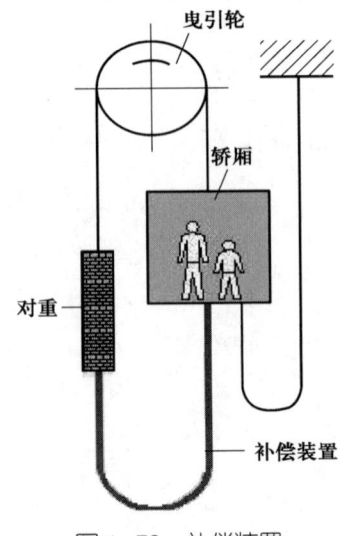

图 1-52　补偿装置

链掉落，应在铁链两个终端分别穿套一根钢丝绳（直径一般为 6 mm），与轿底和对重底穿过后紧固，这样能减少运行时铁链互相碰撞引起的噪声。补偿链一般在运行速度不大于 2.5 m/s 的电梯上应用。

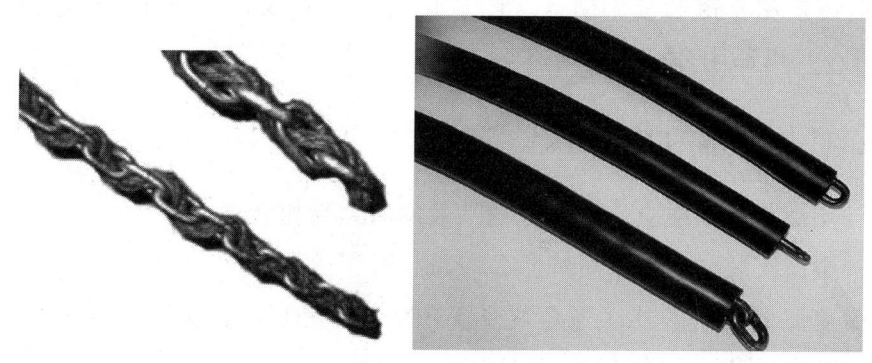

图 1-53 补偿链

（2）补偿绳。补偿绳以钢丝绳为主体，通过钢丝绳卡钳、挂绳架及张紧轮等悬挂在轿厢或对重底部，常用于速度不低于 1.75 m/s 的电梯。常见的补偿绳安装形式包括单侧补偿、双侧补偿和对称补偿，如图 1-54 所示。

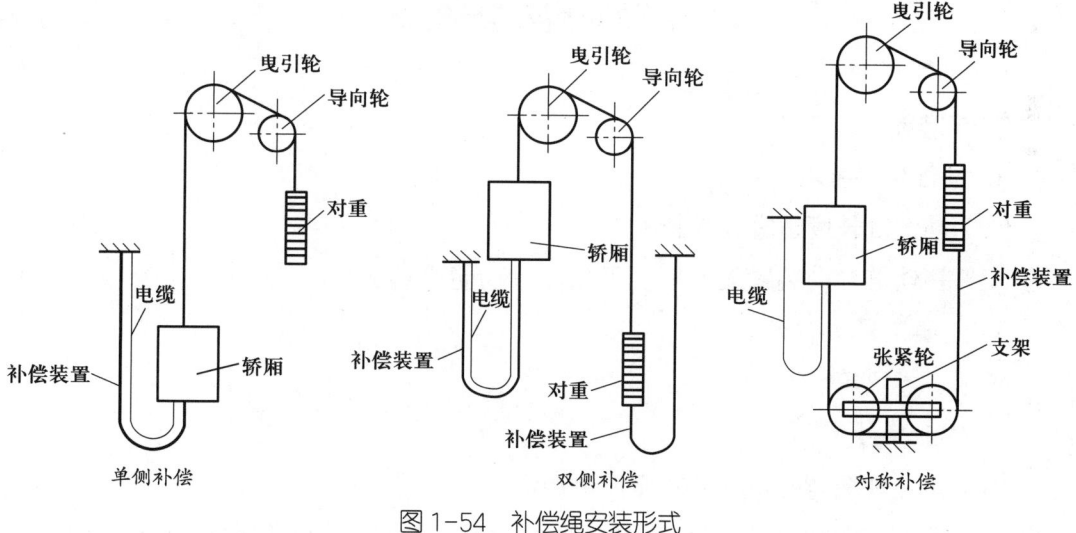

图 1-54 补偿绳安装形式

1）单侧补偿。一端与轿厢底部连接，另一端与井道中部连接。单侧补偿结构简单，适用于楼层较低的井道。

2）双侧补偿。轿厢和对重底部各装一套补偿装置，另一端连接在井道中部。双侧补偿连接需增加井道空间位置，因此使用不广泛。

3）对称补偿。补偿装置两端分别与轿厢和对重底部连接，用张紧装置张紧补偿绳。对称补偿连接不需要增加井道空间位置，因此使用广泛。

（3）补偿缆。补偿缆是最近几年发展起来的新型、高密度补偿装置。补偿缆中间有低碳钢制成的环链，中间填塞物为金属颗粒以及聚乙烯与氯化物的混合物，形成圆形保护层，链套采用防火、防氧化的材料制成。这种补偿缆悬挂长度长，运行噪声小，可适用多种中、高速电梯。

二、补偿装置的安装标准

1. 补偿链与补偿绳应悬挂，以消除其内应力与扭转力。
2. 补偿链安装时应涂适量油脂，以减少噪声。
3. 带有张紧装置的补偿绳必须设置防跳装置和行程开关，以便电梯蹲底或冲顶时触及开关，切断电梯控制回路，使电梯停止运行。

技能要求

补偿装置安装调试

操作准备

1. 设备材料要求

（1）补偿链长度适宜，无损伤。

（2）补偿链导向装置无变形、无损坏，功能可靠。

2. 主要工具

扳手、卷尺等。

3. 作业条件

（1）作业现场能提供 220 V 交流电源。

（2）井道施工要用 36 V 以下的低压电照明，每部电梯井道单独供电（用单独的开关控制），且光照亮度足够。

（3）作业人员必须穿好工作服、防护鞋，戴好安全帽等，做好个人防护。

4. 技术要求

补偿链长度应使电梯冲顶或蹲底时不致拉断或与底坑相碰，补偿链的离地间隙大于 100 mm。

操作步骤

步骤名称	图例	步骤说明
步骤1 补偿装置在对重侧的安装及固定	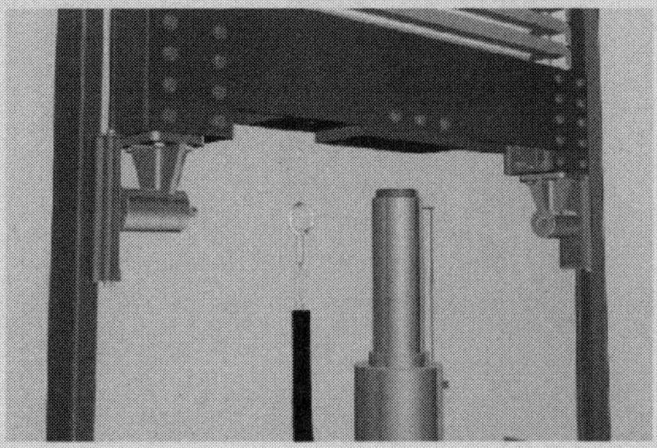	将补偿装置的一端按图纸要求固定在对重侧相应位置。
步骤2 电梯慢车上行	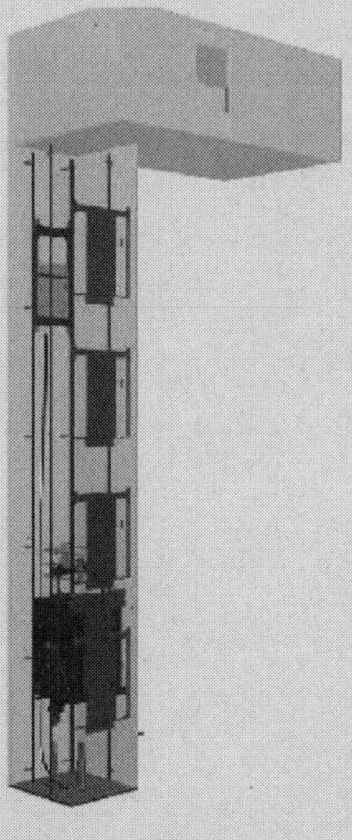	电梯慢车上行至顶层。
步骤3 补偿装置在轿厢侧的安装及固定		将补偿装置的另一端按图纸要求固定在轿厢侧相应位置。

续表

步骤名称	图例	步骤说明
步骤4 检查补偿链离地间隙	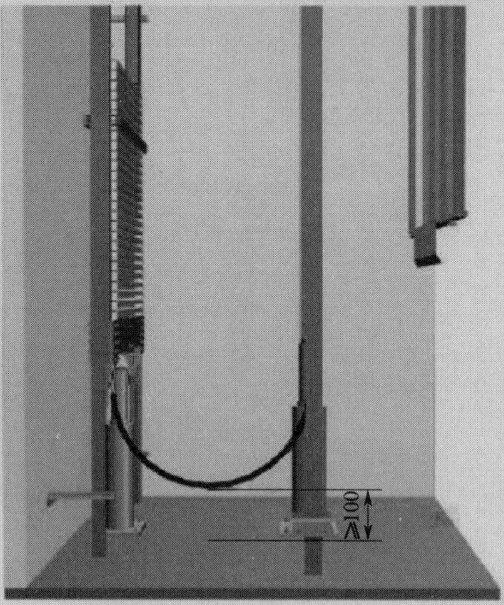	检查补偿链离地间隙是否在100 mm 以上。
步骤5 安装补偿导向装置	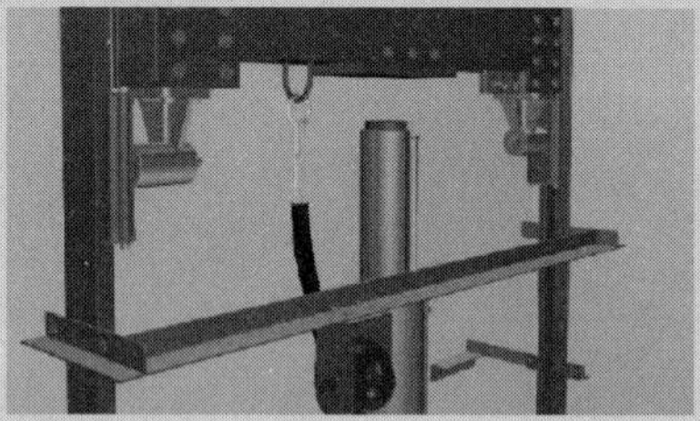 	根据图纸要求,安装补偿导向装置。
步骤6 试运行	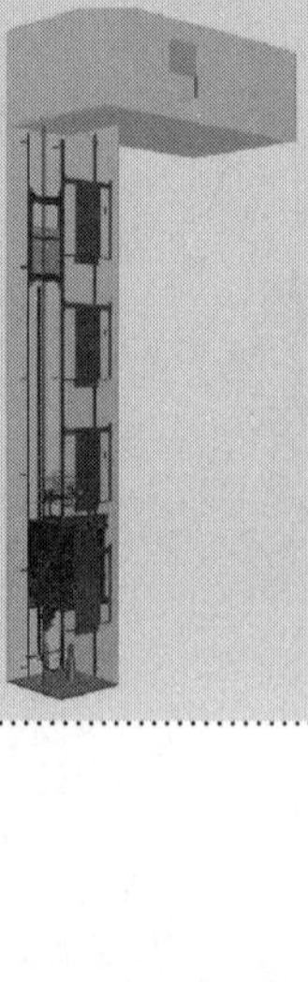	安装完成后试运行,检查并确认电梯运行正常。

注意事项

在底坑施工时，要在不影响施工的最低位置搭防护棚，防止井道或机房坠落物造成事故。

培训单元9　导轨安装调试

了解导轨的作用及分类
掌握导轨的安装标准
能够进行导轨的安装调试

一、导轨的作用及分类

1. 导轨的作用

每台电梯均具有用于轿厢和对重装置两侧的至少4列导轨。导轨是确保电梯轿厢和对重装置在预定位置做上下垂直运行的重要机件。导轨加工生产和安装质量的好坏，直接影响电梯的运行效果和乘坐舒适感。导轨对电梯的升降运动起导向作用，它限制轿厢和对重在水平方向移动，保证轿厢与对重在井道中的相对位置，并防止由于轿厢偏载而产生倾斜。当安全钳动作时，导轨作为支撑件，支撑轿厢或对重，承受制动时的冲击力。因此要求导轨具有足够的强度、韧性，在受到强力冲击时不发生断裂或者损坏，并且需保持平整性。

2. 导轨的分类

导轨由钢轨和连接板组成，一般钢导轨采用机械加工方式或冷轧加工方式制作。常见导轨截面形状如图1-55所示。

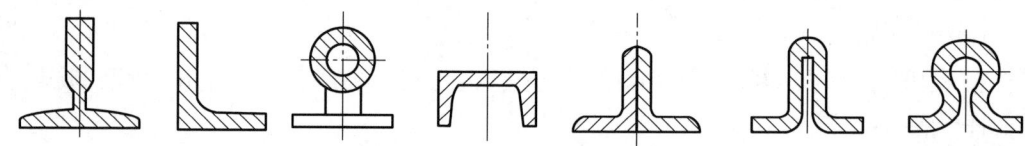

图1-55 常见导轨截面形状

近年来国内电梯产品使用的导轨分T形导轨和空心导轨两种，两种导轨的截面形状如图1-56所示。每根导轨的长度一般为3~5 m。对导轨进行连接时不允许直接采用焊接或用螺栓连接，而是将导轨接头处的两个端面分别加工成凹凸样槽互相对接，背后再附设一根加工过的连接板（长约250 mm，厚约10 mm以上，宽与导轨相适应），每根导轨至少用4个螺栓与连接板固定。

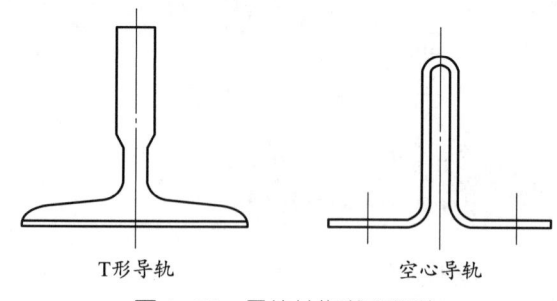

图1-56 导轨结构截面形状

导轨在井道底坑的稳固方式和导轨接头的连接方式如图1-57所示。

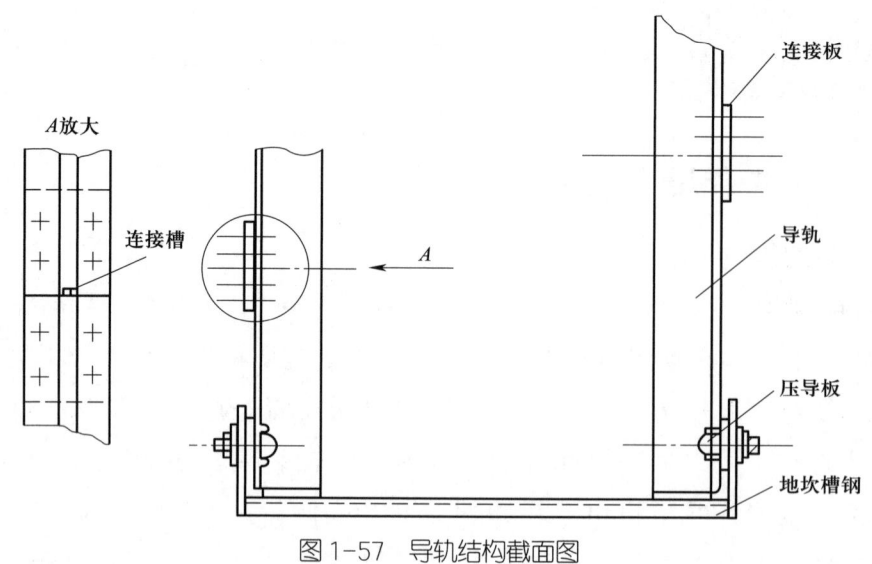

图1-57 导轨结构截面图

二、导轨的安装标准

1. 导轨的放置

导轨应水平放在方木上。按距导轨两端距离相等的位置在每一层导轨之间放置方木，防止永久变形，不得叠放超过6根导轨。导轨端面至方木间距一般为

1.2 m，两个方木之间间距一般为 2.6 m。如图 1-58 所示。

2. 导轨的检查

导轨安装前，需要对每根导轨做外观检查，确保无可视的质量问题，必要时使用测量工具进行检查。

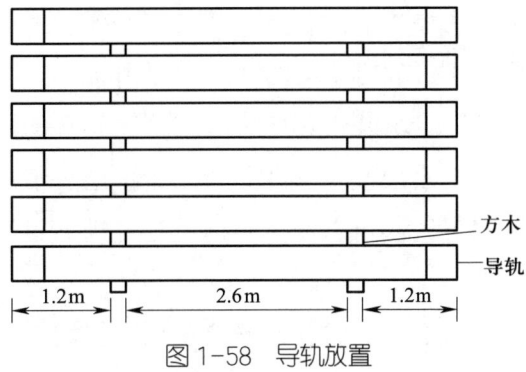

图 1-58 导轨放置

（1）检查导轨在水平和垂直方向是否平直、无扭曲，应避免横向扭曲、纵向扭曲、整体扭曲，如图 1-59 所示。如果有扭曲现象，立即联系相关项目部门，严禁继续安装。

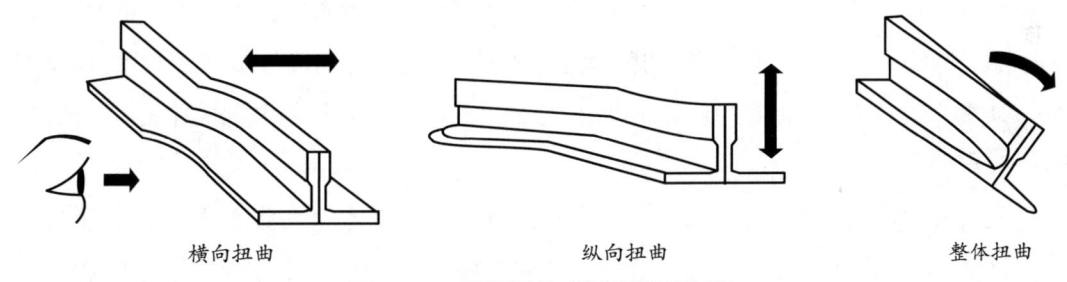

图 1-59 目视导轨水平度和垂直度

（2）需要使用圆锉修正导轨连接板圆孔，去除毛刺。

3. 导轨的布置

（1）导轨在井道内的布置依据确认的图纸执行。如果底端导轨长度短于标准长度（5 m），供货时已经将导轨截短，故底端导轨不需要现场割短，现场依据实际需要割短上端导轨。一般在导轨放入井道前截短导轨。导轨排列是凹槽在下，凸槽在上，最顶端导轨的锯短是在凸槽一端。切割导轨时需要断口平整，不可以采用气割，宜采用砂轮片切割机切割。为了将导轨放置到轨道上，必须先将导轨放入底坑，连接时需使用导轨吊装配备工具（见图 1-60），导轨吊装如图 1-61 所示。

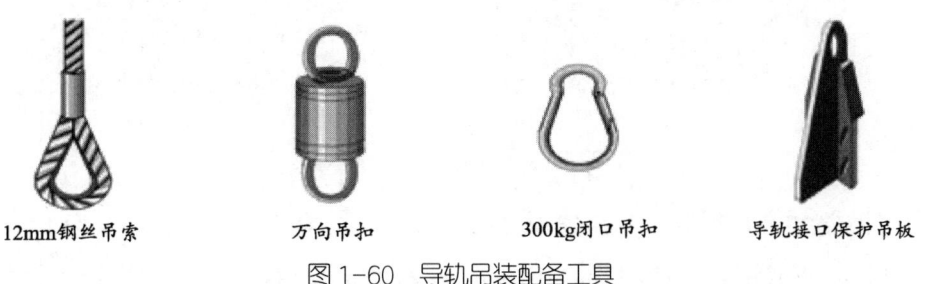

图 1-60 导轨吊装配备工具

为便于导轨进入井道，可将底层脚手架的横杆拆去一些，但以不影响脚手架的稳定为原则。

（2）吊装索具应有防止吊物旋转的措施，导轨吊完后立即恢复脚手架横杆。在井道的最顶层安装滑轮以便方便、安全地起吊导轨。可以使用卷扬机提升动力，卷扬机位置安放有两个选择。

方法一：卷扬机安装在顶层层门外，要求卷扬机作业人员与井道作业人员配备对讲机。

方法二：卷扬机安装在底层，由井道作业人员操作，需保证卷扬机操作电缆足够长。

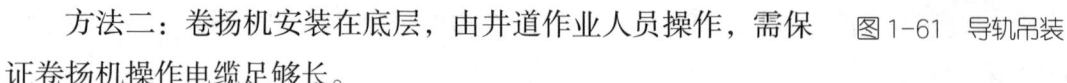

图1-61 导轨吊装

注意：导轨进入井道的方向，凹槽在下，凸槽在上，放置时注意保护上部的榫头。

（3）将井道底坑清理干净，把导轨垫板放入井道底坑，根据要求将其找平垫实，其水平误差应小于1/1 000。导轨垫板两端与导轨固定，角钢面中心线与导轨中心线重合。

使用正确的起吊工具起吊导轨。先立下面4根导轨（2根对重、2根轿厢），并将接油盒放于导轨与底梁之间，使其稳固并初步找正。然后将其余导轨放于井道内（底部垫上木板），便于吊装，如图1-62所示。逐根起吊、组对导轨，清洗导轨接头和连接板，以免造成导轨接头处缝隙过大。两导轨间的连接板要紧固，导轨压板螺栓临时固定，待校轨完成后再紧固。

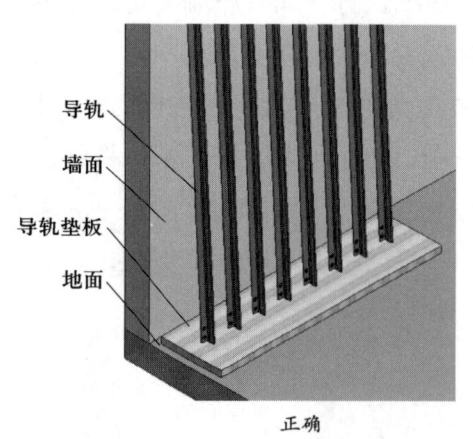
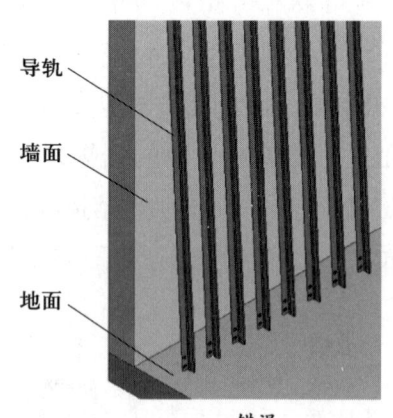

图1-62 导轨在井道中的放置

采用润滑油的导轨，应在安装基础导轨前，在其下端加一个距地面40～60 mm的水泥墩或钢墩，或将导轨下方的工作面部分锯掉一截，留出接油盒位置。

技能要求

导轨安装调试

操作准备

1. 设备材料要求

（1）导轨长度适宜，无损伤。

（2）导轨支架无变形、无损坏，功能可靠。

2. 主要工具

电锤、锤子、钢直尺、校导尺、塞尺、扳手等。

3. 作业条件

（1）作业现场能提供 220 V 交流电源。

（2）井道施工用 36 V 以下的低压电照明，每部电梯井道单独供电（用单独的开关控制），且光照亮度足够。

（3）作业人员必须穿好工作服、防护鞋，戴好安全帽等，做好个人防护。

4. 安装技术要求

（1）T 形导轨的最大允许变形如下。

1）对于装有安全钳的轿厢、对重（或平衡重）导轨，安全钳动作时，在两个方向上为 5 mm。

2）对于没有安全钳的对重（或平衡重）导轨，在两个方向上为 10 mm。

（2）导轨与导轨支架在建筑物上的固定，应能自动调节或采用简单调节方法，对因建筑物的正常沉降和混凝土收缩的影响予以补偿。应防止因导轨附件的转动造成导轨的松动。

（3）每列导轨工作面（包括侧面与顶面）相对安装基准线每 5 m 长度内的偏差均不应大于下列数值。

1）轿厢导轨和装设有安全钳的对重导轨为 0.6 mm。

2）不设安全钳的 T 形对重导轨为 1 mm。

（4）轿厢导轨和设有安全钳的对重导轨，工作面接头处不应有连续缝隙，局部缝隙不大于 0.5 mm；工作面接头处台阶用直线度为 0.1/3 000 的钢直尺或其他工具测量，缝隙不大于 0.05 mm。

（5）不设安全钳的对重导轨工作面接头处缝隙不大于 1 mm，工作面接头处台阶不大于 0.15 mm。

（6）轿厢导轨顶面间的允许偏差不大于 2 mm，对重导轨顶面间的允许偏差不大于 3 mm。

操作步骤

步骤名称	图例	步骤说明
步骤 1 检查底坑情况，安装槽钢基础座		检查底坑情况，排除有碍安装的杂物。在底坑导轨的下方架设槽钢基础座，目的是防止导轨下沉。
步骤 2 安装压导板	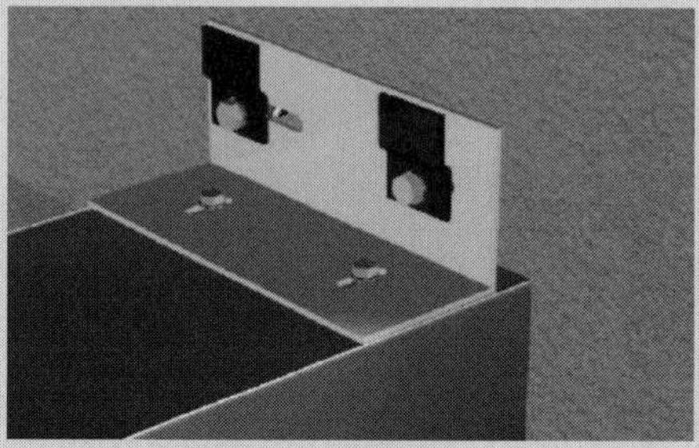	在槽钢基础座和井道壁上安装最下端的压导板。
步骤 3 安装最下端导轨		在槽钢基础座上方安装井道最下端的导轨。

续表

步骤名称	图例	步骤说明
步骤4 安装其余 导轨	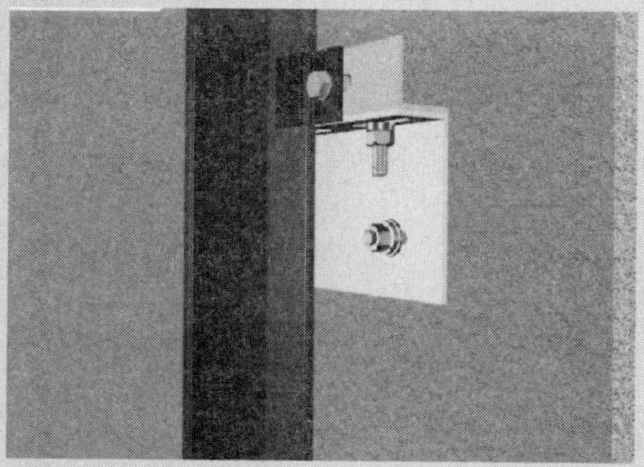	自下而上逐根安装导轨,并用压导板压住。
步骤5 对接导轨		每节导轨的凸榫头应朝上,并清理干净,以保证导轨接头处的缝隙符合要求。
步骤6 连接导轨	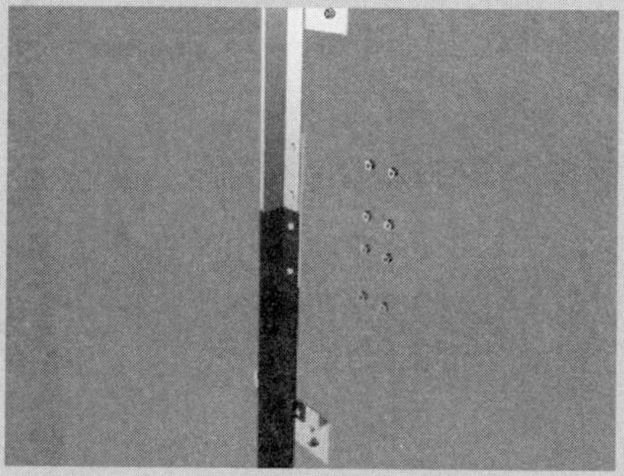	用连接板和相应数量的螺栓连接相邻导轨。
步骤7 安装其他导轨	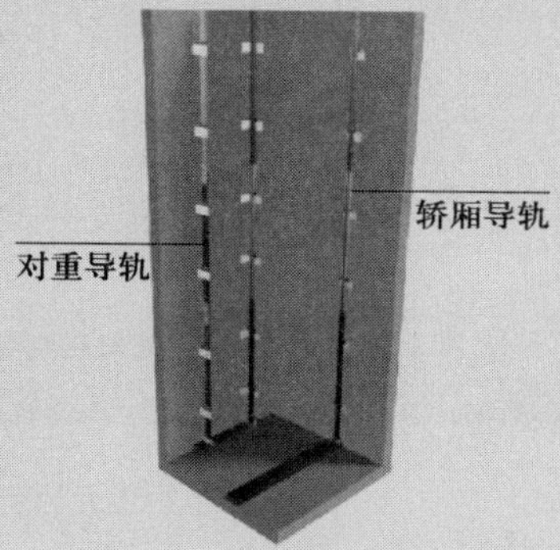 对重导轨　　轿厢导轨	安装其他对重导轨和轿厢导轨。

续表

步骤名称	图例	步骤说明
步骤8 调整导轨扭曲度	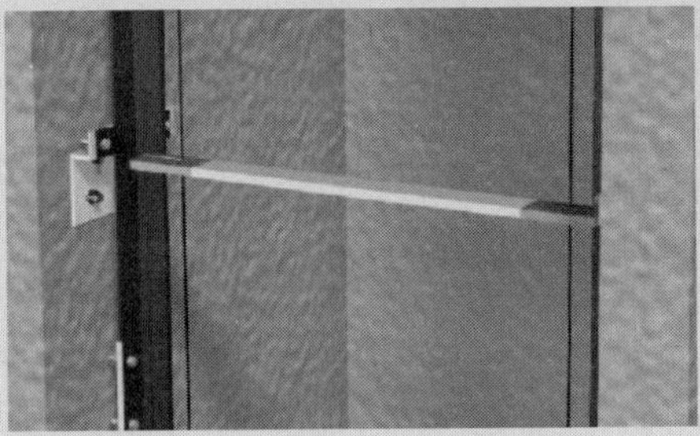	将校导尺端平，并使两指针尾部侧面和导轨侧工作面贴平、贴严，两端指针尖端指在同一水平线上，说明无扭曲现象。调整导轨扭曲度应由下而上进行。 若校导尺显示两根导轨的扭曲度超标，应在导轨支架处放置塞片，塞片厚度小于3 mm，数量不超过3片。
步骤9 调整导轨垂直度及中心线	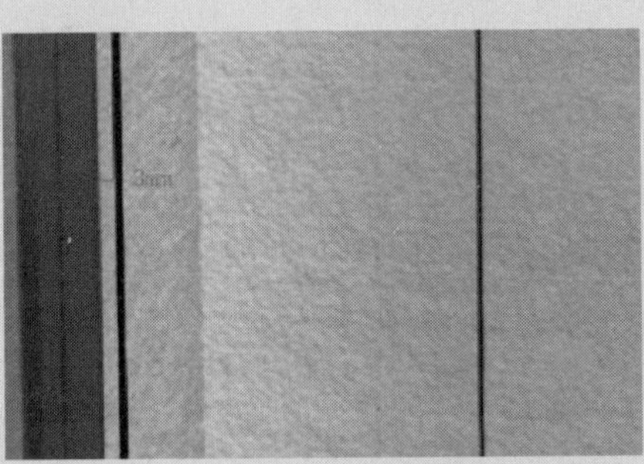	调整导轨位置，使其两端面中心线与基准线相对，并保持3 mm间隙。
步骤10 测间隙		在找正点将校导尺端平，用塞尺测量基准线与导轨顶面间隙，使其符合要求。

培训项目 3 轿厢对重设备安装调试

培训单元 1 轿架与轿底安装调试

培训重点

了解轿架与轿底的组成
能够进行轿架及轿底的安装调试

知识要求

一、轿架

轿架一般由上梁、立柱、底梁（也称下梁）、斜拉杆等组成，如图 1-63 所示。轿架是承受轿厢自重和额定载荷的承重框架，当安全钳动作或者轿厢蹲底撞击缓冲器时，还要承受由此产生的反作用力，因此轿架要有足够的强度。轿架立柱、底梁一般采用槽钢制成，上梁通常由型钢组合而成，但轿架也有用钢板弯折成形代替型钢的，其优点是重量轻、成本低。轿架各个部分之间采用焊接或螺栓紧固连接。设置斜拉杆的作用是为了增强轿架的刚度，防

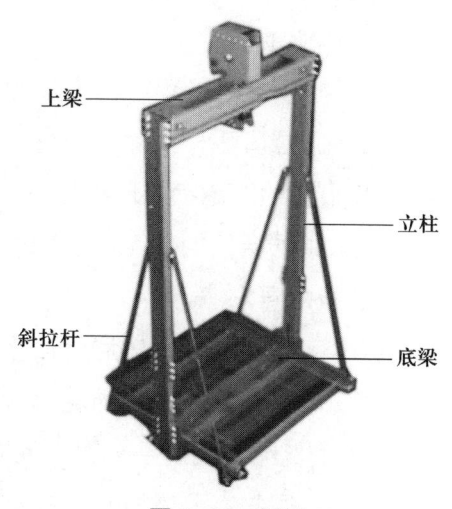

图 1-63 轿架

止因轿厢载荷偏心而造成轿底倾斜，同时可以固定轿底，调节轿底的水平度。

二、轿底

轿底用槽钢和角钢按要求焊接成框架，轿底框通过螺栓与轿架的立柱连接，与轿顶和轿壁紧固成一体的轿底放置在轿底框的四块弹性橡胶上，然后在框架上铺设一层 3~4 mm 厚的钢板，再铺上大理石纹地板或其他装饰材料。

轿架安装调试

操作准备

1. 设备材料要求

（1）轿架零部件完好无损，数量齐全，规格符合要求。

（2）各个传动、转动部件灵活可靠，安全钳装置有型式试验报告结论副本，渐进式安全钳有调试证书副本。

（3）角铁托架横截面积不小于 100 mm×100 mm，方木横截面积不小于 200 mm×200 mm。

2. 主要工具

手拉葫芦（3 t 以上）、扳手、锤子、水平尺、线坠、钢直尺等。

3. 作业条件

（1）机房装好门窗，门上加锁。严禁非作业人员进入，机房地面无杂物。

（2）顶层脚手架拆除后，有足够的作业空间。

（3）导轨已安装调试完毕。

（4）顶层层门门口无堆积物，有足够搬运大型部件的通道。

4. 技术要求

（1）正常运行时，轿厢地面水平度不超过 3/1 000。

（2）轿厢上装设有反绳轮（或链轮）时，应有防护装置，防止出现以下情况。

1）钢丝绳（或链条）因松弛而脱离绳槽（或链轮）。

2）异物进入绳与绳槽（或链与链轮）之间。

3）当绳轮（或链轮）设置在轿顶时发生人身伤害。

（3）轿底梁的横向、纵向水平度一般不大于1/1 000。

（4）轿架立柱的垂直度在整个高度上一般不大于1.5 mm，不得有扭曲。

（5）轿架上梁的横向、纵向水平度一般不大于0.5/1 000。

操作步骤

步骤名称	图例	步骤说明
步骤1 安装并固定 角铁托架		在门洞对面墙壁合适位置用螺栓安装并固定两个角铁托架。
步骤2 放置横方木		在层门地面上横放一根方木，在角铁托架和层门地面方木之间架起两根方木。
步骤3 安装底梁		将底梁放在架设好的方木或工字钢上。调整安全钳口（老虎嘴）与导轨面间隙（如电梯厂图纸有具体规定尺寸，要按图纸要求执行）。同时调整底梁的水平度，使其横向、纵向水平度不大于1/1 000。
步骤4 安装安全钳 楔块		调整安全钳口与导轨面间隙至$a=b$。楔块距导轨侧工作面的距离调整到3～4 mm，且4个楔块距导轨侧工作面间隙应一致，然后用厚垫片塞于导轨侧面与楔块之间，使其固定，同时用木楔把导轨顶面塞紧。

续表

步骤名称	图例	步骤说明
步骤5 安装立柱		将立柱与底梁连接,连接后应使立柱垂直,其垂直度在整个高度上不大于1.5 mm,不得扭曲,若达不到要求则用垫片进行调整。
步骤6 安装上梁		1. 用吊链将上梁吊起,与立柱相连接,装上所有的连接螺栓。 2. 调整上梁的横向、纵向水平度不大于0.5/1 000,同时再次校正立柱,使其垂直度不大于1.5 mm。装配后的轿架不应有扭曲应力存在,分别紧固连接螺栓。

注意事项

1. 在安装轿架之前应检查吊索、吊具。

2. 安装立柱时应使其自然垂直,达不到要求时,要在上梁、底梁和立柱间加垫片进行调整,不可强行安装。

3. 斜拉杆一定要用双螺母拧紧,轿厢各连接螺栓必须紧固,垫圈齐全。

轿底安装调试

操作准备

1. 设备材料要求

轿底盘托架、斜拉杆、缓冲垫、轿厢底盘等设备的规格、型号、数量符合图纸要求,质量合格,完好无损。

2. 主要工具

手拉葫芦(3 t以上)、扳手、锤子、水平尺、线坠、钢直尺等。

3. 作业条件

（1）机房装好门窗，门上加锁。严禁非作业人员出入，机房地面无杂物。

（2）顶层脚手架拆除后，有足够的作业空间。

（3）施工照明应满足作业要求，必要时使用手把灯。

（4）导轨已安装调试完毕。

（5）顶层层门门口无堆积物，有足够搬运大型部件的通道。

4. 技术要求

（1）轿厢地坎与各层门地坎间距的偏差均不超过 3 mm（在整个地坎长度范围内），且最大距离不超过 35 mm。

（2）各层门开门装置的滚轮与轿厢地坎间的间隙必须在 5～10 mm 范围内。

（3）轿厢底盘平面的水平度不超过 2/1 000。

操作步骤

步骤名称	图例	步骤说明
步骤1 安装并固定 轿底托架		把托架放置在底梁上，并用螺栓把托架和轿架的立柱紧固好。
步骤2 安装并固定 轿厢斜拉杆		将斜拉杆上端与轿架立柱固定，下端与同侧的轿底托架角钢固定。固定要用双螺母，以保证牢固程度。

续表

步骤名称	图例	步骤说明
步骤3 安装托架的缓冲垫螺栓		安装轿底托架的缓冲垫螺栓。
步骤4 安装缓冲垫		把缓冲垫放进托架。
步骤5 安装轿底		把轿底与托架对接牢固，不要错位。
步骤6 安装地坎	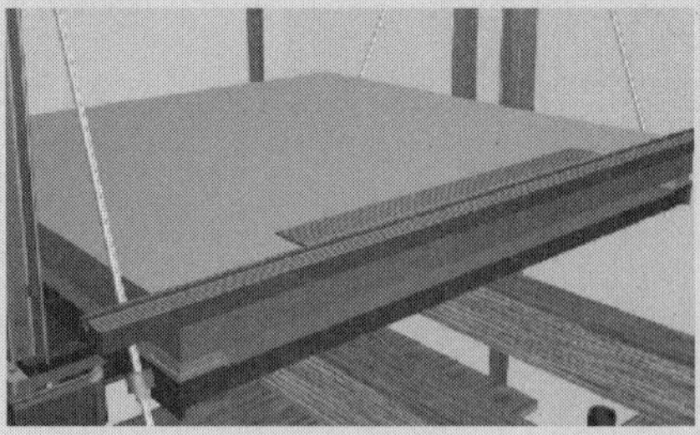	把地坎安装在轿底。

注意事项

1. 轿厢底盘调整水平后，轿厢底盘与底盘座之间、底盘座与底梁之间的连接处要接触严密，若有缝隙要用垫片垫实，不可使斜拉杆过分受力。

2. 斜拉杆一定要上双螺母拧紧，轿厢各连接螺栓必须紧固，垫圈齐全。

培训单元 2　对重安装调试

了解对重的组成
了解对重块的材质和作用
掌握对重的重量计算方法
能够进行对重的安装调试

一、对重的组成

对重由对重架、对重块、导靴、补偿蹲等组成，如图 1-64 所示。对重架通常用槽钢作为主体结构，其高度一般不宜超出轿厢高度。

对重位于井道内，通过曳引绳经曳引轮与轿厢连接，并使轿厢与对重的重量通过曳引绳作用于曳引轮，保证足够的驱动力。一般情况下，只有轿厢的载荷达到 50% 的额定载荷时，对重一侧和轿厢一侧才处于完全平衡，这时的载荷称为电梯的平衡点。这时由于曳引绳两端的静载荷相等，使电梯处于最佳的平衡状态。但是在电梯的实际运行中，曳引绳两端的载荷是不相等且不断变化的，对重能起到相对平衡的作用。

二、对重块的材质及作用

1. 对重块的材质

对重块可由铸铁制作或钢筋混凝土填充而成，为了易于装卸，每个对重块不宜超过

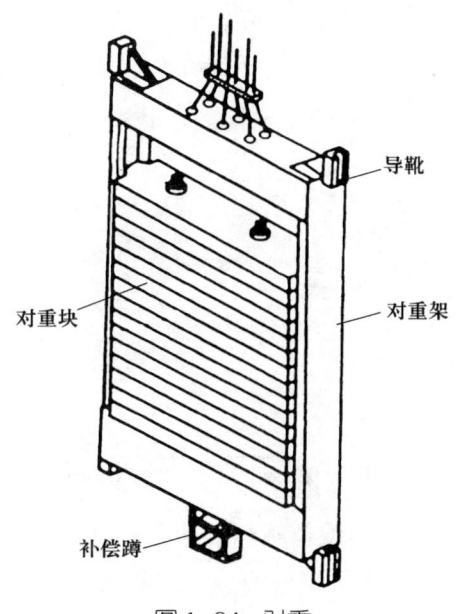

图 1-64　对重

60 kg。有的对重架制成双栏结构,以减小对重块的尺寸。对重块的材质是铸铁时,则至少要用两根拉杆或其他压紧措施紧固对重块。

2. 对重块的作用

(1)可以平衡(相对平衡)轿厢重量和部分电梯载荷,减少电动机功率的损耗。当电梯的负载与电梯十分匹配时,还可以减小曳引绳与绳轮之间的曳引力,延长曳引绳的使用寿命。

(2)由于曳引式电梯有对重装置,轿厢或对重撞击缓冲器后,电梯失去曳引条件,避免了冲顶事故的发生。

(3)曳引式电梯由于设置了对重,电梯的提升高度不像强制式驱动电梯那样受到卷筒的限制,因而提升高度也大大增加。

三、对重的重量计算

为了使对重能起到最佳的平衡作用,必须正确计算其重量,保证使电梯分别处在满载和空载状态时,曳引绳两端重量差值最小,曳引机消耗功率最小,曳引绳不易打滑。

对重的总重量计算公式为:

$$G = W + K_{平} \cdot Q$$

式中　G——对重总重量,kg;

W——轿厢自重,kg;

$K_{平}$——平衡系数,0.4~0.5;

Q——电梯额定载荷,kg。

技能要求

对重安装调试

操作准备

1. 设备材料要求

(1)对重架规格符合设计要求,完整、坚固、无扭曲及损伤现象。

(2)对重导靴和固定导靴用的螺栓规格、质量、数量符合要求。

(3)调整垫片符合要求。

2. 主要工具

手拉葫芦、扳手、锤子、塞尺等。

3. 作业条件

(1)对重导轨安装、调整、验收合格后,在底层拆除局部脚手架,以对重能进入井道为准,并对此处脚手架进行固定。

(2)井道内电焊线、照明线及其他障碍物品等应整理好,具有方便操作的场地。

(3)清理底坑内杂物,以使施工人员在底坑内顺利工作。

4. 技术要求

(1)对重架有反绳轮时,反绳轮应设置防护装置和挡绳装置,对重块要固定可靠。

(2)对重或平衡重上有绳轮(或链轮)时,应有防护装置。

操作步骤

步骤名称	图例	步骤说明
步骤1 吊装准备	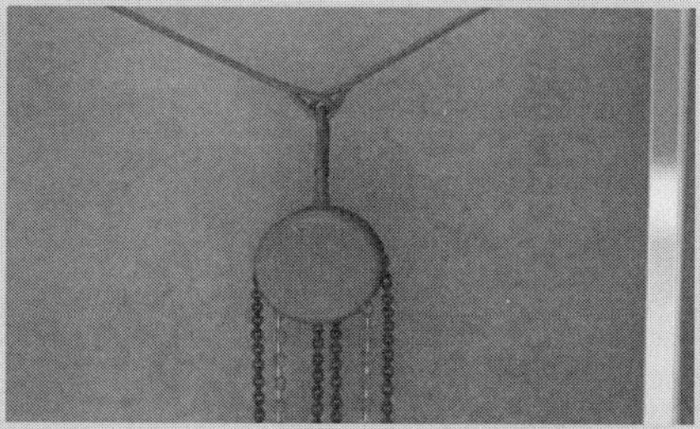	搭设脚手架平台,在适当高度,放置手拉葫芦。
步骤2 对重架就位		把对重架卡在导轨中间,并搁置在方木上,方木的高度等于缓冲距离。
步骤3 安装导靴		安装四个对重导靴。

续表

步骤名称	图例	步骤说明
步骤4 调整导靴	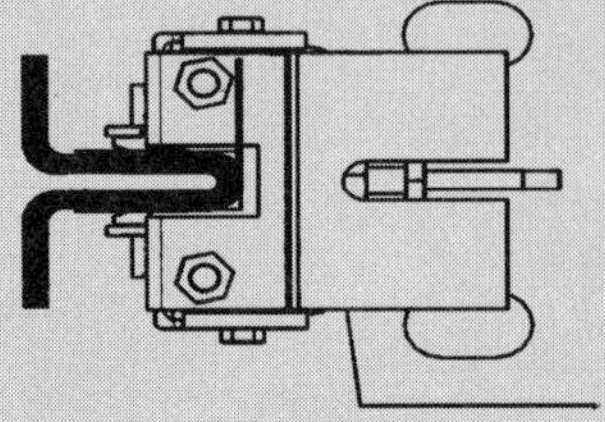	滑动导靴内衬,与导轨端面间隙上下一致。 导轨两侧工作面与导靴内衬间距相等,导轨正工作面与导靴内衬间距为0~1 mm。
步骤5 放置对重块	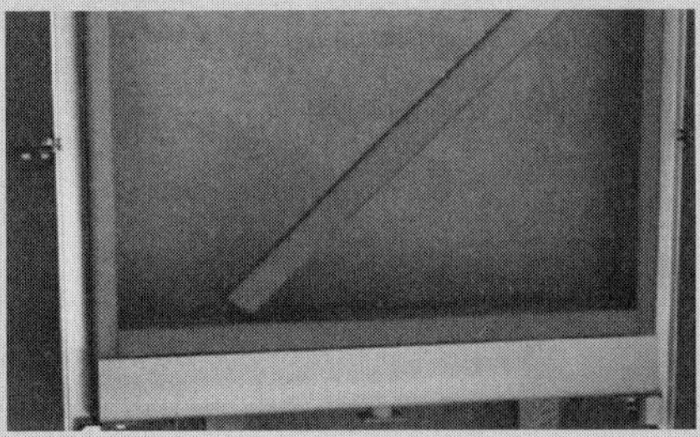	放置合适数量的对重块。
步骤6 压紧对重块		按厂家设计要求安装对重块压紧装置,防止对重块在电梯运行时发生碰撞或移位。
步骤7 安装补偿墩		在对重下撞板处加装补偿墩。

培训单元3　轿门与轿厢开门机构安装调试

掌握轿门与轿厢开门机构的相关知识
能够进行轿门与轿厢开门机构的安装调试

一、轿门

轿门也称轿厢门,是为了确保安全,在轿厢靠近层门的侧面,设置供司机、乘用人员和货物出入的门。轿门按开门方向分为左开门、右开门和中开门三种。

轿门除了用钢板制作外,还可以用夹层玻璃制作,玻璃门扇的固定方式应能承受 GB 7588 规定的作用力,且不损伤玻璃的固定件。应确保即使玻璃下沉时,玻璃门的固定件也不会滑脱。

二、轿厢开门机构

轿厢开门机构包括轿厢开门机、门刀、轿厢防扒门装置等。

1. 轿厢开门机

常见的轿厢开门机中,较早的是直流电阻门机,多采用摆杆作为联动结构形成直接连接。而目前应用日趋广泛的是交流变频开门机,多采用钢丝绳或者传动带作为联动结构部件形成连接,如图 1-65 所示。

2. 门刀

安装在轿门上的门刀如图 1-66 所示。轿厢平层停站后,安装在轿门上的门刀把装于层门上的门锁滚轮夹在中间,并与此两滚轮保持一定间隙。当收到开门信号时,门电动机驱动门机开门,当门刀夹住门锁滚轮移动距离超过开锁行程时,锁臂与锁钩脱离啮合,此时开锁完成,并由轿门门刀带动层门门锁滚轮继续完成整个开门过程。

图 1-65 交流变频开门机

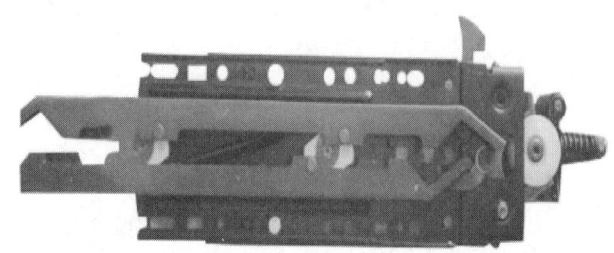

图 1-66 门刀

3. 轿厢防扒门装置

轿厢防扒门装置如图 1-67 所示。在层门上坎安装有固定式的轿门开锁门刀，门刀的长度与开锁区域相匹配，当轿厢运行至开锁区域内开门时，轿门门锁能够在门机传动机构的驱动下，与轿门开锁门刀联动，使轿门门锁开启。

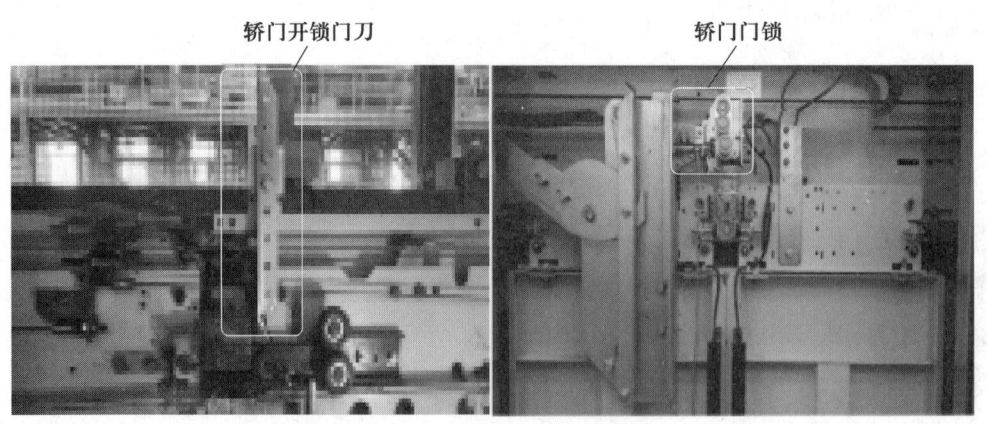

图 1-67 轿厢防扒门装置

安装于门机的轿门门锁上设置有主动锁钩、被动锁钩、门锁滚轮和电气安全装置，并且通过独立设置的驱动弹簧和驱动摆臂，在开锁过程中提供驱动力，而不与层门门锁的开锁机构存在任何形式的连接。

轿门安装调试

操作准备

1. 设备材料要求

（1）轿门的各部件与图纸相符，数量齐全。

（2）轿厢地坎、轿门门扇无变形、无损坏。其他各部件完好无损，功能可靠。

2. 主要工具

扳手、钢直尺、直角尺、钢卷尺、线坠、塞尺、水平尺等。

3. 作业条件

（1）轿厢开门机安装调整完毕。

（2）顶层脚手架拆除后，有足够的作业空间。

（3）顶层层门门口无堆积物，有足够搬运大型部件的通道。

4. 技术要求

（1）轿门关闭后，门扇与门扇之间、门扇与立柱之间、层门与地坎之间的间隙应尽可能小。对于乘客电梯，此运动间隙不大于 6 mm。对于载货电梯，此运动间隙不大于 8 mm。

（2）轿门门刀与层门地坎、层门锁滚轮与轿厢地坎间的间隙在 5～10 mm 范围内。

（3）轿门门扇垂直度偏差不大于 2 mm，偏心轮与滑道间距小于 0.5 mm。

操作步骤

步骤名称	图例	步骤说明
步骤1 安装并固定 轿门滑块		把轿门滑块安装并固定在轿门底部。

续表

步骤名称	图例	步骤说明
步骤2 固定轿门		把轿门底部的滑块插入轿门地坎槽中，轿门上沿与门挂板对接。
步骤3 调整缝隙		通过在轿门与门挂板的螺栓处加减垫片来调整轿门滑块与地坎槽之间的缝隙，直到符合要求。
步骤4 紧固		对门挂板与门扇的连接螺栓进行紧固。
步骤5 调整偏心轮		将偏心轮调整至与滑道间距小于0.5 mm。

轿厢开门机构安装调试

操作准备

1. 设备材料要求

（1）轿厢开门机构各部件与图纸相符。

（2）轿厢开门机构有试验报告结论副本。

2. 主要工具

水平尺、扳手、钢直尺、钢卷尺、线坠、塞尺等。

3. 作业条件

（1）轿顶、轿架已安装调试完毕。

（2）顶层脚手架拆除后，有足够的作业空间。

（3）顶层层门门口无堆积物，有足够搬运大型部件的通道。

4. 技术要求

（1）阻止关门力不大于150 N，这个力的测量不得在关门行程开始的1/3之内进行。

（2）轿门处于关闭位置时，用300 N的力沿轿厢内向轿厢外方向垂直作用在门的任何位置，且均匀地分布在5 cm² 的圆形或方形的面积上时，轿门应能满足以下要求：无永久变形；弹性变形不大于15 mm；试验期间和试验后，门的安全功能不受影响。

（3）轿门门刀与层门地坎、层门锁滚轮与轿厢地坎间的间隙为5~10 mm，以上部件在电梯运行时不得互相刮擦。

操作步骤

步骤名称	图例	步骤说明
步骤1 安装支撑梁		在立柱合适位置用螺栓固定两根支撑梁。
步骤2 固定开门机		将开门机固定在轿顶前沿。

续表

步骤名称	图例	步骤说明
步骤3 安装斜拉杆		安装开门机的斜拉杆，防止门机板倾倒。
步骤4 调整门导轨		将水平尺放置于门导轨，调整门导轨水平度达到标准要求。
步骤5 安装轿门		将轿门门扇安装于门挂板，通过增减塞片的方法进行调整。
步骤6 安装轿门门刀		将轿门门刀用螺栓固定在开门机上。
步骤7 调整轿门门刀		轿门门刀端面和侧面的垂直偏差全长均不大于0.5 mm，并且达到厂家规定的其他要求。

注意事项

门刀、杠杆各传动部件应用油布擦净后加少量机油，无油挂痕，确保机械动作灵活。

培训单元 4　轿顶设备安装调试

掌握轿顶设备的组成
能够进行轿顶设备的安装调试

一、轿顶接线箱

轿顶接线箱（见图 1-68）是连接轿厢电气设备与井道随行电缆的电气接线箱，轿顶接线箱、线槽、电线管等要按厂家图纸安装。若无安装图纸，则根据便于安装和维修的原则进行布置。

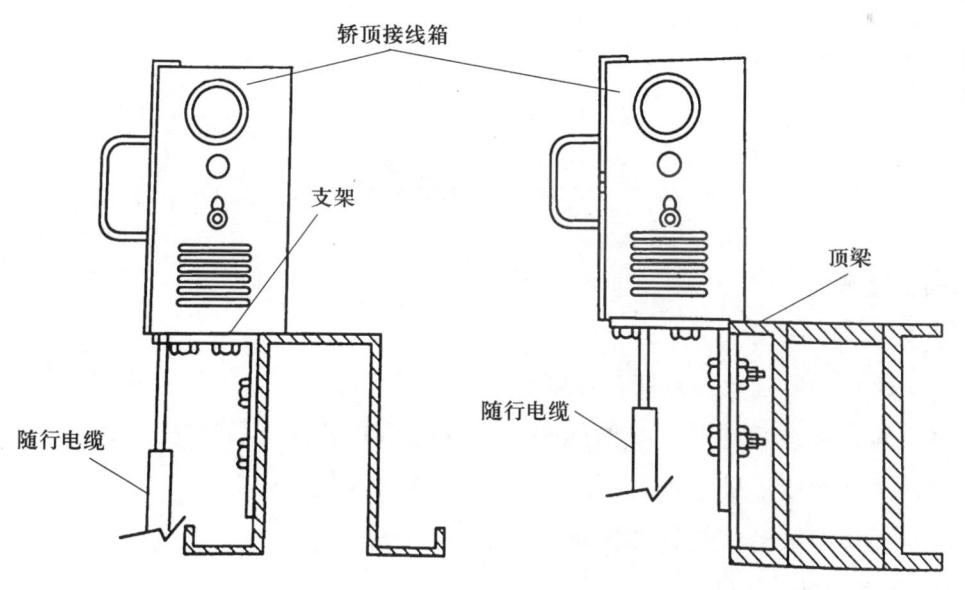

图 1-68　轿顶接线箱

在布置轿厢电气设备时，因轿厢的各装置分布在轿底、轿内和轿顶，应在轿底和轿顶各设置一个接线箱。随行电缆进入轿底接线箱后，分别用导线或电缆引至称重装置、操作屏和轿顶接线箱，再从轿顶接线箱引至轿顶各装置，如门电动机、照明灯、传感器、安全开关等。从轿顶接线箱引出导线，必须采用线管或金属软管保护，并沿轿厢四周或轿顶加强敷设，且应整齐美观、维修操作方便。

二、轿顶防护栏

轿顶防护栏的作用是防止轿顶作业人员坠落或者受到井道内其他设备的伤害。轿顶防护栏内是相对安全的检修作业场地。电梯正常运行时，作业人员不应处在轿顶位置，尤其是站在轿顶；电梯检修运行时，作业人员身体各部位不应伸出轿顶防护栏。

三、轿顶检修盒

轿顶检修盒分为固定式和移动式两种。固定式检修盒常安装在轿架上梁便于操作的位置。移动式检修盒在非使用期间放入一特殊的安全箱内，以免损坏。此外，轿顶配有的照明和电源插座与固定式检修盒组合在一起，方便操作。

技能要求

轿顶设备安装调试

操作准备

1. 设备材料要求

（1）轿顶检修盒急停按钮，检修、程序转换等开关的动作必须灵活可靠。

（2）轿顶接线箱导管、线槽的外露可导电部分必须可靠接地，接地支线应分别直接接至接地线干线接线柱上，不得互相连接后再接地。

（3）轿顶防护栏角钢数量齐全，无弯曲、折叠。

2. 主要工具

扳手、旋具、电工刀、绝缘胶布等。

3. 作业条件

（1）轿顶、轿架已安装调试完毕。

（2）轿顶有足够的作业空间。

4. 安装技术要求

（1）轿顶接线箱、检修盒配线应连接牢固，接触良好，绑扎紧密、整齐、美观，绝缘可靠，标志清楚。

（2）轿顶防护栏至少应由 0.1 m 高的护脚板和位于防护栏高度一半的中间栏杆组成。

（3）防护栏扶手外缘水平自由距离不大于 0.85 m 时，要求其高度不小于 0.7 m；自由距离大于 0.85 m 时，要求不小于 1.1 m。

（4）轿顶检修盒的照明电源和插座电源的开关控制电路均应具有各自的短路保护。

操作步骤

1. 轿顶接线箱安装调试

步骤名称	图例	步骤说明
步骤1 固定接线箱		将接线箱按厂家设计要求固定在轿顶上。
步骤2 接线箱接线	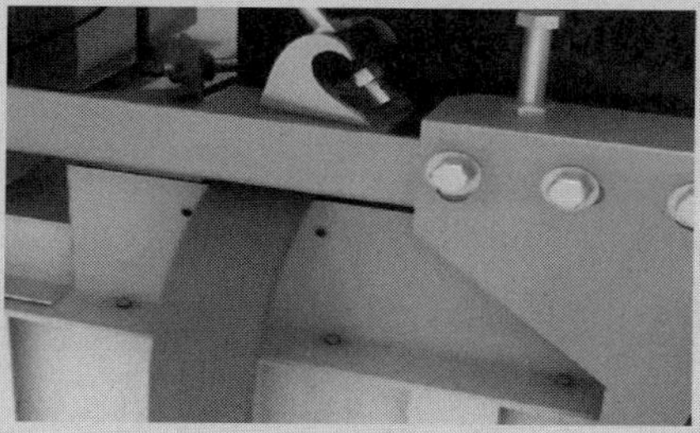	将接线箱中的插件与井道中的扁形电缆插件进行连接。

2. 轿顶防护栏安装调试

步骤名称	图例	步骤说明
步骤1 安装托架		在轿架上梁安装防护栏角钢托架。
步骤2 安装左右两侧防护栏		在托架和上梁下方安装左右两侧角钢防护栏。
步骤3 安装后侧防护栏		在轿顶后侧安装防护栏,并连接左右两侧防护栏。
步骤4 紧固防护栏		对连接防护栏的螺栓进行紧固。

3. 轿顶检修盒安装调试

步骤名称	图例	步骤说明
步骤1 固定检修盒		将检修盒按厂家要求固定在轿顶上梁。
步骤2 检修盒接线		将检修盒的插件与井道中相对应的插件进行连接。
步骤3 固定检修面板		用螺栓将检修面板固定在检修盒上。

注意事项

1. 轿顶检修盒应固定可靠，安装后不得因电梯正常运行的碰撞或因钢丝绳、电缆等正常的摆动，而使其开关产生位移、损坏和误动作。

2. 轿顶防护栏中的护板安装时应注意方向，以免影响轿顶作业人员在轿顶作业。

3. 轿顶接线箱完成安装后，应将多余长度的线缆整理好并用扎带固定，防止电梯运行时产生线缆的缠绕。

培训项目 4　自动扶梯设备安装调试

培训单元 1　围裙板、扶手带、梯级安装调试

掌握围裙板、扶手带、梯级的相关知识
能够进行自动扶梯围裙板、扶手带、梯级的安装调试

一、围裙板

围裙板是指设置在自动扶梯梯级两侧，与梯级、踏板或胶带相邻的部分，如图 1-69 所示。该部件贯穿整个自动扶梯梯级工作区间，通常由喷漆钢板或不锈钢板制作而成，板材厚度通常为 1.5～3 mm。为了加强围裙板的刚度，围裙板的背面都配有裙板梁（加强筋）。

围裙板任何一侧的水平间隙不大于 4 mm，在两侧对称位置处测得的间隙总和不大于 7 mm。如果自动人行道的围裙板位于踏板或胶带之上，则踏面与围裙板下端间所测得的垂直间隙不应超过 4 mm。踏板或胶带的横向摆动不应在踏板或胶带的侧边与围裙板垂直投影间产生间隙。

围裙板的刚度应符合以下要求：在围裙板的最不利部位垂直施加一个 1 500 N 的力于 25 cm^2 的方形或圆形面积上，其凹陷不大于 4 mm，且不应由此而导致永久变形。

图 1-69 围裙板

二、扶手带

扶手带是位于扶手装置的顶面，与梯级、踏板或胶带同步运行，供乘客扶握的带状部件，扶手带的结构如图 1-70 所示。

图 1-70 扶手带

扶手带按照内部衬垫不同分为多层织物衬垫胶带、织物夹钢带胶带和织物夹钢丝绳胶带。多层织物衬垫胶带的结构延伸率大。织物夹钢带胶带在工厂里已做成闭合环形带，不需要在施工现场拼接，延伸率小；缺点是钢带与橡胶织物间脱胶时，钢带会在扶手带内隆起，甚至戳穿织物造成扶手胶带损坏。织物夹钢丝绳胶带是在织物衬垫层中夹一排细钢丝绳，既增加扶手胶带的强度，又可以控制扶手胶带的延伸率，其也在工厂内做成了闭合环形带，不需要在施工现场拼接，这种扶手带是最常用的形式。

三、梯级

梯级是在自动扶梯桁架上循环运行的供乘客站立的部件,由梯级踏板、踢板、梯级滚轮、支撑架、梯级链连接件等组成,其基本结构如图 1-71 所示。

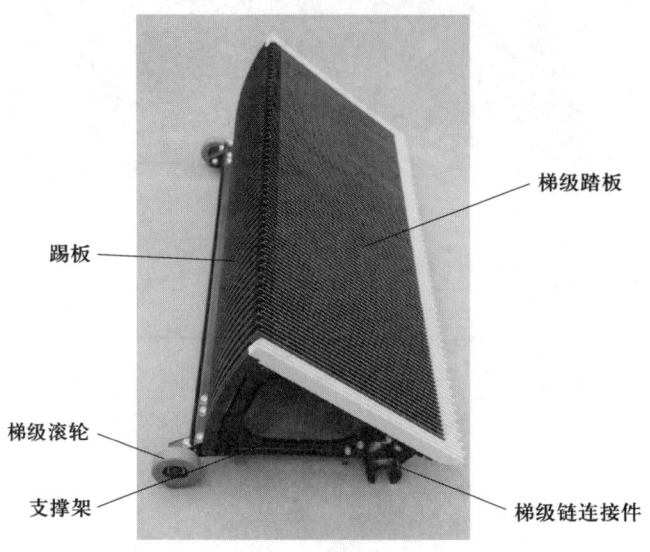

图 1-71 梯级

1. 梯级的结构参数

(1) 梯级的尺寸。梯级尺寸不仅关系到扶梯运输能力,还与安全有关。梯级宽度一般为 0.58~1.1 m,其中 0.6 m、0.8 m、1 m 为标准规格的扶梯梯级宽度。梯级高度不大于 0.24 m,大多数扶梯梯级高度为 0.23 m。梯级深度不小于 0.38 m,大多数扶梯梯级深度为 0.45 m。

(2) 梯级的基距。由于每个梯级的主轮都需要与梯级链相连接,因此梯级的基距与梯级链的节距有关,各种扶梯生产厂商所采用的梯级基距有所不同,一般为 0.4 m 左右。

2. 梯级踏板和踢板的表面结构

梯级踏板和踢板表面都是带有齿槽的,齿槽的方向与梯级运动方向一致,齿槽的尺寸一般为:槽深不小于 10 mm,槽宽 5~7 mm,槽齿顶宽 2.5~5 mm。

齿槽的作用是使梯级通过上下出入口时,能嵌在梳齿中,使运动部件与固定部件之间的间隙尽量小,以避免对乘客的脚产生夹挤等伤害。另外,齿槽还可以增加乘客与踏板之间的摩擦力,防止产生滑移。

3. 梯级的强度要求

常见的梯级主要有两种，一种是采用铝合金整体压铸而成的整体式梯级，另一种是采用不锈钢加工的部件拼装而成的分体式梯级。

梯级的设计需要考虑作用在梯级上的乘客重量以及正常运行时由导轨、导向和驱动系统所施加的所有可能的载荷，同时还需要考虑在不同的使用环境中，在规定的工作寿命周期内，均有可靠的强度。因此，梯级需要进行型式试验，满足梯级静载试验、动载试验和扭转试验的要求。

围裙板安装

操作准备

在进行围裙板安装前，应掌握相关技术要求。根据统计，由围裙板与梯级之间的间隙而引起的事故比例相当大。其中在自动扶梯的拐弯处，由于相邻梯级之间的相对运动，容易产生夹伤事故，因此，围裙板的安装间隙调整非常重要。

1. 要求围裙板平整，表面无刮花、破损、变形、毛刺，如不符合要求，需要处理后才能安装。

2. 确保压边对齐，接口处允许间隙为 0.2～0.4 mm，上下间隙不大于 0.2 mm。

3. 两裙板接口表面错边不大于 0.15 mm，裙板对接折弯处无明显错位，高度差不大于 0.2 mm。

4. 相邻的两裙板接口连接处平整，裙板可视面不得出现明显凹痕。

5. 裙板垂直梯级面与梯级之间间隙一般为 2～3 mm，任何一侧的水平间隙不大于 4 mm，在两侧对称位置处测得的间隙总和不大于 7 mm。

操作步骤

步骤 1　安装固定支架

安装围裙板的固定支架，如图 1-72 所示。

步骤 2　安装下部围裙板

先安装下部围裙板，如图 1-73 所示。将围裙板卡入裙板梁支架，裙板梁与裙板梁支架定位面之间必须紧贴，无松动。

图 1-72　安装围裙板的固定支架

图 1-73　安装下部围裙板

拼接裙板时，围裙板排列必须整齐，确保裙板之间压边对齐，如图 1-74 所示。接口处允许间隙为 0.2~0.4 mm，间隙差不大于 0.2 mm，不得有凹凸不平和弯曲的现象，拼接缝间隙不符合要求的可通过抛光机进行处理。围裙板底部与梯级的间隙一般为 2~3 mm，可通过移动裙板梁支架的方法来进行调整。

步骤 3　安装上部围裙板

安装上部围裙板，如图 1-75 所示。

步骤 4　安装中间段调节围裙板

安装中间段可调节围裙板，根据最终安装的情况，长度不合适的需要处理或更换中间段调节板，如图 1-76 所示。

步骤 5　调试试运行

安装、调整完围裙板后，应手动盘车或者以检修速度慢行至少一周，在保证无刮擦、异响后方可正常行车。

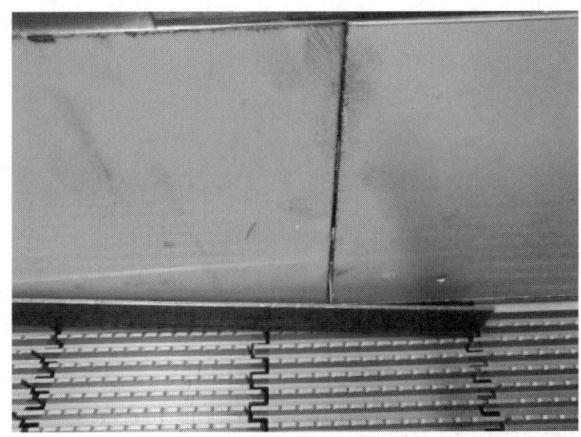

图 1-74 拼接围裙板

图 1-75 安装上部围裙板

图 1-76 安装中间段调节围裙板

扶手带安装调试

操作准备

扶手带一般是整根环状出厂的,安装前应对内外表面进行清洁,扶手带表面不得刮花、破损。

操作步骤

步骤1　安装扶手带轮组件

根据装配清单要求安装扶手带防偏轮、滑轮群部件、导向组件等,如图1-77所示。装配扶手带静电刷支架和静电刷时,注意调整扶手带静电刷的横向位置,保证其在扶手带的正下方。

图1-77　安装扶手带轮组件

步骤2　安装扶手带

(1)在扶手带的上部入口处铺上保护布垫。

(2)将扶手带展开,拆除包装,抬入扶梯,安放在梯级轴上,将一边平放在直线段扶手带托轮和压带装置上。

(3)在上端头将扶手带套入扶手支架,将扶手带安放在扶手支架的上方,并由多人向下行方向将扶手带完全拉入。

步骤3　安装压带装置

压带装置一般有多楔带轮及多楔带(见图1-78)和压带链轮(见图1-79)。

按照厂家要求压紧压带装置弹簧,张紧滑轮群组件,使用专用套筒加力拧紧连接处螺母。

步骤4　调试扶手带

上下点动曳引机,调整张紧弹簧和压带装置的左右偏移螺栓,使扶手带能同步运行,两侧不与其他物件相擦,上下运行无明显游动(游动量小于2 mm)。

图 1-78　多楔带轮及多楔带

图 1-79　压带链轮

注意事项

扶手带在装入最后一段（约为 150 mm）时，受力比较大，可采用专用工具将其装入扶手带导轨。

梯级安装调试

操作步骤

步骤 1　放置梯级

将梯级辅轮放进下部曲线导轨转向壁缺口中，同时把梯级开口轴瓦按入梯级轴，梯级轴套嵌入轴瓦，如图 1-80 所示。

步骤 2　固定梯级

通过不同的工装定位梯级，靠紧梯级轴套和轴夹，锁紧轴夹内六角锁紧螺母，如图 1-81 所示，确保梯级在梯级轴上的对称度左右偏差小于 1 mm。调节梯级与梳齿板的位置，梯级通过梳齿板时应居中，使梯级通过时无卡阻现象。

转向壁缺口

图 1-80 放置梯级

图 1-81 固定梯级

步骤 3 调试梯路

调试梯路（包括下部张紧弹簧），保证上下运行梯路无明显游动（游动量小于 1 mm），梯级翻转平稳，无异常响声。

注意事项

1. 梯级安装调试需要在扶梯下部回转段进行。
2. 留三级梯级待验收完毕后再安装。

培训单元 2　现场土建尺寸测量复核

能测量并复核现场土建尺寸

自动扶梯的土建勘测应严格按照相应合同的土建图和土建规格书上的合同土建尺寸进行勘测。

自动扶梯的土建图一般含有自动扶梯的剖面图、上平面图、下平面图及运输尺寸，为了进一步说明扶梯的结构，还需要列出局部的放大图，方便施工单位查阅。

在自动扶梯的土建图中，可查阅到自动扶梯的一些基本参数，如提升高度、倾斜角度、梯级宽度、驱动主机功率等。

土 建 勘 测

自动扶梯的土建勘测应获取现场的建筑标高和轴线，明确所有自动扶梯的空间位置。为方便自动扶梯土建勘测，可以对原始土建图进行简化，如图 1-82 所示。

步骤 1 测量提升高度

自动扶梯提升高度 H 是指建筑装饰完工后，相邻两层装饰地面楼层之间的高度净尺寸。当相邻两层地面采用不同装饰材料（如大理石和地砖）时，自动扶梯提升高度与大楼楼层设计本身的楼层标高尺寸会略有差别，自动扶梯制造商已考虑到这一点，在自动扶梯的桁架两端设有调节高度用的调节螺栓，供调节高度和扶梯水平用（一般每端有 10 mm 左右的调节量）。

提升高度一般采用吊线法测量，应注意线坠定位点的建筑标高与自动扶梯下支承梁处的建筑标高之间的落差可以通过水平线来检验。

步骤 2 测量水平跨度

水平跨度 L 是指上下两支承平台之间的水平净尺寸。实际制造扶梯的桁架尺寸一般长度会略小于水平跨度尺寸（差距在 20 mm 左右），以弥补实际土建施工误差和桁架焊接中所产生的误差。

水平跨度的测量方法是在上支撑点吊线坠到地面定位，然后再测量从定位点到下支撑梁边缘的水平距离。测量过程中注意钢卷尺必须拉直，且钢卷尺必须保

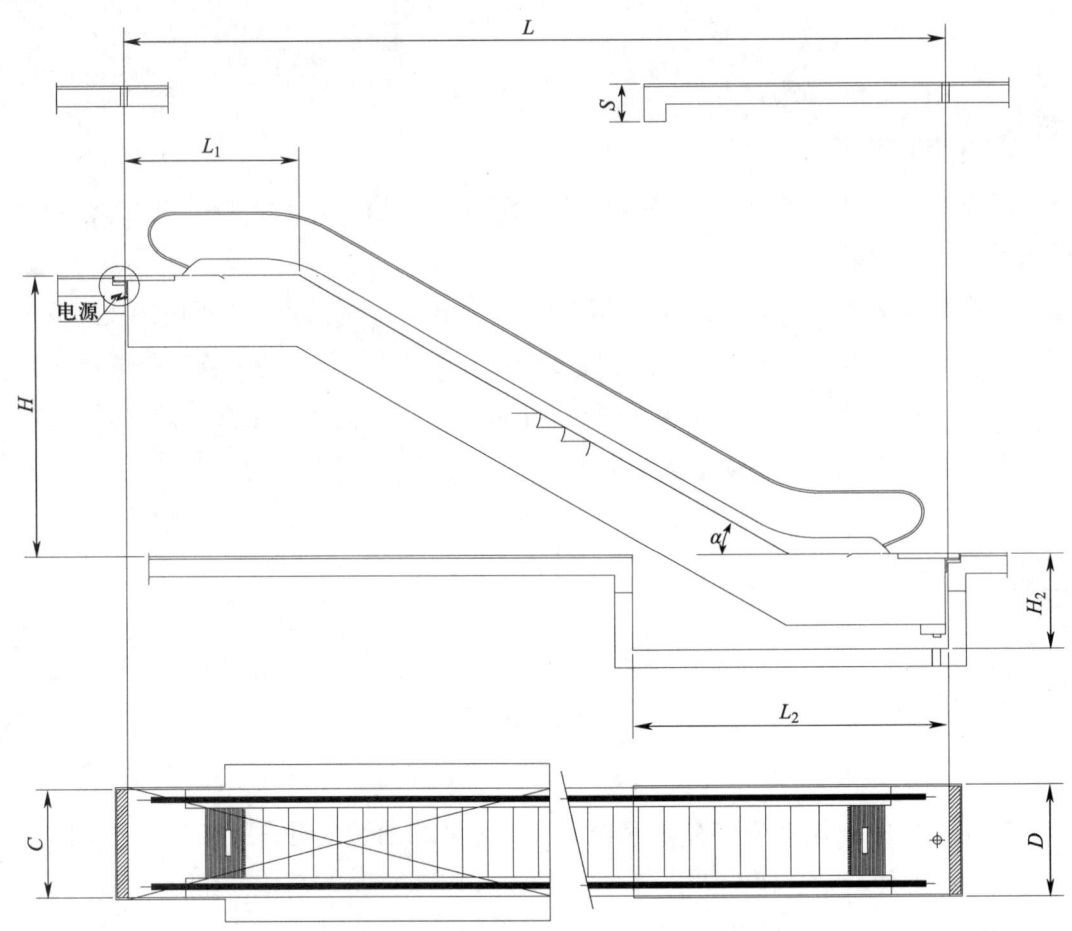

图 1-82 自动扶梯土建图(简图)

H—提升高度;C—扶梯宽度;α—倾斜角度;L—水平跨度;L_1—上水平段长度;L_2—底坑长度;
S—上部楼板边缘装饰高度;D—底坑宽度;H_2—底坑深度

持水平状态。为避免"一边大,一边小"或"平行四边形"的情况,可采用拉矩形对角线的办法核验,确保对角线测量的长度尺寸一样,从而保证水平跨度测量的准确性。

步骤 3 测量自动扶梯宽度

自动扶梯宽度 C 一般是指桁架的宽度,测量架设自动扶梯的空间宽度应大于扶梯桁架宽度。

步骤 4 测量底坑

扶梯底坑仅在大楼地面处才有,其余中间楼层的扶梯没有底坑,只有支承座平台(扶梯底坑的宽度实际上就是支承座平台的长度)。扶梯底坑的深度因各厂家不同而略有差异,取决于桁架的高度,底坑深度尺寸与土建图尺寸相比,要求"宁大勿小",如底坑深度偏小,扶梯桁架底部会碰底坑,造成扶梯水平调节不好或避震不良。扶梯底坑的长度也应保证，否则影响扶梯的就位和运行。

自动扶梯底坑测量的主要是底坑的长度、宽度、深度。

步骤5　测量自动扶梯上部开孔

测量上部楼板开孔长度，其长度≥[（2 300+S）/tanα]+L_1，是保证自动扶梯净空高度2 300 mm 的关键，另外，还要请建筑设计师提供楼板边缘的装饰高度S。

步骤6　测量上、下支撑梁和中间支撑

测量上、下支撑梁的长度（自动扶梯的宽度）、宽度（自动扶梯与支撑梁搭脚的深度）、高度（支承面与装饰完成面之间的距离），测量中间支撑的长度（下部支撑梁与中间支撑中心线的距离）、宽度（自动扶梯的宽度）、高度（支承面与装饰完成面之间的距离）。

理论知识复习题

一、判断题（将判断结果填入括号中。正确的填"√"，错误的填"×"）

1. 曳引机按有无减速器分类，可分为无齿轮曳引机和有齿轮曳引机。（   ）
2. 电梯的供电电源应是独立的，必须是三相五线制。（   ）
3. 电梯平层感应器一般分为磁电感应器和光电感应器。（   ）
4. 所有电梯轿门应是无孔的。（   ）
5. 梯级是在自动扶梯桁架上循环运行，供维修人员站立的部件。（   ）

二、单项选择题（选择一个正确的答案，将相应的字母填入题内的括号中）

1. 导向轮直径不小于钢丝绳直径的（   ）倍。
   A. 10   B. 20   C. 30   D. 40
2. 钢丝绳与其端接装置的结合处按相关规定，至少应能承受钢丝绳最小破断拉力的（   ）。
   A. 60%   B. 80%   C. 100%   D. 120%
3. 轿厢地坎与层门地坎间的水平距离一般不大于（   ）mm。
   A. 20   B. 35   C. 40   D. 80
4. 平层是指轿厢接近停靠站时，欲使（   ）达到同一平面的动作。
   A. 门刀与门球   B. 轿厢地坎与层门地坎
   C. 导靴与导轨   D. 轿厢与对重
5. 上行超速保护装置的动作速度下限是电梯额定速度的（   ）。
   A. 115%   B. 120%   C. 125%   D. 130%

理论知识复习题参考答案

一、判断题

1. √ 2. √ 3. √ 4. × 5. ×

二、单项选择题

1. D 2. B 3. B 4. B 5. A

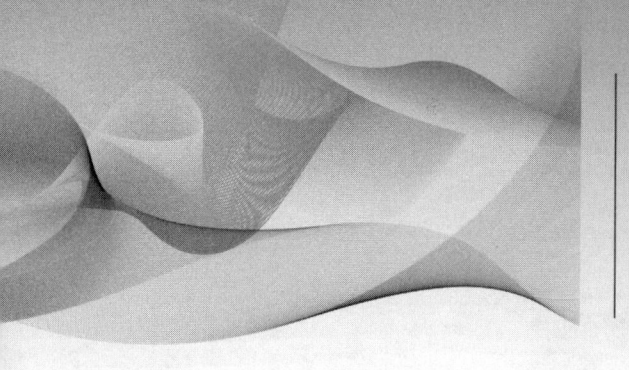

职业模块 ② 诊断修理

内容结构图

- 诊断修理
  - 机房设备诊断修理
    - 电梯安全回路故障诊断修理
    - 电梯制动回路故障诊断修理
    - 电梯导电回路绝缘性检测修复
    - 电梯安全运行试验
    - 限速器校验
    - 电梯控制系统部件故障诊断修理
    - 电梯运行方向控制故障诊断修理
  - 井道设备诊断修理
    - 电梯层门门扇联动故障诊断修理
    - 电梯井道位置信号故障诊断修理
    - 电梯内外呼按钮故障诊断修理
    - 上下极限开关故障诊断修理
  - 轿厢对重设备诊断修理
    - 门系统机械装置故障诊断修理
    - 门刀机构及门锁锁闭装置故障诊断修理
  - 自动扶梯设备诊断修理
    - 安全回路故障诊断修理
    - 运行抖动及噪声诊断修理

培训项目 1 机房设备诊断修理

培训单元 1 电梯安全回路故障诊断修理

能够诊断并修复电梯安全回路故障

一、电梯的安全回路

1. 安全回路是电梯的基本电气保护回路,由多个电梯安全装置的常闭输出触点开关串联组成。当电气安全装置为保证安全而动作时,应防止电梯驱动主机启动或立即使其停止运转,制动器的电源也应被切断。紧急电动运行时,应使安全钳开关、限速器开关、上行超速保护开关、极限开关、缓冲器开关的电气安全装置失效。

2. 电梯正常运行时,安全回路始终接通,当安全部件出现保护异常失效时,安全开关断开,电梯无减速地立即停车,不能启动,电梯内外呼登记信号同时销号且不能登记。此时电梯无运行方向指示灯,电梯自动门系统不响应开关门信号。

3. 个别厂家设计的电梯,当安全回路瞬时断开后立即接通,电梯可以继续运行,内外呼登记信号不会销号。

4. 某些电梯的门锁回路串联在安全回路后,当安全回路断开,门锁回路也会失电。

二、安全回路的控制原理

熟悉电梯安全回路的原理、走线图以及安全回路对电梯其他控制回路或系统的相互影响。安全回路原理图如图2-1所示,其采用AC 110 V电源,将控制柜紧急电动运行开关转紧急位置,短接部分安全部件开关,当轿顶转检修时,该短接失效。

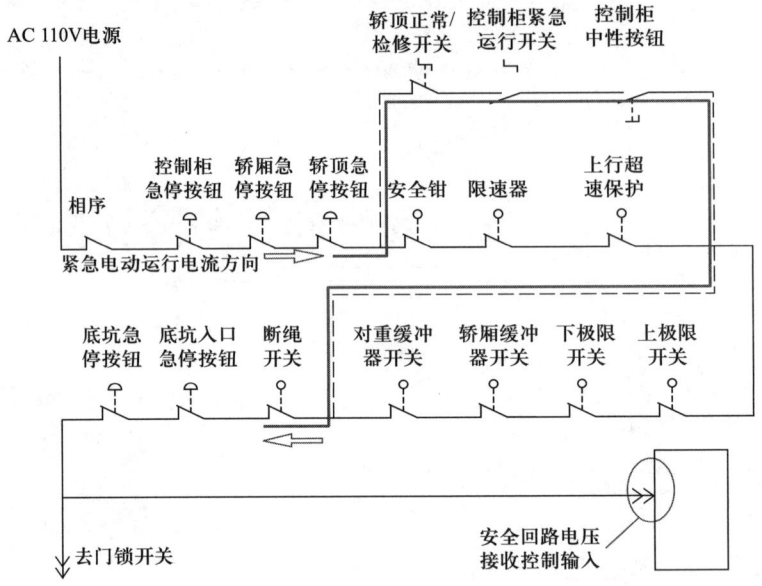

图2-1 安全回路原理图

三、安全回路故障修复

通过查阅电梯控制原理图,观察、分析故障现象,按照安全的操作程序检查故障点,修复故障。

安全回路故障诊断修理

操作步骤

步骤1 确认安全回路故障

在工作层的层门门口设置警示标志或护栏,打开层门不大于100 mm,观察轿厢位置，确认轿厢内无乘客，确认电梯轿门与层门都关闭。进入机房，观察显示板上安全回路指示灯，如图 2-2 所示，SAFETY 是安全回路的指示灯，该指示灯不亮，证明安全回路处于断路状态。

步骤 2　缩小检查范围

将控制柜转换开关转至紧急运行，如图 2-3 所示。观察安全回路指示灯（SAFETY）：如果指示灯亮，说明安全回路故障点在紧急电动运行短接的线路上，否则说明安全回路故障点在其他位置。

图 2-2　安全回路显示灯

图 2-3　控制柜转紧急运行

步骤 3　确认故障点

通过分别短接控制柜安全回路短接点来确定故障位置，以新时达 AS380 系统为例，紧急电动运行时不能短接和可以短接的安全装置见表 2-1 和表 2-2。

表 2-1　紧急电动运行时不能短接的安全装置

短接线号	不能短接的安全装置
102—131	相序
131—132	控制柜急停按钮
132—133	轿厢急停按钮
133—134	轿顶急停按钮
118—108A	主机侧急停按钮

续表

短接线号	不能短接的安全装置
108A—108	盘车手轮开关
108—140	底坑急停按钮
139—140	底坑入口急停按钮

表 2-2　紧急电动运行时可以短接的安全装置

短接线号	可以短接的安全装置
134—110	安全钳
110—106	限速器
106—112	上行超速保护装置
137—139	对重缓冲器
136—137	轿厢缓冲器
135—136	下极限开关
112—135	上极限开关

步骤 4　修复故障

（1）控制电梯，采用安全的方式进入轿顶、底坑等位置，首先检查安全开关的常闭触点，再检查与开关相对应的导线。

（2）当检查开关处于接通状态时，应使用万用表测量，安全回路带电时使用电压法测量，切断主电源使安全回路处于失电状态时，采用电阻法测量。最后根据检查结果，通过紧固、调整或更换安全开关甚至更换安全部件的方法修复故障。

注意事项

1. 当井道内有作业人员时，电梯应处于检修或紧急电动运行状态。
2. 使用短接线时，应考虑短接最小的线路跨度。
3. 更换开关或导线时，应避免带电操作。
4. 修复故障后应检查现场，确保无临时使用的短接线。

培训单元 2　电梯制动回路故障诊断修理

能够诊断并修复由电梯制动回路部件或线路故障导致的电梯故障

一、电梯制动回路的功能

一般电梯的制动回路由两个继电器来控制，一个与电梯运行方向有关，如上下行继电器，确保电梯停车时切断制动器电流，保证制动器释放；一个与电梯运行有关，如运行继电器，电梯启动时吸合，电梯停车时释放。

二、电梯制动回路的控制原理

电梯制动回路的控制原理如图 2-4 所示，其中，抱闸强激接触器释放，可以降低制动器打开状态的维持电压，同时减少制动器释放时的拉弧现象。电动机电源接触器确保电梯启动时提前吸合、电梯停车时在制动器释放后再释放，抱闸接触器精确控制制动器打开和释放的时间。RZ1 为经济电阻，起分压作用；RV2 在制动器释放时吸收由制动器线圈电磁转换的电能，起进一步灭弧的作用；两个抱闸接触器触点串联，可以进一步起灭弧作用，同时可以防止回路接地而引起短路，导致制动器不能及时释放。

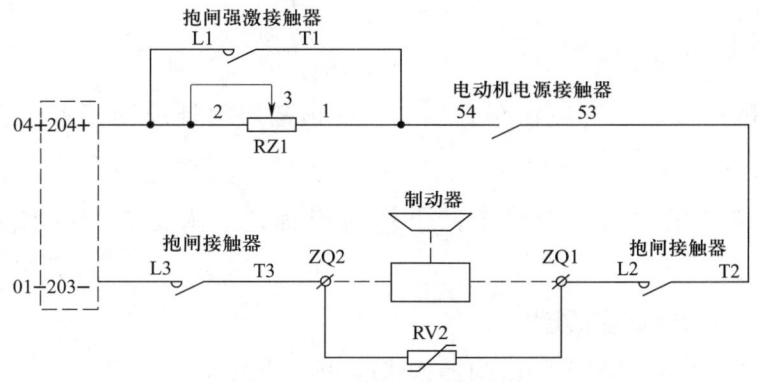

注：04+，01−端子在抱闸DC 110V时有；204+，203−端子在抱闸DC 220V时有

图 2-4　制动器控制原理图

三、电梯制动回路故障的种类

1. 制动器线圈损坏

电梯制动器故障易导致电梯启动时制动器无法打开或不能完全打开,断电后用万用表测量,一般可以发现制动器线圈阻值偏大或断路。

制动器线圈异常发热,制动器不能彻底打开,一般是因为线圈短路导致局部高温,破坏线圈绝缘漆,最后线圈熔化而断路。

2. 抱闸接触器拉弧严重

抱闸继电器触点在制动器释放时拉弧,导致制动器控制回路故障,引起拉弧的原因主要有:分压电阻阻值偏小,制动器线圈释放前电压偏高,导致制动器释放时的电流偏大,引起拉弧;灭弧回路断路,不能有效灭弧;制动器调整不合适,在制动器打开状态时衔铁与线圈不能完全接触,线圈磁场不封闭,导致线圈电流偏大,制动器释放时由磁场转换的电流偏大,引起拉弧。

3. 电源过电流保护

当制动器打开时,由于制动回路电流偏大,导致过流保护装置动作或熔丝熔断。一般是由于制动回路与接地线间短路引起的。

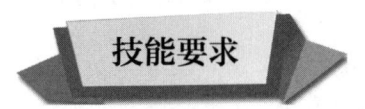

技能要求

制动器故障诊断修理

操作步骤

步骤 1 状态准备

(1)将电梯慢车运行或盘车到顶层,在顶楼层门外设置警示标志或防护栏,确认轿厢内无乘客。

(2)在电梯机房,一人慢车向下运行电梯,一人检查制动器及制动器线圈。

步骤 2 测量制动器线圈

(1)查阅电气原理图,确认制动器线圈的设计电压。

(2)使用万用表测量制动器线圈电压,判断电压是否正常。

（3）测量制动器线圈表面温度，一般连续使用的电梯，制动器线圈比环境温度高 10 ~ 20 ℃，但不应高于 80 ℃。如果制动器线圈温度偏高，应测量制动器线圈阻值。如果制动器线圈阻值异常，应根据实际情况更换制动器线圈或制动器。

步骤 3　分析原因

（1）如果制动器线圈电压正常，故障原因可能是制动器线圈损坏或制动器机械调整不合理。

（2）如果制动器电压偏低或电压不稳定，故障原因可能是制动回路线路或部件损坏，可以根据制动回路原理图使用万用表检查。

步骤 4　修复故障

（1）切断主电源，挂牌上锁，使用万用表测量控制柜输入电源，确认其已切断。

（2）使用万用表测量制动回路电路阻值，判断故障点或故障部件。

（3）紧固、连接回路连线或更换回路中的故障部件。

（4）电梯上电，检修运行检查制动器无异常，转快车至少三次试运行无异常，移除警示标志或防护栏，电梯交付使用。

注意事项

1. 如果没必要带电操作，应切断控制柜输入电源并验证后操作。

2. 检查修理制动器时，应有防止电梯溜车、冲顶和制动力不足的措施。

3. 在进行制动回路修理操作及检查调整制动器时，电梯应处于慢车状态。

培训单元 3　电梯导电回路绝缘性检测修复

熟悉导电回路绝缘性检测的要求和要点

能够进行导电回路绝缘性的检测修复

一、电梯导电回路绝缘性的要求

1. 根据 GB 7588 要求,电梯每个通电导体与地之间的绝缘电阻最小值应符合表 2-3 要求。

表 2-3 测试电压与绝缘值

标称电压/V	测试电压/V	绝缘电阻/MΩ
安全电压	250	≥ 0.25
≤ 500	500	≥ 0.5
>500	1 000	≥ 1.0

2. 对于电梯控制电路和安全电路,导体之间或导体对地之间的直流电压平均值和交流电压有效值均不大于 250 V。

二、绝缘电阻表的使用

绝缘电阻表又称兆欧表,是用来测量被测设备绝缘电阻和高值电阻的仪表,它由一个手摇发电机、表头和三个接线柱组成,如图 2-5 所示。L 端为线路端,接被测导体;E 端为接地端,接地线;G 端为屏蔽端,接屏蔽线(如被测导体有屏蔽线)。

测量绝缘电阻前,应对绝缘电阻表进行开路校检。绝缘电阻表"L"端与"E"端断开时,摇动绝缘电阻表手柄,其指针应指向"∞"。绝缘电阻表"L"端与"E"端短接时,摇动绝缘电阻表手柄,其指针应指向"0",如图 2-6 所示。

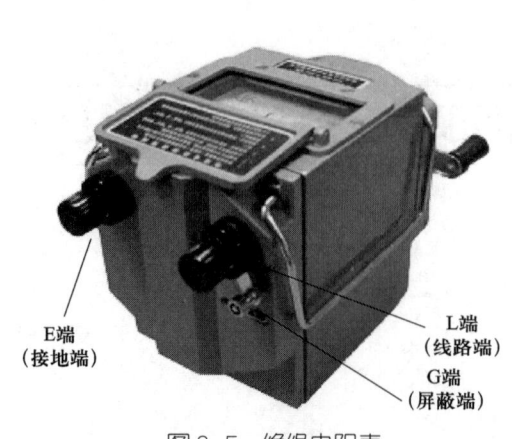

图 2-5 绝缘电阻表

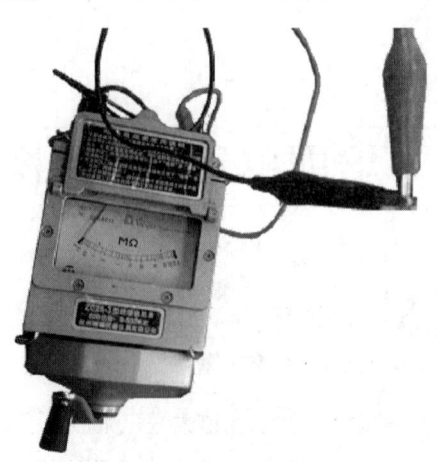

图 2-6 绝缘电阻表校验

三、电梯导电回路绝缘性的检测要点

1. 选择被测导体测量绝缘电阻时匹配的测试电压。

2. 查阅电梯随机文件中的电气控制原理图和电气布线图，确认被测导体及与之相关的导体或电气元器件在测量电压下无影响，也不会影响测量值，否则予以拆除。

3. 切断被测导体电源，为保证测量安全，一般应将电梯的输入主电源、照明电源、蓄电池输出、应急电源输入都予以切断。

4. 拆除被测导体与非测量导体之间的导线连接、两导体间的电气元器件。

5. 当导体一端接地时，测量前应拆除被测导体与地之间的接地线。

6. 当被测电路中含有电子装置时，测量时应连接相线和零线。

技能要求

电梯导电回路绝缘性检测修复

操作步骤

步骤1　准备工作

（1）应选择温度在 5 ℃以上、湿度在 70% 以下无雷电时的天气进行测量。

（2）测量前应将电梯转慢车状态，切断电梯所有供电，并使用万用表验证电源已切断，不允许带电测量绝缘电阻。

（3）检查接地线是否可靠，当土地潮湿，接地线与大楼地脚钢筋网可靠连接时，一般认为接地线符合与地间的阻值不大于 4 Ω 的要求；接地线不可靠时，必须拆除所有电梯控制线路板的输入输出线，或将控制线路板的零线与相线短接。

（4）电梯安全回路一般使用 AC 110 V 或 DC 10 V 电压，一般使用测试电压为 500 V 的绝缘电阻表测试。

（5）测量前擦去安全回路电缆端头表面的污物；检查绝缘电阻表，绝缘电阻表使用的表线必须是绝缘线，且不宜采用双股绞合绝缘线，其表线的端部应有绝缘护套。

（6）测量前应对绝缘电阻表进行开路校检，确保其功能正常。

（7）应拆除安全回路与控制柜及其他线路的一切连线，将被测电缆的芯线全部接地彻底放电 1 min；在查明线路或电气设备上无人后方可进行。

步骤 2　测量绝缘阻值

测量前应拆除安全回路与其他所有导体的连线，安全回路可能会被拆分为机房段、井道段、轿厢段，此时绝缘阻值应分三次测量，在测量同一段安全回路时应确保该段安全回路内的所有开关接通，测量连接如图 2-7 所示。

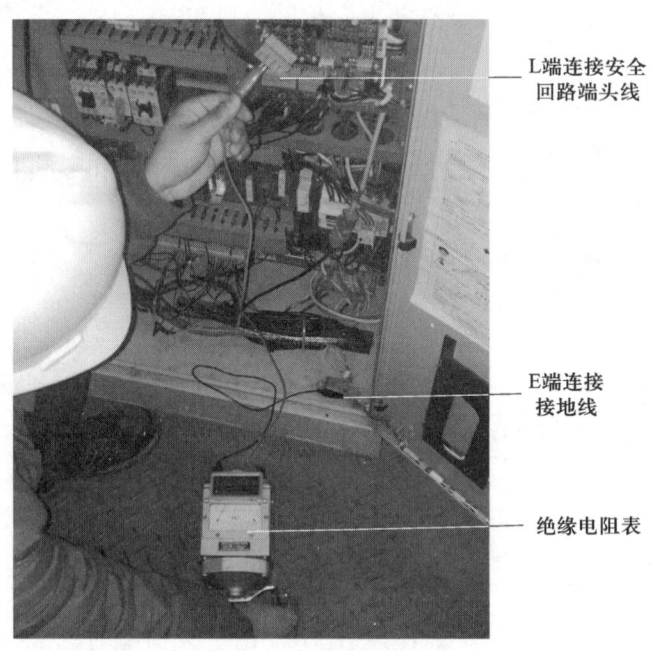

图 2-7　测量绝缘阻值

步骤 3　判断测量结果

（1）测量时，摇动绝缘电阻表手柄的速度要均匀，以 120 r/min 为宜；保持稳定转速 1 min 后读数，以便躲开吸收电流的影响。

（2）测试过程中，两手不得同时接触两根线。测试完毕应先拆线，后停止摇动绝缘电阻表，以防止电气设备向绝缘电阻表反充电导致绝缘电阻表损坏。

（3）当读数小于 0.5 MΩ 时，绝缘阻值偏小，不符合要求，需提高安全回路的绝缘阻值后方可使用。

步骤 4　查找故障点

（1）如果接地电阻较小，可以使用普通万用表测量检查；如果阻值较大，应使用绝缘电阻表测量检查。

（2）一般情况下，考虑由于某一点的短路导致绝缘阻值降低，可以通过断开安全回路开关进一步缩小故障点范围。

1）如果绝缘故障在机房段，可以通过测量检查将故障点缩小到两个开关间的最小范围，最后通过拉线确定故障点。

2）如果故障点在井道，由于需要移动轿厢，应将绝缘阻值偏大段线路与其他导体断开，短接该段安全回路，接通所有安全回路，电梯接通主电源和照明电源，慢车移动轿厢到进入轿顶的合适位置，测试层门门锁开关、轿顶急停按钮及轿顶正常/检修转换开关正常后，进入轿顶。测试轿顶慢车运行正常后移动轿厢，通过万用表或绝缘电阻表测量继续缩小故障点范围，将故障点缩小到两个开关间的最小范围，最后通过拉线观察确认故障点。

步骤5　修复绝缘阻值偏小的故障

（1）切断主电源，万用表测量开关两侧触点，验证无电压，采用调整修复、更换导线、更换电气开关的方法修复故障。

（2）如果安全回路短路，电梯无法运行，一般故障原因为安全回路中有导线破损或零件导电部分接地，修复该故障点。

（3）如果安全回路绝缘阻值偏低，很可能导线与地之间为非接触式，如底坑导线有破损应使用无破损导线进行更换；避免导线经过潮湿地面，接线箱接线处、导线拐弯处应装护口保护导线。

（4）修复工作完成后，再次测量绝缘阻值，确保故障已经修复。

注意事项

1. 进入井道前应控制电梯处于检修状态。

2. 尽可能不使用短接线，尽可能断电操作，带电操作时要有避免触电风险的保障措施。

3. 不使用隐蔽性大的短接线或短接方式，修复故障后应移除短接线。

4. 尽量不短接急停按钮，不同时短接层门、轿门门锁开关。

培训单元 4　电梯安全运行试验

熟悉电梯安全运行试验的方法和操作流程
了解安全运行试验的目的和操作原理
能够进行电梯安全运行试验

一、轿厢限速器 - 安全钳联动机构动作试验

1. 电梯轿厢限速器 - 安全钳是防止轿厢超速下行或坠落的重要保护装置，其通过移动的轿厢经限速器钢丝绳牵引带动限速器轮的旋转，当轿厢下行达到一定速度时，限速器的机械部件动作，断开限速器开关，从而切断安全回路，电梯驱动电动机输入被切断。当轿厢速度更高时，限速器机械联动机构动作，增大限速器轮与钢丝绳的摩擦力，导致轿厢下行时限速器钢丝绳有一较大的提起力拉动安全钳联动机构，导致安全钳动作，从而将轿厢减速直到停止，最后固定于导轨上。限速器 - 安全钳联动机构如图2-8所示，限速器如图2-9所示。

2. 曳引式乘客电梯轿厢必须装有安全钳，但有时对重或配重也会装有安全钳。当轿厢有效面积较大时，为保证轿厢平衡性，轿厢可能安装不止一套安全钳。当电梯装有多套安全钳时，只可使用渐进式安全钳。当对重侧装有安全钳时，对重侧安全钳的动作速度应大于轿厢侧安全钳的动作速度，且不大于10%。

3. 安全钳分为瞬时式和渐进式两大类，瞬时式安全钳只能用于速度不大于0.63 m/s 的电梯，渐进式安全钳可以用于所有速度的电梯。

4. 渐进式安全钳的平均减速度不大于电梯撞击缓冲器的减速度，限速器上的安全开关最迟在机械动作之前断开。

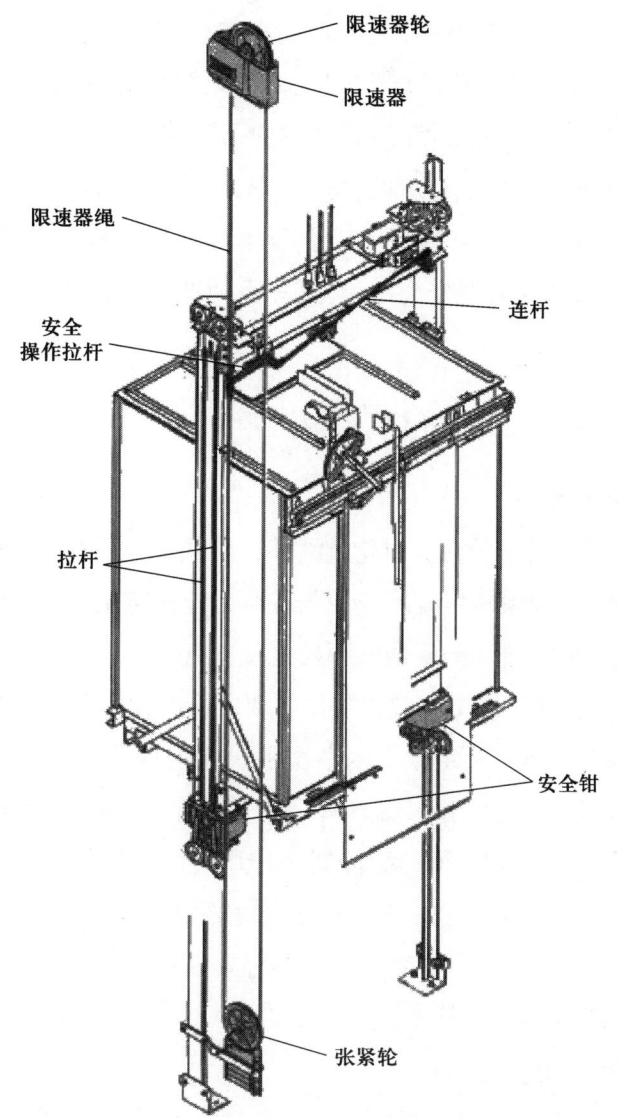

图 2-8 限速器-安全钳联动机构

二、电梯平衡系数的测量与调整

1. 当电梯轿厢装有一定重量的砝码，电梯运行到提升高度中段时，电梯曳引轮两侧钢丝绳张力一致，此时砝码重量与该电梯额定载荷的比值即为该电梯的平衡系数。

2. 根据《电梯监督检验和定期检验规则》规定，曳引与强制驱动电梯的平衡系

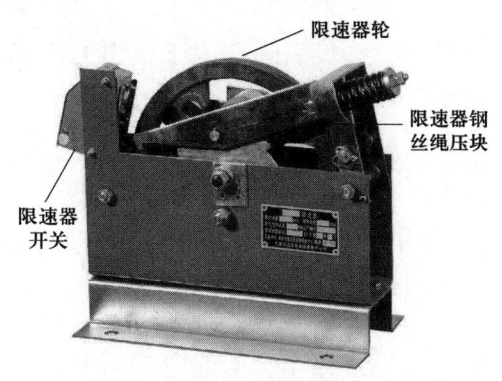

图 2-9 限速器

数应在 0.4 ~ 0.5 之间，或者符合制造（改造）单位的设计值。

3. 平衡系数偏大，曳引轮轿厢侧偏轻，轿厢空载时有向上滑移倾向；平衡系数偏小，曳引轮轿厢侧偏重，轿厢满载时有向下滑移倾向。

4. 根据《电梯监督检验和定期检验规则》规定，轿厢分别装载额定载荷的 30%、40%、45%、50%、60% 进行上下全程运行，当轿厢和对重运行到同一水平位置时，记录电动机的电流值，绘制电流 - 负荷曲线，以上下行运行曲线的交点确定平衡系数。

三、电梯曳引力不足与过剩检测

1. 曳引力不足检测

易导致曳引绳或曳引钢带在曳引轮上滑移，表现在空载上行过程，特别是空载上行减速时滑移明显，易导致轿厢实际位置与控制系统认定位置不一致，这就是工地常说的轿厢位置丢失，电梯自动向底楼或顶楼复位运行，严重时可能导致电梯运行软件出错保护。根据 GB/T 10058《电梯技术条件》要求，电梯曳引力要符合以下条件。

（1）轿厢装载至 125% 额定载荷的情况下，应保持平层状态不打滑。

（2）应保证在任何紧急制动状态下不管轿厢内是空载还是满载，其减速度的值不能超过缓冲器（包括减行程的缓冲器）作用时减速度的值。

一般现场检查方法有两种：一种是通过静载试验，以 125% 额定载荷进行静态试验；另一种是对于额定载荷按照单位轿厢有效面积不小于 200 kg/m^2 计算的汽车电梯，以 150% 额定载荷进行静态试验。历时 10 min，曳引绳应没有打滑现象。

2. 曳引力过剩检测

根据 GB/T 10058 要求，当对重压在缓冲器上而曳引机按电梯上行方向旋转时，应不能提起空载轿厢。曳引驱动电梯在电梯运行到端站后，如果电梯因故障继续运行，曳引绳会由于曳引力不足导致钢丝绳在曳引轮上打滑，电梯的轿厢和对重无法继续移动，证明曳引力和没有过剩。这也是曳引电梯比卷筒式驱动提升设备更安全的原因。

四、电梯制动器的制动力检测

当电梯制动器的制动力不足时，空载电梯上行到顶楼或满载电梯下行到底楼时不能正常停车，引起电梯轿厢冲顶或蹲底。严重时，电梯在中间楼层停机时不能保持静止状态，导致电梯在开门状态溜车滑移，存在很大的安全风险。《电梯监督检验和定期检验规则》规定，电梯应每五年完成一次制动力检测试验，只有试验结果符合要求的电梯方可投入使用。

五、上行超速保护功能检测

当电梯空载或轻载时，轿厢侧重量远小于对重侧重量，当电梯速度不可控，轿厢向上快速溜车时，会以远大于设计的最大速度冲顶，存在很大的安全风险，因此电梯应有上行超速保护装置。上行超速保护装置可以作用在轿厢（轿厢上行安全钳）、对重（对重下行安全钳）、曳引绳（夹绳器）、曳引轮、曳引轮轴（无齿轮主机制动器）上，其动作速度下限是电梯额定速度的115%，上限不得超过轿厢安全钳的限速器动作速度的110%。

六、轿厢意外移动保护功能测试

当电梯轿厢发生意外移动时，应有一个装置使电梯减速直至停止，且轿厢移动距离在型式试验证书给出的范围内。

轿厢限速器 - 安全钳联动机构动作检测

操作步骤

步骤1 控制电梯

（1）在电梯基站、轿厢内及顶楼层门门口设置警示标志或护栏，将电梯运行到顶楼。

（2）通过对讲机确认电梯轿厢内无乘客，将电梯转慢车运行，点动下行后再次确认轿厢内无乘客，将电梯运行到轿顶略高出于顶楼平层位置。

步骤2 短接开关

（1）确认是否能观察到曳引轮上的钢丝绳滑移，如不能，则拆除曳引轮护罩。

（2）确认电梯是否有紧急电动运行，如果无紧急电动运行，则切断主电源，挂牌上锁验电。

（3）查阅电梯原理图，短接限速器开关和安全钳开关。

步骤3　测试联动机构

（1）电梯上电，操纵电梯慢车向下运行，如果电梯运行状态下动作限速器有安全风险，或运行状态下不易使安全钳动作，可以在上电前使限速器棘爪（见图2-10）动作。

图2-10　手动限速器棘爪

（2）电梯慢车下行，依次会引起限速器开关动作、限速器动作、安全钳动作、安全钳开关动作。继续下行，观察曳引轮向轿厢下行方向运转，曳引绳在曳引轮上滑移，则证明安全钳已经动作，安全钳联动机构完好；如果电梯使用钢带曳引，由于钢带表面材料抗磨损能力低，钢带在曳引轮上开始滑移的瞬间电梯就会停车，因此需仔细观察。

步骤4　判断安全钳的动作

（1）如果是钢带曳引电梯，需确认安全钳的动作情况。

（2）进入轿顶，检查安全钳提拉机构，确认安全钳已经动作。

步骤5　复位电梯

（1）电梯慢车点动上行，复位安全钳。

（2）切断主电源，挂牌上锁，拆除短接线，复位限速器，进入轿顶，复位安全钳开关。

（3）慢车上下试运行无异常，转正常速度上下试运行无异常，移除防护栏或警示标志，电梯交付使用。

注意事项

1. 如无须短接安全钳，应不短接，可先慢车运行测试是否为紧急电动运行状态。

2. 短接限速器和安全钳前应确保处于失电状态。

3. 安全钳动作位置应在便于进出轿顶的位置，以防止轿厢上行时安全钳不能复位。

4. 应确保轿厢点动上行后，方可进行复位限速器及开关操作。

电梯平衡系数的测量与调整

操作步骤

步骤 1　物料准备

（1）将 125% 额定载荷的砝码搬运到电梯底楼，在电梯层门门口堆放。

（2）准备坐标纸，以左下角单元格交点为原点，以轿厢载荷和电动机输入电流分别作为横坐标和纵坐标，并定义坐标纸上每单元的重量和电流值。

（3）利用电流表或变频驱动电梯变频器，记录运行电流。

步骤 2　装载砝码

（1）在底楼，打开轿厢操纵箱，将电梯转独立运行状态，使电梯保持开门状态。

（2）将层门外准备的砝码均匀堆放到轿厢内，使轿厢载荷等于 30% 额定载荷，联系机房，操纵箱取消独立功能，机房取消外呼相应功能。

步骤 3　记录电流、载荷值，并在坐标中标出

（1）分别记录电梯上行到中间楼层的电流值和下行到中间楼层的电流值。

（2）在坐标中相应位置标出载荷、电流数据。

（3）以相同的方法在坐标中标出额定载荷 40%、45%、50%、60% 相对应的电流、载荷坐标点。

步骤 4　计算平衡系数

（1）沿坐标上的上行及下行方向画直线，使直线两侧的点均衡。

（2）沿坐标上的上行与下行线相交点向载荷坐标轴画垂直线，并相交于载荷坐标轴某一点。

（3）根据载荷轴的单位重量值计算垂直线交点对应的重量值。

（4）将垂直线交点对应的重量值除以额定载荷，得出电梯平衡系数，即 $k_{平} = \frac{445}{1\,000} = 0.445$。

坐标标注如图 2-11 所示。

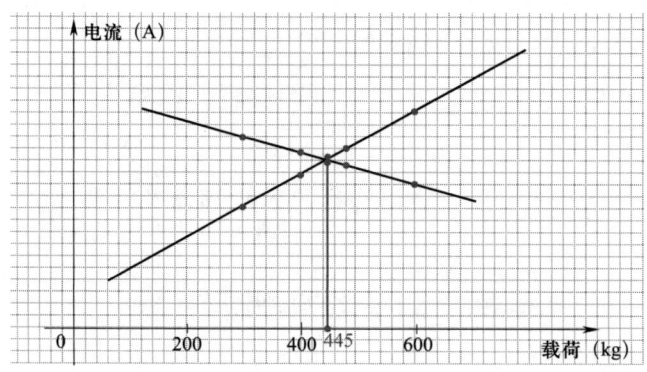

图 2-11　电流 - 载荷坐标标注

步骤 5　调整平衡系数

平衡系数在 0.4～0.5 之间，属于正常范围内。

当平衡系数偏小时，在对重框内增加对重块，偏大时减少对重框内的对重块，再重新检测平衡系数，直到平衡系数符合设计要求。

注意事项

平衡系数一般在 0.4～0.5 之间或符合设计值。电梯多用于载荷较大的情况时，建议平衡系数接近较大值；电梯多用于载荷较小的情况时，建议平衡系数接近较小值。

电梯曳引力不足检测

操作步骤

步骤 1　物料准备

（1）将 125% 额定载荷的砝码搬运到电梯底楼，在电梯层门门口堆放。

（2）准备一支记号笔，用于标记机房曳引绳打滑处。

（3）在底楼层门门口、基站设置警示标志或防护栏。

步骤 2　控制电梯

（1）将电梯运行到底楼。

（2）打开操纵箱，将电梯转独立或司机状态，电梯机房转慢车状态，切断主电源，挂牌上锁验电。

步骤 3　装载砝码

（1）将砝码靠轿厢内侧由内而外均匀摆放在轿厢内，如图 2-12 所示。

（2）在轿厢载荷达到或接近 100% 额定载荷时，严禁作业人员跨入轿厢，应在层门外摆放砝码。

图 2-12　电梯轿厢内均匀堆放砝码

（3）在摆放砝码过程中，由于绳头弹簧压缩、钢丝绳伸长、轿厢缓冲垫压缩，轿厢会下沉，这是正常现象，不是钢丝绳曳引力不足导致的滑移。

步骤 4　测量下沉距离

（1）当轿厢载荷达到 125% 额定载荷后，测量轿厢踏板与层门踏板上表面的高度差，并记录。

（2）10 min 后再次测量高度差，检查高度差是否有变化，如果高度差大于 20 mm，则应进一步检查曳引力。

（3）进入机房，拆除曳引轮罩，使用记号笔在曳引轮、钢丝绳、主机的同一直线上分别做标记，如图 2-13 所示。

图 2-13　测试曳引力标记

步骤 5　结果判断

轿厢加载 10 min 后观察标记是否仍在同一直线上：如果电梯仅钢丝绳向电梯下行方向滑移，证明曳引力不足；如果曳引轮向轿厢下行方向旋转，钢丝绳与曳引轮标记在同一直线上，证明制动器制动力不足以完成曳引力试验而导致轿厢向下移动，应增大制动力后重新测试；直到曳引力、制动力都足够大，三标记在同一直线上。由标记判断曳引力如图 2-14 所示。

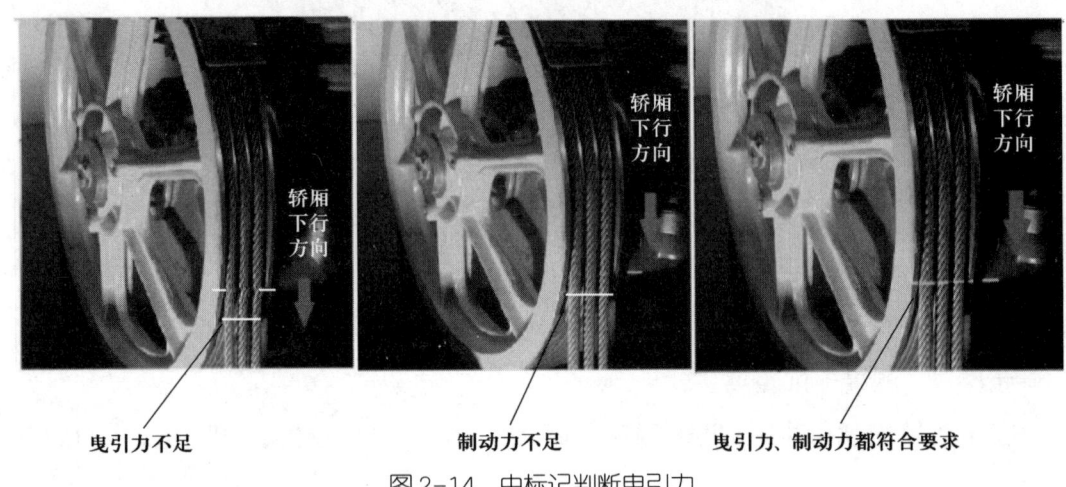

图 2-14　由标记判断曳引力

注意事项

1. 为保证检测结果的准确性，曳引力不足检测建议在制动力测试和平衡系数测试符合要求后进行。

2. 检查安全钳，在安全钳安装位置正常后进行。

3. 建议多人操作，通过观察曳引轮上钢丝绳的滑移判断其是否打滑。

电梯曳引力过剩检测

操作步骤

步骤 1　控制电梯

（1）在电梯基站、轿厢内、顶楼层门处设置警示标志或防护栏。

（2）将电梯运行到顶楼，清理轿厢内、轿顶与电梯无关的物品。

（3）电梯转慢车状态，通过机房对讲机确认轿厢内无乘客。

（4）机房慢车点动下行，再次通过机房对讲机确认轿厢内无乘客。

（5）观察是否能清楚看到曳引轮及钢丝绳，如果曳引轮罩影响观察，应拆除曳引轮罩。

（6）电梯转紧急电动运行直至对重压实缓冲器，如果不能上行，短接上限位开关。

（7）如果电梯无紧急电动运行，限位开关、极限开关、对重缓冲器开关应在轿厢刚高于顶楼平层位置时动作，使轿厢不能上行，此时观察电梯安全回路，如果安全回路不通，短接安全回路后继续点动上行。

（8）确保电梯始终可以慢车上行。

步骤2　测试准备

（1）电梯向上慢车运行。

（2）观察曳引轮及钢丝绳的运行状态。

步骤3　测试曳引力

（1）当曳引轮向轿厢上行的方向旋转，而钢丝绳在曳引轮上打滑，可停止运行。

（2）如果发现钢丝绳一直与曳引轮同步旋转上行，可观察曳引轮的对重侧钢丝绳，如果对重侧钢丝绳松动，停止运行。

（3）对于表面为非金属材料的曳引钢带，电梯可能运行到一定状态时停止运行，观察安全回路是否处于接通状态。

步骤4　测试结果判断

（1）如果观察到钢丝绳在曳引轮上打滑，测试结果正常，说明曳引力没有过剩。

（2）如果电梯上行到对重应超过预估压实缓冲器的位置，钢丝绳仍没有打滑，可停车切断主电源后使用工具下压曳引轮对重侧钢丝绳。如果钢丝绳已经松动，说明曳引力过剩；如果钢丝绳没有松动，说明对重还没有压实缓冲器，可将电梯上电继续慢车上行。

（3）对于表面非金属材料的曳引钢带，可停车切断主电源后使用工具下压曳引轮对重侧钢带。如果钢带已经松动，说明曳引力过剩；如果钢带没有松动，则说明曳引力不过剩。

步骤5　复位电梯

（1）测试完毕，电梯慢车下行到进入轿顶合适的位置。

（2）切断主电源，挂牌上锁，拆除短接线（如有），安装曳引轮护罩。

（3）进入轿顶检查限位极限开关，进入底坑复位对重缓冲器开关。

（4）电梯上电，轿顶测试上限位和上极限开关。

（5）电梯转正常状态，试运行无异常。

（6）检查工具，移除警示标志或防护栏，电梯交付使用。

注意事项

1. 应在查阅图纸并切断主电源，确认短接回路失电后短接。

2. 拆除短接线之前，应确认短接回路已失电。

3. 拆除曳引轮罩后，电梯不能快车自动运行。

4. 检查曳引轮对重侧钢丝绳或钢带是否松弛时，应使用工具（如长棍）表面接近钢丝绳或钢带，防止轿厢突然下滑导致钢丝绳或钢带跳动，引起伤害事故。

5. 当高层电梯的钢丝绳或钢带较重时，应估算钢丝绳或钢带自重引起的张力。

6. 钢带应避免在曳引轮上持续滑移，以免磨损。

电梯制动器制动力检测

操作步骤

步骤1　准备工作

（1）将125%额定载荷的砝码搬运到电梯基站或底楼层门门口。

（2）在电梯基站和顶楼层门处设置警示标志或防护栏。

（3）将约30%额定载荷的砝码通过电梯运输到顶楼，并堆放在顶楼层门门口。

（4）将其余砝码一次性均匀堆放到轿厢内，并运行到顶楼平层位置。

（5）进入机房，取消电梯响应外呼的功能。

步骤2　装载砝码

将125%额定载荷的砝码均匀地堆放在轿厢内，关闭电梯轿门和层门。

步骤3　测试操作

（1）一人在电梯所在楼层外看管，确保无乘客进入电梯。

（2）一人在机房，输入底楼运行指令。

（3）电梯启动向下并加速运行。

（4）将电梯到达额定速度后的第一个或第二个平层位置约定为停止运行位置。

（5）观察电梯控制柜平层信号及运行楼层位置，当电梯运行到预定位置时按下急停按钮或切断主电源。

步骤 4　结果判断

（1）电梯减速并停止运行。

（2）通过打开不大于 10 cm 的层门缝观察轿厢所停位置，并根据停车预定位置估算或测量轿厢制动距离。

（3）根据标准要求，电梯能减速停车，说明制动器的制动力符合要求。

（4）如果轿厢直接撞击缓冲器，则可重复试验，且在保证达到额定速度时尽早停止电梯。

（5）如果电梯安全钳动作使电梯制停，说明电梯制动力试验失败，应检查调整制动器后重新试验。

步骤 5　复位电梯

（1）每次试验结束后，应切断主电源，挂牌上锁，打开层门和轿门，在层门外搬运轿门门口的砝码，使轿厢内重量小于额定载荷后，将电梯下行到基站，进入轿厢，移出剩余的砝码。

（2）如果电梯轿厢停在楼层中间位置，应通过慢车下行的方法下行到平层位置后打开轿门，移出轿厢内的砝码。

（3）如果安全钳动作，可将电梯紧急电动运行，向上移动轿厢，复位安全钳后移出砝码。

（4）如果安全钳动作或轿厢撞击缓冲器，移出砝码后还应分别进入轿顶或底坑，复位轿厢侧缓冲器或安全钳开关。

（5）如果安全钳动作，复位轿厢后还应检查导轨和安全钳，如导轨有金属毛刺等损伤，应修复导轨，如安全钳楔块内有金属碎屑，应修复或清理后才可以进行下次试验。

（6）完成试验后，恢复称重功能、外呼功能，交付使用。

注意事项

1. 搬运砝码时，当轿厢内载荷达到或接近额定载荷时，人员应在层门外操作。

2. 测试制动力时，严禁有乘客或作业人员进入轿厢。确保任何时候不以人体重量作为砝码重量的补充。

3. 制动力试验前应确保电梯的平衡系数和曳引力符合设计要求。

4. 为避免损坏轿厢或其他电梯部件，建议试验前检查、调整安全钳；检查轿厢的上下导靴间隙合适，靴衬的磨损在允许范围内；检查缓冲器的安装位置及垂直度符合要求，液压缓冲器已加注专用液压油。

上行超速保护功能检测

操作步骤

步骤1　测试准备

（1）在电梯基站、轿厢内、顶楼层门处设置警示标志或防护栏。

（2）将电梯空载运行至底楼。

（3）查阅电梯随机文件，确认触发上行超速保护的部件或开关，一般上行超速保护由限速器开关触发。

（4）确认电梯的额定速度及限速器的动作速度。

步骤2　上行超速保护测试

（1）将电梯正常运行的最高速度设置为略大于限速器的动作速度。

（2）将电梯转正常状态，输入上行呼梯信号，电梯向上加速运行。

（3）当电梯上行达到一定速度时，限速器动作，上行超速保护装置触发，电梯减速停车。

步骤3　复位电梯

（1）将电梯转检修状态，切断电梯主电源。

（2）电梯上电，检修点动试运行正常。

（3）复位限速器，复位上行超速保护装置。

（4）移除警示标志或防护栏，电梯恢复正常使用。

轿厢意外移动保护功能测试

操作步骤

步骤1　测试准备

（1）在电梯基站、轿厢内、顶楼层门处设置警示标志或防护栏。

（2）在机房将电梯转检修状态。

步骤2　测试

（1）关闭轿门及所有层门。

（2）将空载电梯停于较低楼层，满载电梯停于较高楼层。

（3）断开某一层的层门门锁开关，使电梯层门门锁回路断路。

（4）利用层门门旁路开关短接层门门锁回路。

（5）设置电梯变频器参数，使变频器输出模拟电梯向上（空载）或向下（满载）的自由滑行。

（6）当电梯开出门区后断开门旁路开关，由于门锁回路断路，切断了电梯变频器的输出，同时制动器释放，电梯停止运动。

步骤3　测试结果判断

测量电梯轿厢移动距离，判断轿厢意外移动功能是否符合要求。

注意事项

目前电梯大多采用微机控制方式，一般电梯厂家会设计专用的测试软件，可以按照测试步骤完成轿厢意外移动功能测试。

培训单元5　限速器校验

能够对限速器进行校验

一、限速器校验频次要求

1. 当轿厢向下超速运行或坠落，限速器旋转速度达到动作速度时，限速器停止运转，同时夹紧限速器钢丝绳，使钢丝绳对下行的安全钳提拉机构产生较大的提拉力，该提拉力至少为300 N或使安全钳动作所需提拉力的两倍，取其中较大值。

2. 限速器应每两年进行一次校验，当限速器使用时间达到15年后，应每年校验一次。

二、限速器电气与机械动作速度的范围要求

1. 限速器电气开关最迟在限速器机械动作之前断开。

2. 由于电梯的实际运行速度应在额定速度的 92%~105% 之间,因此,限速器电气保护开关的最低动作速度应高于额定速度的 105%。

3. 限速器的动作速度应发生在至少等于额定速度（V）的 115%,但应小于以下值。

（1）对于除了不可脱落滚柱式以外的瞬时式安全钳装置为 0.8 m/s。

（2）对于不可脱落滚柱式安全钳装置为 1 m/s。

（3）对于额定速度小于或等于 1 m/s 的渐进式安全钳装置为 1.5 m/s。

（4）对于额定速度大于 1 m/s 的渐进式安全钳装置为 $1.25v+0.25/v$（m/s）。

技能要求

限速器校验

操作步骤

步骤 1　拆除限速器

（1）有机房电梯

1）在基站、顶楼层门处及轿厢内设置警示标志或防护栏,进入底坑,将张紧轮顶起,使钢丝绳张力减小到便于操作的状态。

2）机房慢车运行电梯,使轿厢停在便于进出轿顶的位置。

3）切断主电源,挂牌上锁,打开层门,按下轿顶急停按钮,轿顶转检修状态,进入轿顶。

4）固定钢丝绳

①使用 U 形夹将电梯提拉机构下方的钢丝绳固定。

②如果安全钳提拉机构在轿厢下部,可将电梯运行到底楼,在底坑内松开钢丝绳,使用 U 形夹将限速器两绳头固定,慢慢拉动钢丝绳,使钢丝绳绳头到达轿顶位置,在底坑利用 U 形夹和小段钢丝绳将钢丝绳连接固定到提拉机构,再采用提拉机构在轿顶时一样的操作方法移除限速器。

5）在机房松开限速器固定螺栓，移除钢丝绳，将限速器搬运至校验位置进行校验。

（2）无机房电梯。如果需校验无机房电梯限速器，可在轿顶利用小段钢丝绳将限速器钢丝绳固定在限速器支架上，取下限速器，利用轿顶电源，在轿顶校验限速器。

步骤2　安装并使用校验仪

（1）仔细阅读限速器校验仪的使用说明书。

（2）将限速器和校验仪固定摆放，将校验限速器开关的导线连接到限速器开关，如图2-15所示。

图2-15　校验限速器开关接线

（3）按照使用说明书将校验仪的连接线插上，上电，如图2-16所示。

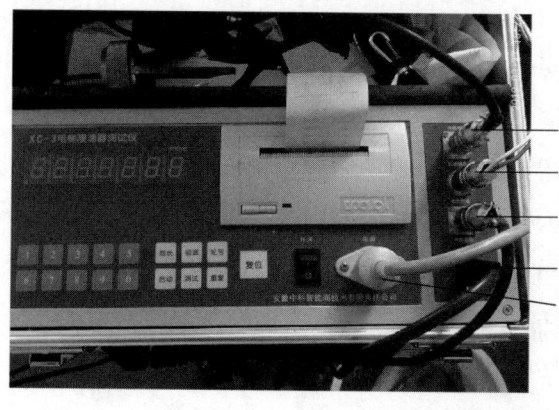

图2-16　限速器校验仪接线

（4）将校验限速器轮转动的磁铁贴到限速器轮侧，将霍尔感应器安装在接近磁铁的位置，如图2-17所示，磁铁有正反粘贴的要求，应根据说明书要求正确粘贴。

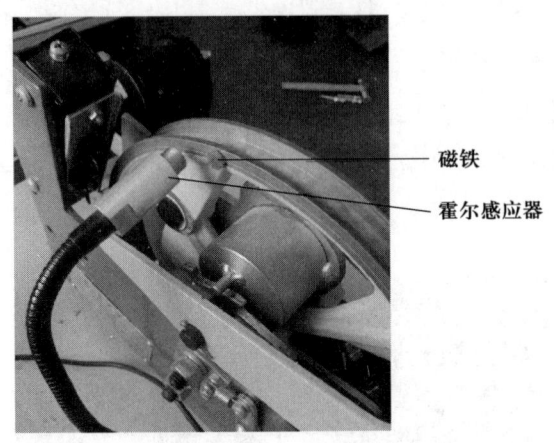

图2-17 磁铁的粘贴和霍尔感应器的安装

（5）根据说明书输入相关数据，限速器周长可根据限速器直径乘以π获得。

（6）将电动机头部转轮压紧在限速器轮外沿，按下"启动"按钮开始校验，此时校验仪读数不断跳动变大，当限速器开关动作断开时继续操作，直到限速器机械动作。

（7）从限速器校验仪的读数中查看限速器的开关断开速度和机械动作速度。

（8）根据电梯额定速度分别计算限速器的机械和电气开关动作范围，判断限速器是否符合该电梯使用要求。

步骤3 安装限速器

（1）断开电源，整理校验仪。

（2）根据电梯运行方向安装限速器。

（3）复位限速器的连接钢丝绳。

（4）电梯上下慢车试运行无异常后转正常速度试运行。

（5）检查工具，移除警示标志或防护栏，电梯交付使用。

注意事项

1. 为确保安全，在限速器-安全钳系统失效时，不能快车运行电梯，在慢车运行电梯时应确认轿厢、底坑、轿顶无人员。

2. 限速器校验仪输入参数一般应使用公制单位或参照使用说明书。

3. 校验仪带动限速器旋转的旋转轮有两个可选用，高速限速器选用较大直径的旋转轮，低速限速器选用较小直径的旋转轮，分别对应不同的参数。

4. 限速器动作速度不符合使用要求时，不允许现场手动调整，应更换限速器。拆下的限速器应送至限速器制造厂家调校或直接报废。

培训单元6　电梯控制系统部件故障诊断修理

能够诊断并修复电梯控制系统部件故障

一、电梯控制系统主要部件及功能

1. 交流异步电动机转速

交流异步电动机转速与输入电源的频率、电动机极数有关，计算公式如下：

$$n=\frac{F\times 60\times 2}{P}(1-S)$$

式中　n——电动机转速，r/min；

　　　F——电动机输入频率，Hz；

　　　P——极数，偶数；

　　　S——转差率，转差率=（同步转速－实际转速）/同步转速×100%。

改变F的调速方法为变频无级调速，改变P的调速方法为变极有级调速，改变S的调速方法为变压无级调速。

2. 主回路部件

（1）接触器

1）工频驱动电梯。一般为变极调速电梯，通过改变电梯极数来改变电动机的转速，由于电动机的极数确定后无法更改，因此在电梯额定速度较低时可以通过接触器的吸合与释放切换电动机的极数达到有级调速的目的，也可通过接触器的吸合与释放切换改变电动机输入的阻抗和感抗达到加减速时速度平缓的目的。

2）变频或调压驱动电梯。接触器一般安装在驱动装置的输入端或输出端，输入端接触器起保护驱动装置的作用，输出端接触器起保护电动机的作用，大多数电梯只有变频器输出接触器。

（2）驱动装置。一般为变频变压调速驱动装置，即变频器，在变频器广泛使用前也有变压调速驱动装置。

（3）过电流保护继电器。过电流保护继电器一般串接在主回路内，当输入电动机的电流高于允许值时，该继电器会动作导致安全回路断路，电梯停止运行，防止电动机被异常高电流损坏。

3. 控制回路

控制回路包括安全回路、门锁回路、制动回路、功能反馈回路、通信回路等，不同回路故障会导致不同的故障现象，而控制运行的参数设置偏差也会导致不同的运行故障表现，可根据故障现象进行分析、检查找到故障根源，修复故障。

二、电梯控制系统故障诊断修理的方法和思路

1. 启动电梯，观察电梯运行的故障现象。
2. 根据故障现象判断故障根源，并进行修复。
3. 通过控制原理图查找故障根源，并修复故障。

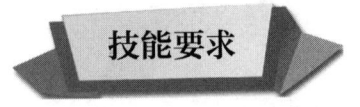
技能要求

主接触器触点损坏故障诊断修理

操作步骤

步骤 1　观察故障现象

（1）如果电梯有切断服务状态功能，首先将电梯处于非服务状态，即使电梯快车自动运行也不会响应外呼信号，必要时将电梯设置为不会自动开门的状态。

（2）在电梯层门处及轿厢内设置警示标志或防护栏后，将电梯转紧急电动状态。

（3）通过控制柜内的检修盒将电梯慢车上下试运行，发现电梯无法下行、空载上行速度异常、长距离连续运行、电梯控制系统报速度跟踪错误，导致电梯保护停车。

（4）测量电动机输入电压，发现三相电压不平衡。

步骤 2　根据故障现象分析原因

（1）一般来说，变频器输出正常，否则变频器内部故障检测可能导致电梯无法启动，故障有可能由变频器输出端的接触器主触点接触不良导致。

（2）分别测量接触器的输入和输出电压，发现输入和输出电压不一致，确认接触器主触点故障。

步骤 3　查找故障源并修复故障

（1）切断主电源，挂牌上锁验电，测量确认主接触器各输入输出接线端相间电压、接线端与接地线间的电压为零。

（2）打开接触器，观察接触器的主触点，发现主触点已损坏。

（3）更换同规格、同型号主接触器，电梯主电源上电。

（4）机房慢车试运行观察电梯运行状况无异常，电梯转正常后快车试运行无异常。

（5）检查工具，移除警示标志或防护栏，电梯交付使用。

注意事项

1. 非必须带电操作时，一律切断电源，上锁挂牌并验证断电后操作；必须带电操作时，应使用防护设备。

2. 试运行应避免影响乘客及附近相关人员的安全。

培训单元 7　电梯运行方向控制故障诊断修理

能够诊断并修复电梯运行方向控制故障

一、电梯运行方向的确定

1. 轿内指令确定运行方向

当电梯无任何呼梯信号时,第一个需要乘坐电梯的乘客在轿厢所在楼层外根据目的层按下外呼按钮,电梯开门,乘客在轿内按下目的层按钮,电梯关门后向乘客所需到达楼层的方向运行,运行期间有任何轿内指令或厅外召唤都优先完成该乘客已选定方向的运行任务。

2. 外呼信号确定运行方向

(1)运行中的电梯,如果接收到同向外呼信号,在电梯制动距离范围内,电梯无法响应,会在下次同向运行时响应;如果在电梯制动距离范围外,电梯会响应召唤,并及时减速停车。

(2)运行中的电梯,如果接收到反向外呼信号,电梯不会响应,但会在下次反向运行时响应该外呼信号。

3. 最远厅外召唤确定运行方向

在电梯无任何指令运行信号时,电梯接收到一个或多个与响应该信号的运行方向相反的外呼信号,电梯会响应最远楼层的反向信号,且到站时会改变运行方向灯,再逐层响应已经成为同向的其他召唤信号。

二、电梯运行方向错误故障分析

在电梯控制系统内,只有无运行方向、上行方向、下行方向三种状态,除少数电梯响应方向召唤减速时就切换方向指示灯外,一般电梯的运行方向与电梯运行方向指示灯一致。电梯运行方向错误主要有以下几种情况。

1. 开环控制的电梯,电梯输入错相,相位继电器不起作用。
2. 闭环控制的电梯,输出错相后,通过人为改变反馈信号的接线,使电梯指令运行方向与实际运行方向相反。
3. 慢车按钮方向控制线接反,慢车运行时运行方向与按钮指示方向相反。
4. 方向指示灯接线错误,导致运行方向与指示方向不一致。

5. 某些使用继电器或 PLC（可编程逻辑控制器）控制的电梯，由于井道内楼层信号元件故障或 PLC 程序受到干扰，引起电梯楼层显示错误，导致运行方向与信号控制方向不一致。

技能要求

开环控制电梯运行方向控制故障诊断修理

操作步骤

步骤 1　修理防护准备

（1）在电梯基站、轿厢内设置警示标志或防护栏。

（2）根据电梯控制原理，（如果可以）取消电梯响应外呼功能，确认轿厢内无乘客后取消电梯自动开门功能。

步骤 2　快车试运行

在机房通过对讲机确认轿厢内无乘客后试运行电梯，电梯运行方向与指示方向不符，立即停止运行。

步骤 3　慢车试运行

（1）机房转慢车运行状态。

（2）慢车上下试运行，再次确认电梯运行方向与指示方向不符。

步骤 4　判断及修理

（1）查阅电梯技术资料，判断电梯为开环控制电梯。

（2）切断电梯主电源，挂牌上锁验电。

（3）更换控制柜输出到电动机的任意两根动力线。

（4）检查相位继电器，修复相位继电器接线或更换继电器。

步骤 5　复位电梯

（1）慢车试运行，电梯无异常。

（2）将电梯转快车自动运行状态试运行，电梯无异常。

（3）恢复电梯正常运行服务功能。

（4）移除警示标志或防护栏，电梯交付使用。

注意事项

1. 快车试运行时确保电梯在上下行两个方向都有足够的运行距离,从而有足够的时间切断电梯主机供电。

2. 确保电梯不会以额定速度上行冲顶。

培训项目 2

井道设备诊断修理

培训单元 1　电梯层门门扇联动故障诊断修理

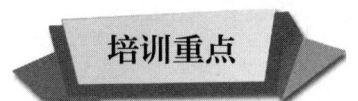

能够诊断并修复电梯层门门扇联动故障

一、层门的作用与工作原理

1. 层门的作用

电梯层门由层门悬挂装置、门扇和地坎组成,其主要作用如下。

(1)当层门没有完全关闭时,层门门锁电气触点没有接通,电梯无法启动运行。

(2)当轿厢不在该楼层时,层门无开门动力,不会自动开启层门。

(3)由于作业人员的疏忽,可能在电梯开门状态移动轿厢,轿门脱离层门,层门的门扇在强迫关门装置的作用下会自行关门,使层门门锁的锁紧元件锁紧,如无专用工具,无法从井道外开启层门。

(4)层门的门扇、门锁以及门锁的电气触点联合承担防止乘客坠落和剪切的作用。在关闭的层门前,乘客不会由于疏忽而进入井道,避免乘客坠落井道。

2. 层门的工作原理

（1）当电梯运行到某一楼层开门时，轿门在门电动机的作用下开启，通过轿门上的门刀等部件带动层门开启。

（2）当电梯层门没有彻底关闭时，电梯层门门锁触点断开，使电梯无法启动，从而确保乘客在层门门口时电梯处于停止状态，避免电梯突然启动而发生剪切事故。

（3）在没有外力作用下，电梯层门不会处于开启状态。开门状态下电梯不会启动使轿厢运行到其他楼层，避免层门处于开启状态而井道内无轿厢，引起乘客踏空坠落井道。

二、层门强迫关门功能

1. 电梯强迫关门装置一般是利用重锤的重力或弹簧，对电梯层门始终提供关门的附加力。

2. 无专用工具时，确保电梯层门无法从外部打开。

3. 当层门没有与轿门联动时，层门停在任何开门的位置时都能自动关门，门锁锁紧元件锁紧，门锁电气开关触点接通。

三、门锁回路控制原理

1. 当门锁回路的部件或线路发生故障，电梯停在平层位置，控制系统发出开门信号后，轿门与层门一起打开，门锁回路断开，控制系统不会记录门锁回路断开的信息。只有当电梯发出关门信号后，门锁回路应已接通而实际断开时，部分电梯会记录一次门锁回路断开的故障。

2. 当任一层门门扇或轿门门扇没有完全关闭时，电梯门锁回路断开，电梯不能启动运行。

3. 当门锁回路串接于安全回路中时，安全回路断开，门锁回路也会失电。控制系统显示安全回路断开的同时，也会显示门锁回路断开。

4. 当电梯具备再平层功能及提前开门功能时，电梯会在特定条件下，在门锁回路断开时启动并运行电梯。

5. 部分电梯的层门门锁回路与轿门门锁回路虽然是串联控制的，但分别输入电梯主控电路板。因此，如果安全回路断开，主板指示灯显示安全回路、层门门锁回路、轿门门锁回路都断开；如果安全回路接通，层门门锁断开，主控电路板显示安全回路接通，层门门锁回路、轿门门锁回路断开；如果仅为轿门门锁断开，主控电路板仅显示轿门门锁回路断开。

6. 部分电梯将层门门锁回路与轿门门锁回路通断信息分别输入控制电路板，当电梯门锁回路发生断开故障时，可以通过控制主板直接判断故障线路区域。

7. 为了方便维修，避免短接门锁回路带来的安全风险，有些电梯设计了短接部分门锁回路的门旁路系统，该门旁路系统应不可同时短接所有的层门门锁回路和轿门门锁回路，且当门旁路系统短接了层门门锁回路或轿门门锁回路后，电梯应不能快车运行，门旁路系统应有清晰可见的短接状态标志，能方便看到短接的是层门门锁回路还是轿门门锁回路。

四、电梯门锁回路走线

电梯门锁回路走线一般沿电流方向，门锁回路线沿井道电缆、随行电缆、机房控制柜敷设。即从机房到顶楼门锁开关，由上往下串联各楼层的层门门锁开关直到底楼，再从底楼回到机房，从机房沿随行电缆到轿厢，串联轿厢门锁后沿随行电缆回到控制柜，进入控制系统。

五、电梯门锁回路故障分析

电梯门锁回路故障是指由于门锁回路电压信号没有传输进入控制系统，当层门和轿门关闭后，电梯不能响应呼梯信号，无法启动。

根据电梯故障表现状况进行排查，缩小故障可能发生的区域，最终查出故障点，修复故障，事后应分析故障发生的原因，确保故障不会重复发生。

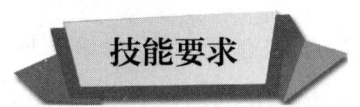

技能要求

层门门锁回路不通故障诊断修理

操作步骤

步骤1　维修防护

（1）在基站、轿厢所在楼层设置警示标志或防护栏，如果电梯停在可以打开轿门的开锁区域，在轿厢内设置警示标志或防护栏。

（2）确认轿厢内无乘客，完全关闭轿门、层门，必要时在层门外手动关闭轿门、层门。

（3）在机房通过对讲机再次确认轿厢内无乘客，将电梯转紧急电动运行。

步骤2　查找故障点

（1）在紧急电动运行状态下，电梯无法启动。

（2）查看控制主板输入信号指示灯，确认安全回路导通，门锁回路断开。

（3）如果控制系统有门旁路系统，将门旁路系统转换成短接层门门锁开关触点状态或短接轿门门锁开关触点状态。

1）如果短接层门门锁开关触点后，控制主板门锁输入信号指示灯显示导通，则说明门锁开关触点故障在层门侧回路。

2）如果短接轿门门锁开关触点后，控制主板门锁输入信号指示灯显示导通，则说明门锁开关触点故障在轿门侧回路。

3）门锁故障应出现在轿门门锁回路或层门门锁回路的其中一侧，所有门完全关闭后，一般不会发生随行电缆和井道电缆两侧回路同时断开的故障。

（4）如果没有门旁路系统，可通过短接部分门锁回路后查看控制主板门锁输入信号指示灯的方法确定门锁回路故障。

（5）一般门锁回路不通的故障发生在层门回路上，其中多数是层门门锁开关触点故障。

（6）运行中的电梯由于门锁回路的突然断开会立即停车，因此，使用中的电梯层门门锁回路不通，大多发生在轿厢所在楼层。

1）切断主电源，挂牌上锁验电，确认控制柜无电源输入。

2）查阅电梯原理图或接线图图纸，确认短接点。

3）短接层门侧门锁回路，上电，观察控制主板门锁输入信号指示灯显示导通，如果没有导通，切断主电源，短接轿门门锁回路。一般电梯门锁回路接通，控制主板门锁输入信号指示灯常亮。

4）将电梯紧急电动运行到进入轿顶合适的位置。

步骤3　调整修理层门

（1）打开电梯层门不大于100 mm的门缝观察，确认轿厢位置为易于进入轿顶的高度。

（2）打开层门，侧身按下轿顶急停按钮后关闭层门。机房紧急电动运行不能启动电梯，验证轿顶急停按钮有效。

（3）打开层门，侧身将轿顶转检修状态，复位轿顶急停按钮，关闭层门。机房紧急电动运行不能启动电梯，验证轿顶检修/正常转换开关有效。

（4）打开层门，按下急停按钮，进入轿顶后关闭层门。

（5）复位轿顶急停按钮，按照先下后上的顺序，轿顶检修试运行。如果轿顶检修不能运行，复位机房紧急电动运行开关至正常状态后重新轿顶试运行。

（6）检查故障发生时轿厢所在楼层的层门门锁开关，再通过轿顶检修检查其他楼层的层门门锁开关，直至修复故障。

步骤4 复位电梯

（1）将电梯运行到走出轿顶合适的位置，按下轿顶急停按钮，走出井道。

（2）如果机房已转正常运行，应先将机房转紧急电动运行，再在厅外使轿顶转正常运行，最后复位轿顶急停按钮，关闭层门。

（3）到机房复位门旁路系统，如使用短接线，应切断主电源后再拆除短接线。

（4）在门锁回路无旁路系统作用及任何短接线状态下，电梯转紧急电动慢车试运行，上下试运行无异常后转正常状态试运行。

（5）电梯试运行无异常，开通自动开关门功能，开通响应外呼功能后再次试运行。

（6）检查工具，移除警示标志或防护栏，电梯交付使用。

注意事项

1. 应通过电梯原理图或接线图确认短接点后再实施短接操作。

2. 应在控制柜无输入电源状态下实施短接操作和拆除短接线操作。

3. 任何时候不可将轿门门锁回路及层门门锁回路同时短接。

4. 在轿顶操作时，电梯应始终处于检修状态。

5. 轿顶有作业人员时，应由其控制电梯。

6. 在轿顶检修运行电梯时，不能有任何操作，身体、工具或其他临时部件不应突出轿顶边缘。

7. 短接层门门锁回路，应避免使用顶门器固定开启状态的层门后运行电梯，不能将轿厢开离开启层门的楼层。

培训单元2　电梯井道位置信号故障诊断修理

能够诊断并修复电梯井道位置信号故障

一、电梯井道位置信号开关的种类及作用

1. 端站开关

（1）强迫减速开关。当电梯正常速度运行到接近端站时，强迫减速开关动作，电梯立即转减速状态，确保电梯不会超越行程。强迫减速开关的主要功能如下。

1）同向运行强迫减速功能。

2）同向运行速度检测功能。

3）楼层信息验证、复位功能。

4）其他功能，如计算全程运行次数功能、与平层信号配合具备虚拟限位开关功能。

（2）限位开关。限位开关具有单向限制运行的功能，防止超越行程。

（3）极限开关。极限开关是限制电梯轿厢运行区域的行程开关，电梯只能在上下极限开关范围内运行，一般极限开关串接于安全回路中，当电梯上行超越上极限开关或下行超越下极限开关时，极限开关断开，安全回路断开，电梯无法启动运行。

2. 楼层信号开关

（1）楼层减速开关。一般用于速度不大于 1 m/s 的较低速度电梯，每一楼层安装一个信号开关，一般使用磁开关，该开关往往具备以下两个功能。

1）该开关动作，电梯显示楼层数。

2）电梯向目的层运行到一定位置时，该开关动作，电梯控制系统发出减速信号,电梯减速。

(2)平层开关。电梯运行到目的层,且减速到一定速度以下时,平层开关动作,电梯停车。电梯停车分两种控制方法。

1)零速制动器的制动,一般用于闭环矢量控制电梯,其驱动器、驱动接触器、制动器以及电梯运行速度的动作时续为:爬行速度→电气制动→零速→制动器制动→驱动器切断输出→驱动接触器释放。

此类电梯减速到停止的整个过程都由电气控制自动完成,因此平层准确度与电梯的运行方向和载荷无关,平层准确度较高。

2)非零速制动器的制动,一般用于低端电梯,如低速的变极调速电梯,该类电梯运行到目的层,减速到爬行速度时,平层开关动作,制动器释放,使电梯停在平层位置。此类停车方式平层准确度与电梯上行/下行、轿厢载荷有关,平层准确度较低。

二、电梯井道位置信号常见故障

1. 端站开关

(1)强迫减速开关故障。轿厢不在顶楼时显示顶楼楼层数,不能向上启动运行,可能上强迫减速开关误动作;不在底楼时显示底楼楼层数,不能向下启动运行,可能下强迫减速开关误动作;电梯向上冲层,可能上强迫减速开关动作太迟;电梯蹲底,可能下强迫减速开关动作太迟;电梯上下都不能启动运行,可能上/下强迫减速开关同时误动作。

(2)限位开关故障。电梯只能单向点动运行。

(3)极限开关故障。极限开关断开,电梯安全回路不能接通,电梯无法启动运行。

2. 楼层信号开关

(1)楼层减速开关故障。楼层显示错误或混乱、正常状态电梯不能启动、轿内指令不能登记、登记内外呼信号会异常开门等。

(2)平层开关故障。电梯楼层错误、电梯运行到目的层不开门、正常状态运行冲层等。

楼层显示信号故障诊断修理

操作步骤

步骤1　修理装备

（1）在电梯基站、轿厢内设置警示标志或防护栏。

（2）根据电梯控制原理，（如果可以）取消电梯响应外呼功能，在确认轿厢内无乘客时取消电梯自动开门功能。

步骤2　观察故障信号

（1）观察电梯正常运行时的楼层显示信号变化，结合控制柜强迫减速开关指示灯的变化判断强迫减速开关是否正常。

（2）若电梯在正常运行状态下不能启动，转紧急电动运行，结合电梯所在楼层显示信号及电梯主控板强迫减速指示灯的变化判断故障。

步骤3　查找故障点

（1）上强迫减速开关故障

1）当电梯停在中间楼层时显示上端站楼层，初步判定上强迫减速开关故障。

2）查阅图纸，确认上强迫减速开关信号的控制柜输入线。

3）电梯转紧急电动运行，使用万用表测量强迫减速开关的电压等级，确认上强迫减速开关信号输入错误。

（2）下强迫减速开关故障

1）当电梯停在中间楼层时显示下端站楼层，初步判定下强迫减速开关故障。

2）查阅图纸，确认下强迫减速开关信号的控制柜输入线。

3）电梯转紧急电动运行，使用万用表测量强迫减速开关的电压等级，确认下强迫减速开关信号输入错误。

步骤4　修复故障

（1）对于上强迫减速开关信号故障，作业人员进入电梯轿顶检查上强迫减速开关，如果开关故障，切断电梯主电源或强迫减速开关供电回路，完成开关终端验电，确认开关失电状态后更换或调整开关。

（2）对于下强迫减速开关信号故障，将电梯开离底楼，作业人员进入电梯底坑，利用爬梯接近下强迫减速开关进行检查，如果开关故障，切断电梯主电源或强迫减速开关供电回路，完成开关终端验电，确认开关失电状态后更换或调整开关。

（3）压迫强迫减速开关的机械部件平直，防止开关在电梯运行时发生连续通断的状态改变。如果开关动作灵活、触点完好，可在轿顶检修运行电梯到端站，观察上行强迫减速开关的安装位置是否合理，如不合理可调整开关安装位置或调整动作开关的机械部件，使电梯在到达开关位置后能可靠地使开关动作，且电梯轿厢向端站继续运行，如果机械部件继续压到开关，应保证开关连续动作。一般开关平面与机械挡杆部件平面间距离以 8～15 mm 为宜。

步骤 5　复位电梯

（1）电梯在端站紧急电动连续上下运行，强迫减速开关指示灯动作正常。

（2）电梯转正常运行，多次快车运行到该端站，电梯楼层显示正常，端站启动或中间楼层启动正常，强迫减速开关指示灯动作正常。

（3）检查工具，移除警示标志或防护栏，电梯交付使用。

注意事项

1. 当电梯处于紧急电动运行状态时进入轿顶或底坑，必须同时按下轿顶急停按钮、轿顶检修开关、底坑急停按钮。

2. 需打开强迫减速开关检查时，应切断开关回路电源，同时使用万用表验证开关的四个触点不带电。

3. 需紧急电动运行或快车运行观察及测试时，应有防止乘客进入轿厢的措施，如切断外呼功能、切断自动开门功能等。

电梯平层信号故障诊断修理

操作步骤

步骤 1　观察故障现象

（1）在基站及轿厢内设置警示标志或防护栏。

（2）如果电梯故障与自动开关门无关，应切断电梯外呼功能和自动开门功能。

（3）在机房，使电梯正常状态上下运行，观察电梯运行故障状态。

步骤 2　分析故障

（1）电梯平层信号故障一般不影响紧急电动运行或检修运行，但会影响正常运行时的平层、楼层显示信号甚至正常启动运行功能。

（2）电梯故障仅发生在某一层，一般考虑故障点在井道或随行电缆上。

（3）电梯减速爬行后停车平层，平层准确度偏差大，停车时楼层显示信号出错，电梯正常运行时经过某一楼层时位置错误、楼层显示信号错误。

（4）通过观察电梯控制主板门锁输入信号指示灯，确认平层信号输入错误。

步骤 3　修复故障

（1）电梯转紧急电动运行，将电梯慢车运行到故障楼层附近便于进入轿顶的位置。

（2）依次验证层门门锁开关、轿顶急停按钮、轿顶正常/检修转换开关有效后进入轿顶。

（3）通过观察平层开关安装位置、平层插板安装位置、平层光电开关指示灯，用万用表测量平层信号的输出等措施确认故障点。

（4）如果开关损坏，更换开关；如果线路故障，更换导线；如果平层插板、开关位置不合适，调整插板或开关位置。

步骤 4　复位电梯

（1）修理完毕，到机房，慢车运行让电梯在故障楼层反复上下试运行，观察并确认平层信号正常。

（2）电梯转正常状态试运行无异常。

（3）移除警示标志或防护栏，电梯交付使用。

注意事项

1. 由于不同品牌、不同型号的电梯在设计中存在差异，在修理前应仔细阅读电梯的控制原理图、使用说明书等与该故障诊断修理相关的资料。

2. 由于平层信号故障的诊断修理可能需要通过大量的正常状态运行来观察电梯故障现象，为减少对乘客使用电梯的影响，建议断开群控、并联功能。

3. 由于平层信号控制电路一般使用 30 V 以下的低压电路，修理中涉及线路紧固、导线更换、电气元器件更换时应断开操作回路的电源，防止短路等原因损坏电气元器件。涉及带电操作的，应终端验电确认无高压电击风险后方可操作。

培训单元 3　电梯内外呼按钮故障诊断修理

能够诊断并修复电梯内外呼按钮故障

一、电梯内外呼按钮的种类与作用

1. 电梯的呼梯信号分内呼和外呼。内呼一般又称轿内指令信号；外呼又分为上呼信号和下呼信号，又称上召信号和下召信号。

2. 从控制方式来分，电梯的呼梯控制方式分以下几种。

（1）只能响应轿内指令信号或只能由层门外按钮启动的电梯为按钮控制电梯。这类电梯一般用于杂物电梯，如餐梯。

（2）外呼信号只能向轿内司机提供呼梯信息，不能驱动电梯，轿内司机得到层门外呼信息后按下指令，启动电梯，这种控制方式称为信号控制。这类电梯为有司机操作电梯。

（3）现在一般的乘客电梯、客货两用电梯都能响应内外呼信号，电梯自动关门后，登记外呼或内呼信号，电梯自动定向，有多个呼梯信号登记时能自动确定目的层，在控制系统没有发出减速信号时接收到允许方向信号指令或同向外呼信号时能顺向截车，无指令时自动运行到最远距离的反向召唤。这种控制方式称为集选控制方式。

3. 当电梯处于满载状态时，电梯不响应同向召唤信号，即自动转入满载直驶状态。

二、电梯内外呼按钮故障分析

目前常用的微机控制电梯只能设置功能参数，而不允许更改控制程序，该类电梯的内外呼信号故障主要有：按钮卡阻不能弹出复位、按下按钮时触点不能接通、按钮灯损坏、按钮信号不能输入到电梯主控板、按钮灯信号中断等。

由于大部分微机控制电梯都采用串行通信，该通信方式应安装有远程通信板，即楼层信号通信板，用于将电压信号、楼层信号、召唤按钮灯信号与串行通信进行转换。

如果通信线路故障或电梯主控板通信输入口故障，会导致所有通过该通信线传输信号的功能故障。该类故障一般分两种情况：某一楼层通信板故障只影响故障楼层的按钮信号登记、按钮灯输出、楼层显示信号，或其中一项功能；某一楼层通信板故障导致该电梯的所有外呼按钮故障，甚至电梯不能启动运行。

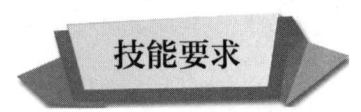

电梯内外呼按钮故障诊断修理

操作步骤

步骤1　在基站、故障楼层、轿厢内设置警示标志或防护栏

步骤2　观察内外呼按钮的故障现象

（1）了解故障按钮位置和故障现象。

（2）电梯处于正常运行状态。

（3）到按钮故障楼层或轿厢。

（4）将电梯开离故障按钮对应楼层。

（5）通过试按按钮观察。

步骤3　分析故障原因

（1）如果按钮灯不亮，观察电梯能否响应召唤或指令运行，如果能响应运行，说明信号已有效登记，故障在按钮灯信号输入、输出线路或按钮灯上。

（2）如果电梯不响应按钮信号运行，说明故障在按钮触点（微动开关）、按钮触点输出线路、远程通信线路板、电梯主控板通信地址设置等上。

步骤4　诊断与修复

（1）打开召唤盒或轿厢操纵箱，使用万用表测量召唤灯输入电压是否正常，如电压正常，往往是召唤按钮的发光元件损坏，切断电源后更换发光元件或按钮。

（2）如果按钮卡阻不能复位、按钮触点接触不良等原因导致按钮信号不登记，更换同型号同规格的按钮。

（3）在电梯正常运行状态下多次按下已修复或更换的按钮测试，电梯运行正常。

注意事项

为避免短路损坏元器件，在拆开和安装召唤盒、操纵箱时应切断电梯主电源，必要时切断轿厢照明电源。

培训单元4　上下极限开关故障诊断修理

能够诊断并修复上下极限开关故障

一、上下极限开关的工作原理

1. 电梯的上下极限开关为常闭开关，一般为自动复位开关，串接在安全回路中，当电梯转紧急电动运行时，紧急电动转换开关会短接上下极限开关。

2. 当电梯轿厢运行超越上（下）限位开关后继续上（下）行，上（下）极限开关动作，安全回路断路，电梯立即停止运行。

3. 在限位开关失效时，上下极限开关之间的行程是电梯在检修状态轿厢运行的最大行程。

二、上下极限开关的安装位置要求

1. 上极限开关的安装位置要求

（1）在顶楼平层位置或以上，轿厢在顶楼正常启动、停车不会使上极限开关断开。

（2）轿厢上行，上限位开关断开后轿厢继续上行，上极限开关才会断开。

（3）上极限开关位置不能过高，当电梯轿厢冲顶，只有在上极限开关动作后对重才撞击缓冲器，导致对重缓冲器开关动作。

2. 下极限开关的安装位置要求

（1）在底楼平层位置或以下，轿厢在底楼正常启动、停车不会使下极限开关断开。

（2）轿厢下行，下限位开关断开后轿厢继续下行，下极限开关才会断开。

（3）下极限开关位置不能过低，当电梯轿厢蹲底，只有在下极限开关动作后轿厢才撞击缓冲器，导致轿厢缓冲器开关动作。

三、上下极限开关故障分析

1. 极限开关断开，电梯不能启动。

2. 电梯紧急电动运行时，紧急电动运行开关短接上下极限开关，因此控制柜内可以紧急电动运行电梯，但轿顶检修运行不能启动电梯。

3. 当无紧急电动运行功能时，可以通过部分短接安全回路，结合轿厢位置判断极限开关故障，检查极限开关予以确认。

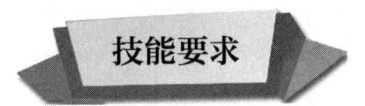
技能要求

电梯上下极限开关故障诊断修理

操作步骤

步骤 1　观察故障现象

（1）在电梯基站设置警示标志或防护栏，如果电梯停在平层位置，在轿厢内设置警示标志或防护栏，关闭层门和轿门。

（2）观察电梯轿厢超越端站平层位置。

（3）电梯不能启动，观察电梯主板输入指示灯，安全回路不通。

（4）电梯转紧急电动运行，观察电梯主板输入指示灯，安全回路接通。

（5）电梯切断响应外呼功能，切断电梯开门输出信号。

步骤 2　分析故障现象，判断故障原因

（1）如果电梯轿厢位置超越端站平层，可能该端站的极限开关已经断开。

（2）如果电梯不在端站，查看电梯电气原理图，紧急电动运行开关分别短接安全回路的安全钳开关、限速器开关、缓冲器开关、上行超速保护开关、上下极限开关，判断故障原因。

步骤3　修复故障

（1）如果电梯轿厢位置已经超越端站平层位置，将电梯转紧急电动运行后开离端站到楼层中间位置，转正常状态，观察并确认电梯主板输入指示灯正常，安全回路接通。

（2）如果电梯不在端站，检查机房限速器开关、上行超速开关，将电梯分别运行到合适位置，检查上下极限开关、安全钳开关、底坑开关。如果是上下极限开关故障，修复或更换损坏的极限开关。

步骤4　恢复电梯运行

（1）如果电梯超越端站引起极限开关断开，分析、检查电梯超越行程的原因，修复故障。

（2）电梯机房紧急电动运行状态分别上下试运行电梯，无异常后转正常状态试运行电梯。

（3）正常试运行无异常，移除警示标志或防护栏，电梯交付使用。

注意事项

1. 短接安全回路和拆除短接线时，均应切断主电源，挂牌上锁验电后再操作。

2. 机房紧急电动运行状态下，经验证层门门锁开关、轿顶急停按钮、检修/正常转换开关有效后方可进入轿顶，经验证层门门锁开关、底坑急停按钮有效后方可进入底坑。

3. 修理、更换极限开关时，如可能接触到带电导体，应切断主电源，挂牌上锁验电后再操作。

培训项目 3 轿厢对重设备诊断修理

培训单元 1　门系统机械装置故障诊断修理

培训重点

能够诊断并修复门系统机械装置故障

知识要求

门机构部件异常引起的故障,在初期通常表现为开关门时的异响或噪声,严重时会直接导致门机构失效(见图2-18),甚至发生事故。

以下按门结构各个部件失效引起的故障说明原因及其处理方法。

图 2-18　门机构失效

一、门扇联动机构

1. 钢丝绳运行打滑

联动钢丝绳太松,张力太小,会导致钢丝绳打滑,运行时速度异常,应调整张力至正常。

2. 运行异响

联动钢丝绳太紧,张力过大,会导致钢丝绳运行时阻力大,出现异响,应调整张力至正常。

二、门扇悬挂机构

1. 挂轮运行异响与卡阻

挂轮因门扇的调整不当或层门悬挂装置导轨积有异物,导致运行不畅,容易出现滚动摩擦变滑动摩擦的现象,从而产生异响,严重时会导致卡阻。

2. 偏心轮运行异响与卡阻

偏心轮主要起限位作用,防止挂板脱轨,因此其与导轨间隙越小越好,但偏心轮并不是运行的导向轮,其与上坎导轨过多接触会产生摩擦,从而产生异响,严重时会导致卡阻。

3. 挂板倾斜运行异响与卡阻

挂板倾斜会导致门扇倾斜,使门扇呈 V 字形或八字形,门扇底部也会与地坎摩擦,产生异响,严重时会导致卡阻。

三、开关门到位装置

1. 关门发出撞击声

关门到位后,关门限位橡胶块没有和门挂板接触,关门的过程中没有起限位作用,两块门扇关闭时没有间隙,在关门末段直接接触发出撞击声。如果门扇间隙上下不相等,关门时门扇的上端或下端也会发生轻微碰撞,产生撞击声。

2. 关门间隙过大,门锁不通

关门到位后,关门限位橡胶块提前和门挂板接触,两门扇关门间隙过大,会导致门锁锁钩无法锁闭,门锁触点不通,电梯无法运行。

3. 开门到位后门扇与门套不平齐

开门到位后，开门限位橡胶块和门挂板的位置调整不当，提前接触会导致门扇凸出门套，滞后接触会导致门扇凹进门套。

4. 开关门到位后回弹

如果限位装置没有调整好，且与门机开关门过程中曲线的末端配合不到位，会导致门机瞬间失速，出现撞击回弹的动作。特别是同步门刀的门机，在开关门末端有收刀或伸刀的动作，这时候的力矩较常规关门曲线时的力矩大，很容易出现回弹的现象。

技能要求

门扇联动机构故障诊断修理

操作步骤

步骤1 故障确认

联动钢丝绳太紧会增加关门的阻力，导致门关闭时反应迟钝，且会磨损钢丝绳及其绳轮；联动钢丝绳太松会引起开关门时的异响和噪声。如果不及时调整，也会引发门锁类的电气故障，会有故障记录。

以西子一体机为例，可以使用服务器按 M-1-2-1 Events，查看故障记录，并可查看故障出现的楼层。例如，通过表 2-4 查询到如下故障，可以知道在 11 楼出现的断门锁故障。

表 2-4 故障记录

显示			描述	值
	1	237	故障代码编号	
1 2 3 0237/DW in FR c003 t000020 p10 4 5 6	2	×	子故障编号	
	3	/DW in FR	故障名称	快车中层门门锁断开
	4	C003	故障次数	0~999
	5	t000020	故障离当前时间（分）	20分钟前发生
	6	10	故障楼层（从0开始）	第11个楼层

再与故障现象结合：若到达现场时已经出现门锁不通，电梯无法运行，那么轿厢所停靠的楼层层门就是异常的层门；如果只是导致门锁偶尔接触不良，可以通过故障记录查看出现门锁故障的楼层；如果没有故障记录，只是客户投诉异响，作业人员可以乘坐电梯诊断每层开关门的声音，判断并确认异响来自轿门还是层门。

步骤 2　项目检查

（1）检查钢丝绳的张紧程度，用手捏钢丝绳中间部位，钢丝绳被挤压的行程为 5~10 mm，如图 2-19 所示。手动开关门扇，不应有异响。

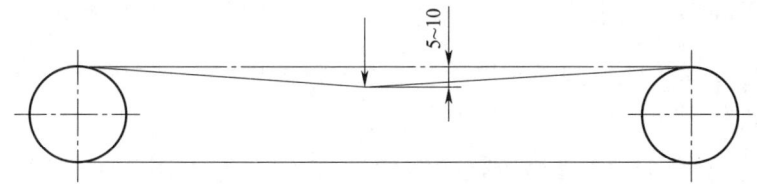

图 2-19　检查钢丝绳张紧程度

（2）观察钢丝绳是否生锈、磨损、断丝，如果情况较严重，则必须更换钢丝绳。如果钢丝绳太脏，可用棉布将钢丝绳擦干净。

（3）检查钢丝绳轮轴承转动是否灵活，不应存在严重的锈蚀、磨损和变形。

（4）检查联动钢丝绳端接装置是否可靠固定。

步骤 3　项目调整

检查联动钢丝绳的张紧状态后，应当先确认门缝是否居中。在张紧度调整过程中，应当同步调节主动门扇钢丝绳连接板的紧固和限位螺栓，否则会引起门扇偏移，导致关门后门缝不居中、门锁啮合异常、门刀层门门锁滚轮啮合异常等情况，引起其他故障。门扇联动机构如图 2-20 所示。

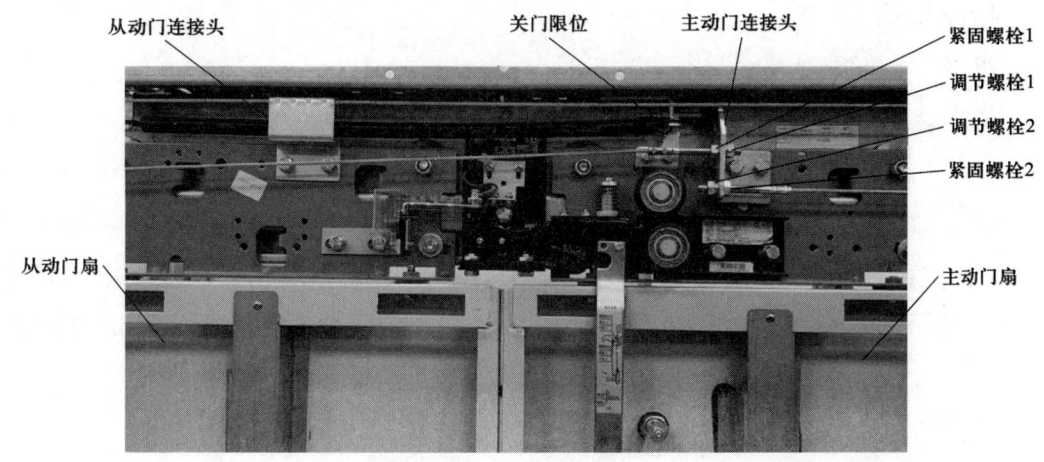

图 2-20　门扇联动机构

（1）门缝居中调整。通过同步调整主动门扇和从动门扇整体的偏移来调整门缝的居中，从动门扇通过连接头与联动钢丝绳连接。

门缝向左偏移时，需要整体向右调整，调长关门限位，使门缝居中，以相同圈数同时松开主动门连接头的紧固螺栓（1，2），以固定的圈数拧紧调节螺栓1，并同时以同样的圈数松开调节螺栓2，在保证联动钢丝绳张力不变的情况下，使门扇中缝整体向右移动。

门缝向右偏移时，需要整体向左调整，调短关门限位，使门缝居中，以相同圈数同时松开主动门连接头的紧固螺栓（1，2），以固定的圈数松开调节螺栓1，并同时以同样的圈数拧紧调节螺栓2，在保证联动钢丝绳张力不变的情况下，使门扇中缝整体向左移动。

（2）联动钢丝绳松紧调整。联动钢丝绳太松时，以相同圈数同时松开主动门连接头的紧固螺栓（1，2），并同步以相同的圈数紧固调节螺栓（1，2），直到张力合适，最后锁紧两侧螺栓。联动钢丝绳太紧时，以相同圈数同时松开主动门连接头的紧固螺栓（1，2），并同步以相同的圈数拧松调节螺栓（1，2），直到张力合适，最后锁紧两侧螺栓。

步骤4　故障修复

（1）按上述步骤反复调整，直到门扇居中，且联动钢丝绳张力合适。

（2）如果在调整中发现部件有损坏或达到失效报废标准，应予以及时更换。

门扇悬挂机构故障诊断修理

操作步骤

步骤1　故障确认

悬挂装置异常会引起开关门时的异响，严重时会导致开关门卡阻，无法正常开关门，如果不及时调整，也会引发门锁类的电气故障，会有故障记录。如果只是导致门锁偶尔开关门超时，可以通过故障记录查看出现开关门超时保护的楼层；如果没有故障记录，只是客户投诉异响，作业人员可以乘坐电梯诊断每层开关门的声音，或检修运行电梯测试每层开门及自动锁闭是否存在卡阻现象。

步骤2　项目检查

门扇悬挂机构如图2-21所示。

图 2-21 门扇悬挂机构

（1）手动开关层门，观察各机构转动是否灵活，门挂轮不应存在锈蚀或磨损。

（2）检查偏心轮固定螺栓松紧是否紧固，检查偏心轮与门导轨的距离，该距离应小于 0.5 mm。

（3）用手拨动偏心轮，在旋转的过程中，会在一个点上有明显的阻滞感，其他的地方都比较顺畅，确保偏心轮在紧急导轨内侧。

步骤 3　项目调整

（1）清除门导轨上的异物，切勿使用砂纸、刮刀等打磨工具对其进行打磨。

（2）调整偏心轮与上坎导轨之间的间隙，间隙控制在 0.5 mm 以内。

1）拧松偏心轮固定螺母，使偏心轮与层门上坎导轨不紧密接触。

2）用厚度 0.2 mm 的塞尺，插入偏心轮与门轨下端之间，随后向上移动偏心轮，向上压住塞尺。

3）紧固偏心轮固定螺母，如图 2-22 所示。

4）用上述方法，逐一调整各偏心轮与门导轨之间的运行间隙，完成初次调整后，反复开关层门，观察偏心轮运行是否顺畅。

5）实际操作过程中，可以使用相似厚度的纸片代替塞尺。

步骤 4　故障修复

按上述步骤反复调整，直到开关门顺畅且无异响。

图 2-22 紧固偏心轮固定螺母

注意事项

偏心轮又叫限位轮、防跳轮，其属于易损件，如出现轴承卡死，请及时更换。

培训单元 2　门刀机构及门锁锁闭装置故障诊断修理

能够诊断并修复电梯门刀机构故障
能够诊断并修复电梯门锁锁闭装置故障

一、门刀机构故障

1. 电梯运行中门刀刮擦层门门锁滚轮

一般门刀与层门门锁滚轮间隙调整过小，导致运行中轿厢在水平方向有轻微的摇晃时，门刀刮擦层门门锁滚轮。

2. 电梯运行中门刀刮擦层门地坎

门刀与地坎间隙过小或者门刀垂直度偏差较大，导致运行中轿厢在垂直方向有轻微的摇晃时，门刀刮擦层门地坎。

可使用线坠测量，调整门刀垂直度。

3. 门刀与层门门锁滚轮配合不同步导致撞击

门刀与层门门锁滚轮的间隙调整不当，导致在关门时层门较轿门先关闭而发生撞击。

调整确认层门门锁滚轮与前门刀片的距离为 10 mm，层门门锁滚轮与后门刀片的距离为 8 mm。

如果每一层都出现这种情况，通常是轿门门刀的位置发生了偏移；如果只是少数楼层有这种情况，通常是层门门锁滚轮机构位置发生了偏移。

二、门锁锁闭装置故障

1. 门锁啮合异常导致电梯不运行

轿门带动层门关闭时，层门门锁未完全闭合，门锁回路不通，电梯不运行。层门门锁常是重力型机构，门刀收刀与层门门锁滚轮作用力撤除之后，门锁靠重力摆动保证门锁触点啮合接通。导致层门门锁不能完全闭合的原因主要有以下两点。

（1）触点支架和层门门锁触片间隙过小，摩擦相碰，可以调整层门门锁触片和触点支架的间隙，啮合尺寸不小于 7 mm。

（2）层门门锁主支撑轴不灵活，可以清洁层门门锁主支撑轴，添加润滑油脂；如果主支撑轴损坏，应及时更换。

2. 同步门刀门锁锁钩间隙过大导致关门撞击

门板接近完全关闭时，有明显加速现象，造成关门撞击。

在关门曲线末段 3~4 cm 时有低速爬行，门完全关闭后门刀启动收刀，门锁锁钩间隙过大会导致提前收刀，引起实际的爬行距离减小，关门会以很快的速度完成，观察门板会有明显加速现象，有时会产生撞击。

3. 同步门刀门锁锁钩间隙过小导致开门异响或卡阻

开门时有明显卡阻现象，有时会有异响。

在开门时有一个门刀伸展的过程，锁钩和锁舌完全脱离后，门开始开启，锁钩间隙过小会导致门刀伸展时锁钩和锁舌刮擦，并且在开门时阻碍门开启。

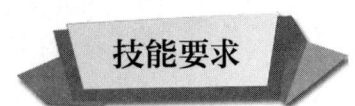

门刀机构与层门门锁滚轮配合故障诊断修理

操作步骤

步骤1 故障确认

轿门门刀与层门门锁滚轮调整不当，常见的情况有两种。一是门刀刮擦层门上坎或地坎以及附属部件产生异响，严重时会导致轿门门锁瞬间断开，电梯急停。二是运行时门刀碰撞层门门锁滚轮，产生异响，严重时会导致轿门或层门门锁瞬间断开，电梯急停。轿门门锁在门机关门保持力的作用下重新闭合，电梯恢复运行；层门门锁在门系统自闭装置作用下重新闭合，电梯恢复运行。因此作业人员到达现场时，电梯可能依旧在使用状态，可以结合故障记录锁定故障范围。

步骤2 项目检查

（1）轿门门刀的垂直度与地坎间隙检查。用线坠测量轿厢门刀的垂直度，通常在门刀的长度范围内，其垂直度允许误差不大于0.5 mm。如果门刀垂直度超差则需调整，前后方向可通过垫入塞片进行调整，左右方向可拧松轿厢门刀的安装螺栓，重新定位门刀。测量轿门门刀与层门地坎、层门门锁滚轮与轿厢地坎的间隙，一般在5～10 mm之间，电梯运行时不得互相刮擦。

（2）轿门门刀与层门门锁滚轮的位置检查。进入轿顶转检修运行逐层检查，测量门刀和层门门锁滚轮之间的间隙尺寸，一般在5～10 mm之间，门锁滚轮在两片门刀居中位置，电梯运行时滚轮与门刀不相碰，如图2-23所示。

步骤3 项目调整

（1）轿门门刀的左右位置调整。检修向上移动轿厢，使主动锁钩的门锁滚轮进入门刀，测量两侧刀片与对应门锁滚轮的间隙。当检查发现所有或者绝大部分的楼层均存在间隙异常问题时，需要移动门刀位置来调整间隙。为满足防扒门的设计，现多使用同步门刀（见图2-24），同步门刀通过法兰螺母与挂板上的压铆螺栓安装在门机挂板上。因此，同步门刀自身一般无法左右移动，只能通过调整挂板和门中心位置来调整。

（2）层门门锁滚轮的左右位置调整。测量门刀与层门门锁滚轮的左右间隙，左右相等时为最佳状态。当检查发现只有少数或个别楼层存在间隙异常问题时，可以调整该层的门锁滚轮左右位置。需要注意的是，调整了门锁滚轮，等于调整了主门锁锁钩位置，需要对该楼层的锁闭装置进行进一步验证。

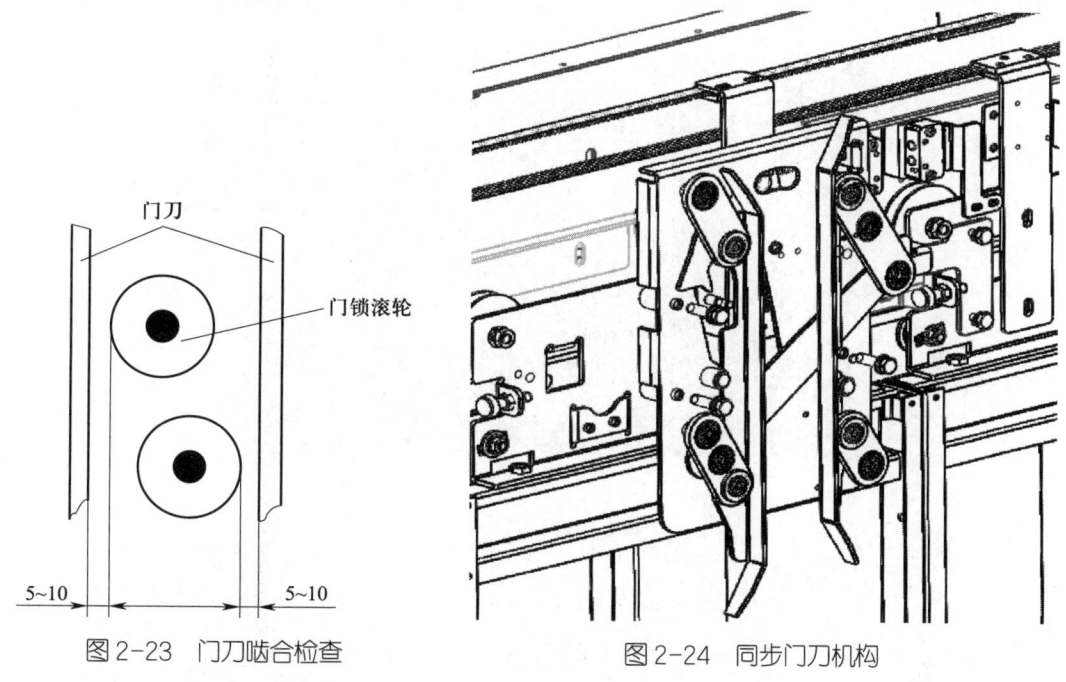

图2-23 门刀啮合检查　　　　　图2-24 同步门刀机构

步骤4　故障修复

（1）按上述步骤反复调整，直到门刀与地坎、门刀与层门门锁滚轮不会发生刮擦或碰撞。

（2）门刀和层门门锁滚轮的调整会引起其他间隙尺寸的变化，按照相关要求做进一步的调整。

门锁锁闭装置故障诊断修理

操作步骤

步骤1　故障确认

门锁异常多会引起门锁触点不通、门锁回路不通、电梯无法运行，或是运行中门锁突然断开，电梯急停，也会引发门锁类的电气故障，会有故障记录。如果到达现场时已经出现门锁不通，电梯无法运行，一般控制系统在逻辑板上都会有门锁指示灯。如果电梯仍旧在运行，说明是偶尔的门锁不通，可以查看故障记录。

步骤2　项目检查

（1）手动打开层门门锁机械锁钩，然后释放，观察锁钩落锁是否灵活，落锁是否到位。层门门锁在长期使用过程中，由于撞击变形、锈蚀的原因，会导致旋转轴运行不畅存在卡阻（见图2-25），此时应对层门门锁进行更换。

图2-25　门锁灵活度检查

（2）从层门外将三角钥匙插入锁孔，检查是否正常工作。如果动作不顺畅，通过调整三角锁摆杆和门锁顶杆的配合来调节，如图2-26所示。

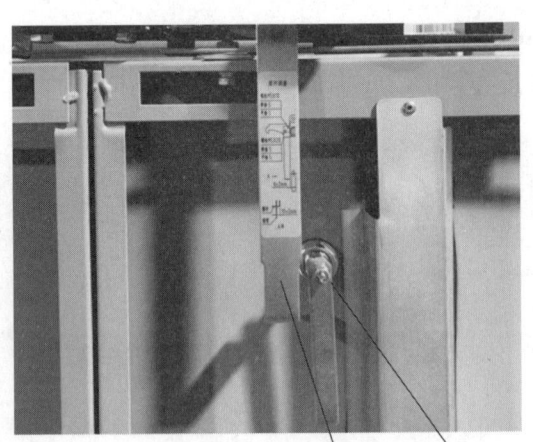

图2-26　三角锁灵活度检查

步骤3　项目调整

层门门锁由主动门锁和被动门锁组成，层门门锁的调整应符合以下要求。

（1）调整层门门锁滚轮，调整层门门锁锁钩啮合尺寸不小于7 mm，锁钩和锁舌之间留有 2 mm 的活动间隙。锁钩和锁舌啮合的前后方向中心对正，可以依据锁钩的运行痕迹判断是否居中，并进行调整。

（2）在保证锁钩啮合度达到 7 mm 以上的前提下，可以微调主、副触点（见图 2-27），调整后的触点应保证与触头接触时在触点的物理中心，且主、副触点的压缩行程一般应在 2～2.5 mm 之间。

图 2-27　门锁触点调整

（3）沿门开启方向在层门的下部同时用 150 N 的力拉两扇层门，门扇的最大缝隙为：中分门缝隙 ≤ 45 mm，旁开门缝隙 ≤ 30 mm，且被动门锁不能断开，如图 2-28 所示。

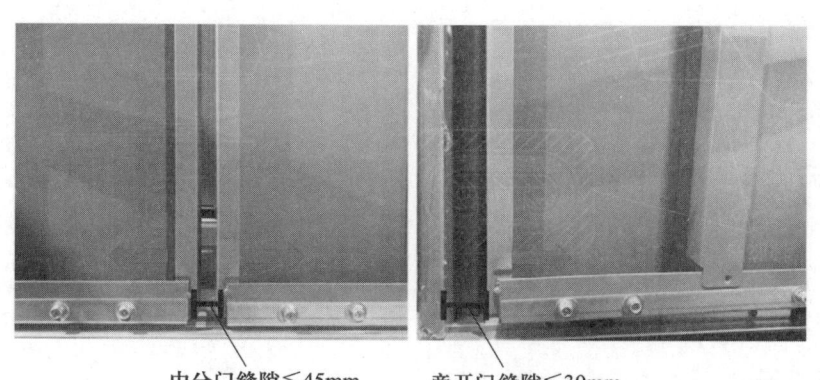

图 2-28　门扇缝隙检查

步骤 4　故障修复

（1）按上述步骤反复调整，直到锁闭和开启都正常，且啮合尺寸满足要求。

（2）门锁主、副触点均属于易损件，如出现明显氧化、点蚀，应及时更换。

培训项目 4　自动扶梯设备诊断修理

培训单元 1　安全回路故障诊断修理

能够诊断并修复自动扶梯安全回路故障

一、安全回路组成

1. 紧急停止装置

紧急停止装置应当设置在自动扶梯或者自动人行道出入口附近、明显并且易于接近的位置。为方便接近，必要时应当增设附加紧急停止装置。紧急停止装置之间的距离应当符合下列要求：自动扶梯，不超过 30 m；自动人行道，不超过 40 m。

2. 停止开关

在驱动站和转向站都应当设有停止开关（见图 2-29），如果驱动站已经设置了主开关，可以不设停止开关。对于驱动装置安装在梯级、踏板或者胶带上的载客分支和返回分支之间或者设置在转向站外面的自动扶梯与自动人行道，应当在驱动装置区段另设停止开关。

图 2-29 停止开关

3. 梳齿板安全装置

当有异物卡入，梳齿与梯级（或踏板）不能正常啮合，导致梳齿板与梯级（或踏板）发生碰撞，自动扶梯或者自动人行道自动停止运行。

梳齿板保护装置可以在水平和竖直两个方向上切断安全回路。当有异物卡在梳齿之间时，梳齿板会向后移动或向上抬起，连接在梳齿板上的摆杆触发安全开关动作，如图 2-30 所示。

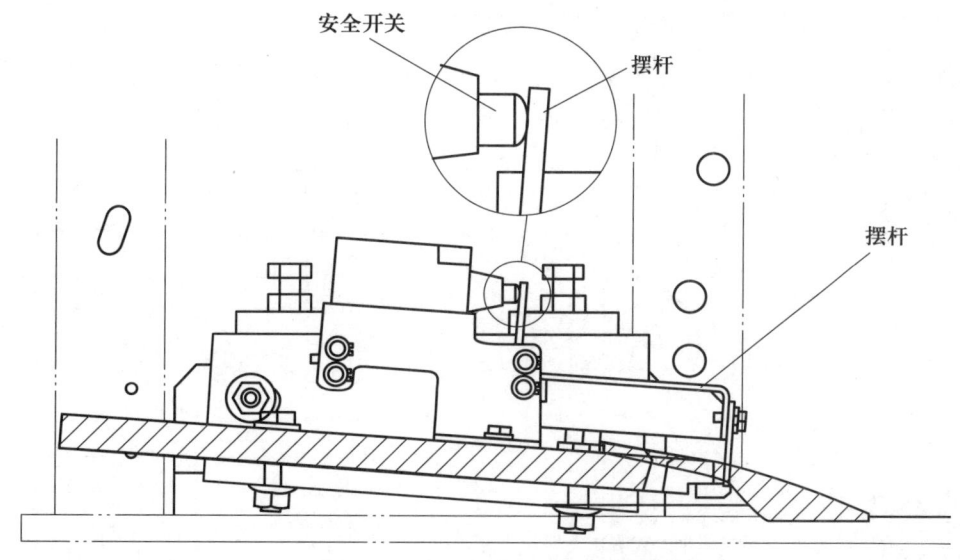

图 2-30 梳齿板安全装置示意图

4. 扶手带入口安全装置

在扶手转向端的扶手带入口处应设置安全装置，该装置动作时，驱动主机不能启动或者立即停止。

自动扶梯扶手带入口安全装置是在扶手带入口处设有一橡胶圈，扶手带穿过橡胶圈运行，当有异物卡阻时，橡胶圈向内移动，触发安全开关动作，自动扶梯制停，如图 2-31 所示。

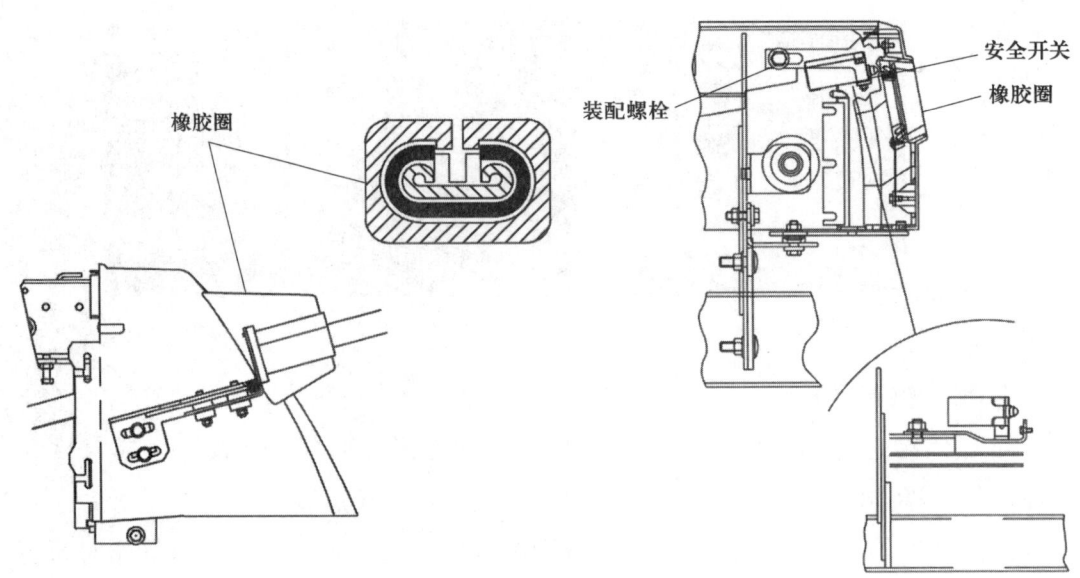

图 2-31　扶手入口安全装置示意图

5. 驱动梯级、踏板或胶带安全装置

如图 2-32 所示为驱动梯级、踏板或胶带安全装置，当驱动梯级、踏板或胶带的元件过分伸长或断裂时，压缩弹簧将释放变长，导致触发安全开关的机械装置移动，安全开关动作，自动扶梯制停。

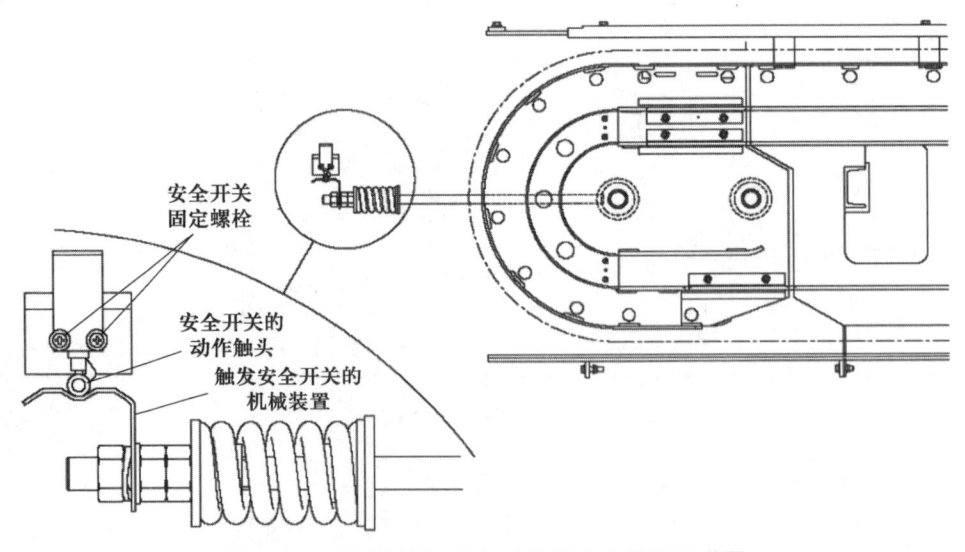

图 2-32　驱动梯级、踏板或胶带安全装置示意图

6. 梯级或踏板塌陷安全装置

当梯级或踏板的任何部分塌陷导致不再与梳齿啮合时，应当有安全装置使自动扶梯或者自动人行道停止运行。该装置应当设置在每个转向圆弧段之前，并且

与梳齿相交线之间有足够的距离，以塌陷的梯级或者踏板不能到达梳齿相交线为宜。一般梯级塌陷检测杆距离梯级或踏板的间隙不应超过该梯级的啮合深度，目的是保证塌陷的梯级或踏板在进入梳齿时还能有一定的啮合深度，该间隙一般调整为不小于 5 mm，如图 2-33 所示。

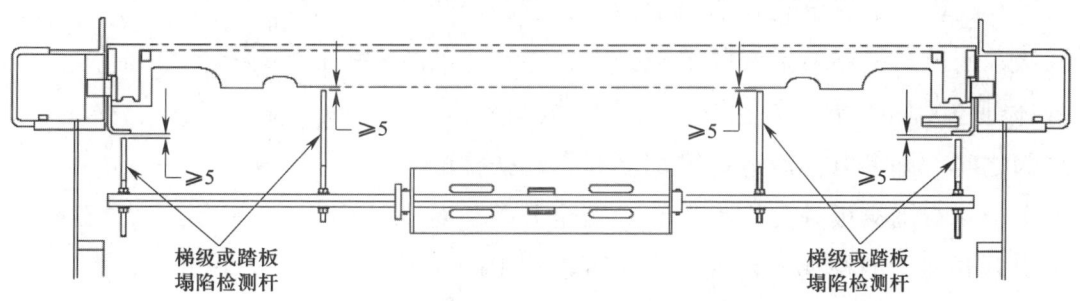

图 2-33　梯级或踏板塌陷安全装置示意图

7. 盘车手轮安全装置

如图 2-34 所示为可拆卸式的盘车手轮安全装置的主机。当需要手动盘车时，必须将主机罩壳打开，主机罩壳带动盘车手轮开关动作，电动机停止运转，保证盘车安全。

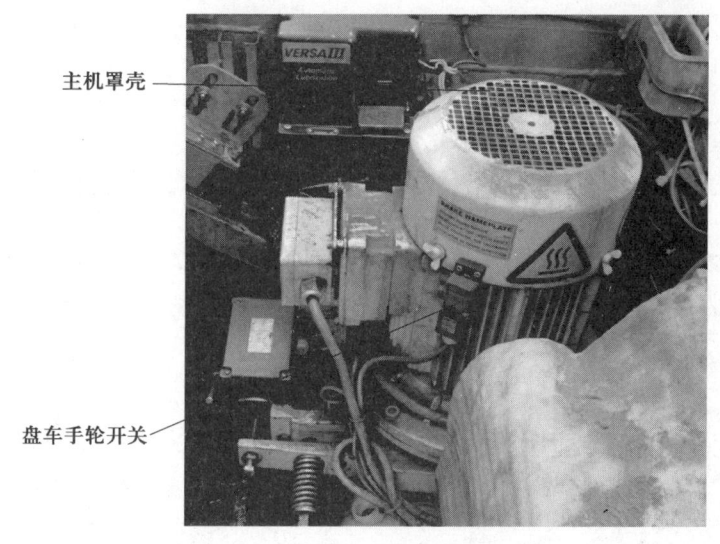

图 2-34　盘车手轮安全装置的主机

8. 检修盖板或楼层板安全装置

移除任何一块检修盖板或者楼层板时，安全装置动作。

检修盖板或楼层板安全开关可以切断电梯自动运行，但是不可以切断检修运行。一般该开关不串联在安全回路内，都是作为一个单独信号进行检测。如果该开关串联在安全回路内，应有检修装置的相应触点对其进行短接处理。检修盖板或楼层板安全装置示意如图2-35所示。

9. 围裙板安全装置

宜设置一个安全装置防止围裙板移位，以防梯级、踏板与围裙板之间的缝隙过大，导致人的身体部位（如手指、脚趾）夹入围裙板和梯级、踏板之间。许多电梯制造厂家都会在自动扶梯的上下、左右围裙板处分别设置一个安全开关，对于提升高度大的扶梯或者人行道，可以在中间段的围裙板处增加安全开关。

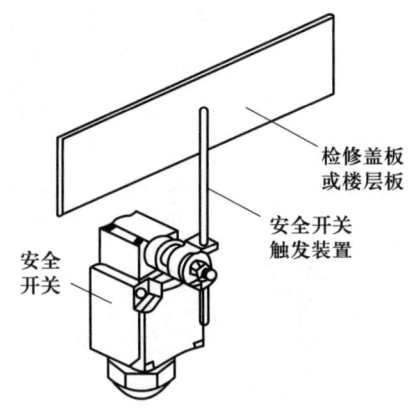

图2-35 检修盖板或楼层板安全装置示意图

各安全开关均串联于安全回路中，当有异物卡在梯级、踏板与围裙板之间时，围裙板将发生弯曲，达到一定位置后，触发安全开关动作，从而切断安全回路，自动扶梯或者自动人行道制停，如图2-36所示。

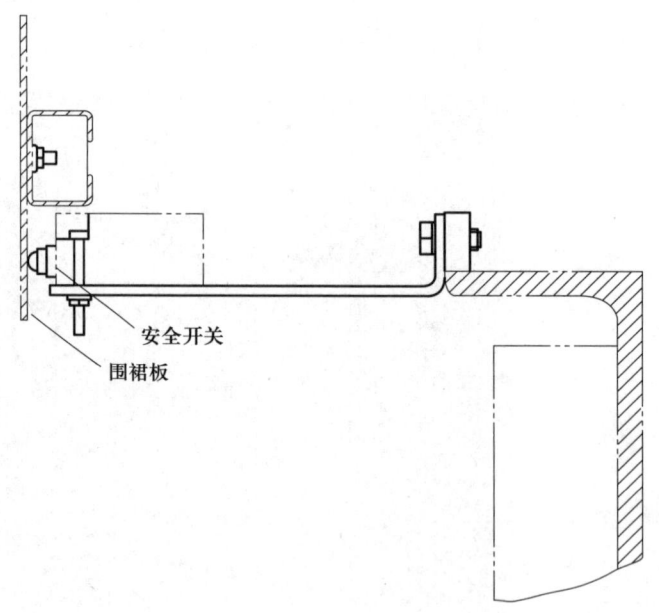

图2-36 围裙板安全装置示意图

10. 扶手带安全装置

宜设置扶手带安全装置，防止因扶手带断裂导致自动扶梯扶手带停止运行而梯级、踏板还在继续运行，引起乘客伤害事故。许多电梯制造厂家都会在自动扶梯的左右扶手带返回段各设置一个扶手带断带安全开关。当扶手带断裂时，扶手带松弛，松弛的扶手带下落触发扶手带断带安全开关动作，如图 2-37 所示。

11. 超速安全装置

自动扶梯或者自动人行道应当在速度超过额定速度的 1.2 倍时自动停止运行。如果采用速度限制装置，该装置应当在速度超过额定速度的 1.2 倍之前切断自动扶梯或者自动人行道的电源。

如图 2-38 所示为机械式离心超速安全装置，当自动扶梯或自动人行道超速时，连接在驱动主机减速箱高速轴的甩块在离心力作用下，克服弹簧的弹力向外甩出，触发超速开关动作。

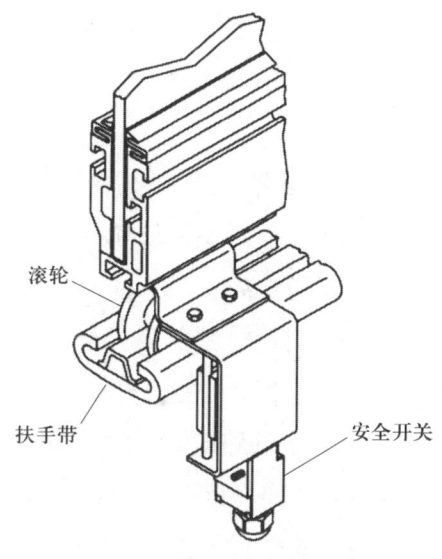

图 2-37　扶手带安全装置示意图

图 2-38　机械式离心超速安全装置

二、自动扶梯安全回路电源

1. 安全回路电源的生成

自动扶梯使用三相五线制电源。相与相之间的电压为 AC 380 V，称为线电压。相与地之间的电压为 AC 220 V，称为相电压。有时候安全回路电压为 AC 110 V、AC 48 V 或者 DC 24 V，那么就需要用变压器或者整流器转变出相应的电压才能用于安全回路。例如，DC 24 V 的安全回路电压需要先用 AC 380 V 的交流电通过变压器输出 AC 220 V 的控制电源（非照明电源），再将 AC 220 V 的控制电源通过开关电源（稳压源）的降压和整流输出 DC 24 V 电源。也可以直接将使用单位提供的相电压 AC 220 V 通过开关电源（稳压源）降压整流成 DC 24 V 电源。

2. 安全回路电源的保护设置

如果安全开关在使用过程中受潮、进水或者与金属外壳、大地接触，就会导致安全回路电源不进入主板或者安全继电器线圈，即电源正极不经过负载，直接通过大地到达电源负极，造成短路，导致变压器或者开关电源烧毁，所以必须在稳压源或者变压器正极处设置熔断器或者低压断路器。

3. 安全回路电源接地设置的作用

（1）电路短路时，能有效地使熔断器熔断或者使低压断路器断开。

（2）能使设备漏电后造成的金属外壳所带电荷通过接地将多余的电荷导入大地，而不会滞留在金属外壳上。

（3）维修方便，如果安全回路的负极接地，那么作业人员可以在扶梯任何位置用万用表对地进行测量，因为此时安全回路的负极电源与大地是等势体。

三、自动扶梯安全回路终端检测端口

安全回路的接通或者断开状态可以通过安全继电器（如有）的吸合或者释放观察，也可以通过主板上的安全指示灯进行观察。

终端检测端口分为 3 种：第一种为每个开关都单独设置了终端检测端口，这种比较耗费资源，但是因为每个开关都能独立进行检测，维修非常方便；第二种为若干个开关串联后设置 1 个终端检测端口，实行分段检测；第三种为所有安全开关设置 1 个终端检测端口，这种比较经济，但是不便于诊断维修。

技能要求

自动扶梯下机房梯级链张紧开关短路诊断修理

操作步骤

步骤 1 根据图纸找到回路名称所对应的实物插接排及插接件点。

步骤 2 拔除所有插接排，注意断电锁闭。

步骤3 逐个插入插件或逐个接线（注意断电锁闭），观察是否跳闸或熔断熔断器。

步骤4 找到开关接地点，发现某一处导线破皮，与大地接触。现场采用绝缘胶布包裹修复，如图 2-39 所示。

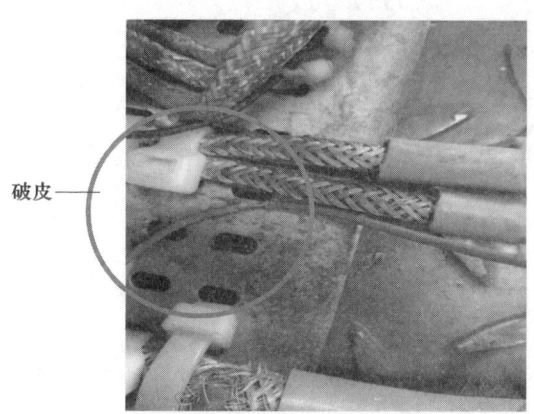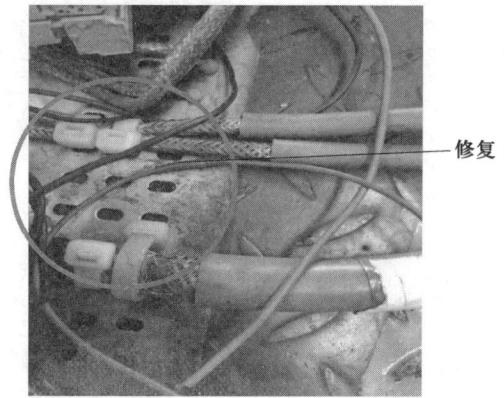

图 2-39　导线破皮与修复

培训单元 2　运行抖动及噪声诊断修理

能够诊断并修复运行抖动，消除噪声

一、导轨

自动扶梯的导轨处经常会有异物（如石子、小螺栓等）堆积，导致自动扶梯经常会有阻滞声或者跳动声。常见的地方一般在下端部交叉导轨（见图 2-40）处，即下头部张弹簧把转向臂拉出时，用来持续连接转向臂和直线段导轨的过渡导轨。

图 2-40 交叉导轨

二、围裙板

自动扶梯或者自动人行道的围裙板应当设置在梯级、踏板或者胶带的两侧,任何一侧的水平间隙应当不大于 4 mm,并且两侧对称位置处的间隙总和不大于 7 mm。如果自动人行道的围裙板设置在踏板或者胶带之上,则踏板表面与围裙板下端所测得的垂直间隙应当不大于 4 mm。踏板或者胶带产生横向移动时,不允许踏板或者胶带的侧边与围裙板垂直投影间产生间隙。如果围裙板与围裙板的拼缝对接不平,凸起的围裙板也会与梯级刮擦,产生噪声。

三、驱动链

驱动主机安装位置移位,会导致驱动链与驱动主机的齿轮配合不正,导致配合过程中造成不正常的碰撞和摩擦。长此以往,驱动链和齿轮都会磨损甚至报废,如图 2-41 所示。

图 2-41 驱动链咬链磨损

四、梳齿板

梯级、踏板齿槽内经常有异物卡入,会与梳齿板发生撞击或者摩擦而发出噪声。这就对梳齿板的啮合深度调整有了较高的要求。一般来说,梳齿板与梯级或踏板齿槽的啮合深度不小于 6 mm,梳齿板与胶带齿槽的啮合深度不小于 4 mm。

五、扶手带端部回转链

扶手带在运行过程中,阻力主要来源于扶手栏杆配合处,其中最容易造成摩擦阻力的地方是扶手转向端的圆弧部分，其磨损最为严重，因此扶手护栏的转向端装有专门的导向部件——端部回转链。导向轮组扶手带转向端导轨换成导向滚轮组，扶手带与滚轮间的摩擦是滚动摩擦，因此大大减小了摩擦阻力，但由于滚轮的直径较小，转速较高，对材料的要求也较高。这个位置经常会有异物堆积，造成扶手带回转不灵活，端部回转链也会因为老化、生锈、磨损而导致卡阻及噪声，如图 2-42 所示。

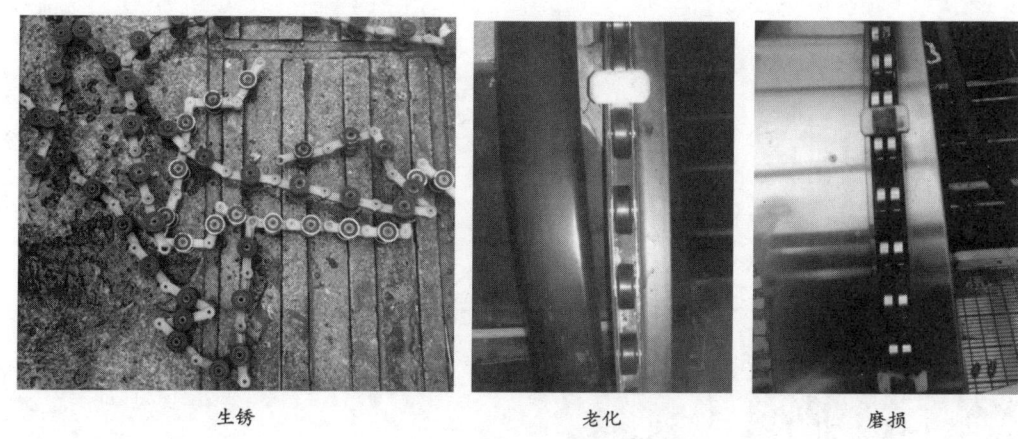

图 2-42 端部回转链卡阻及噪声原因

六、扶手带驱动轮

扶手带驱动轮作为驱动扶手带的主要部件，一般自身不会发出噪声。扶手带在扶手带驱动轮上的缠绕如图 2-43 所示。滚动轮组的作用是改变扶手带的方向，以增大包角。通过调节螺母可调节压紧弹簧的压紧力，从而使扶手带压紧链群组将扶手带压紧在扶手带驱动轮上。当扶手带调整不当发生跑偏时，扶手带内侧与扶手带驱动轮侧面摩擦，发出噪声。

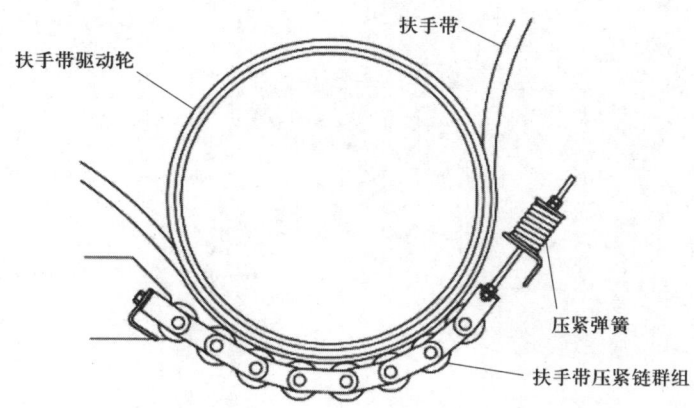

图 2-43 扶手带在扶手带驱动轮上的缠绕

导轨异物卡阻引起的抖动及噪声诊断修理

操作步骤

图例	步骤说明
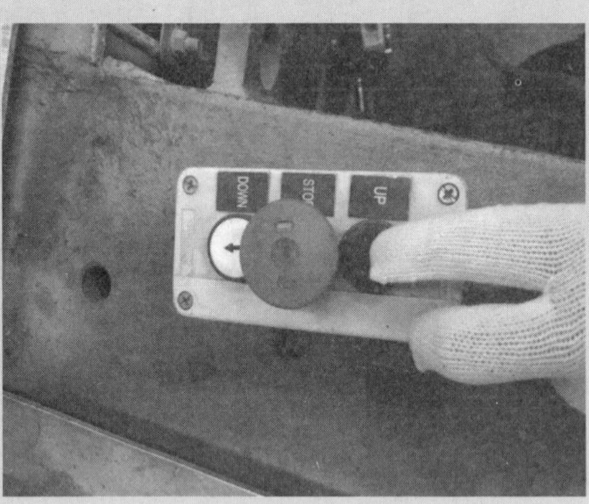	步骤1 检修向下或者向上运行,通过目测及耳听判断抖动及噪声来源。
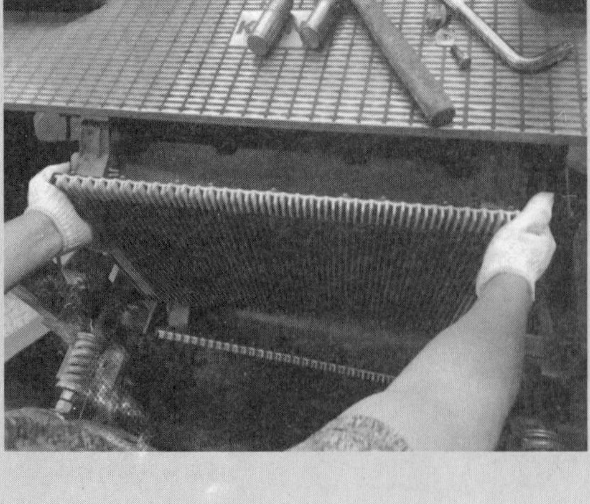	步骤2 适当拆除1~2个梯级找到抖动及噪声问题点。

图例	步骤说明
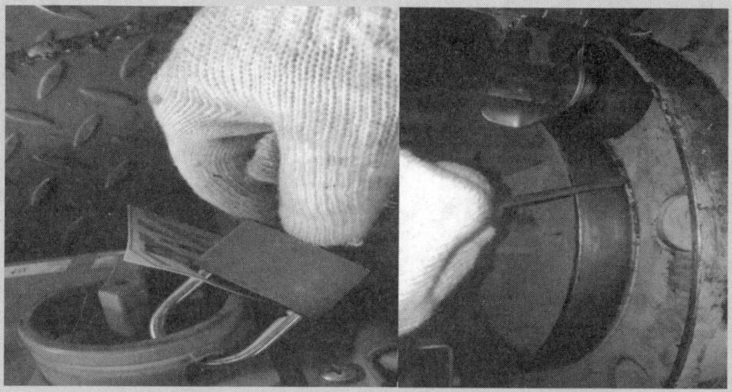	步骤3 断电锁闭并且机械锁闭，清除异物。
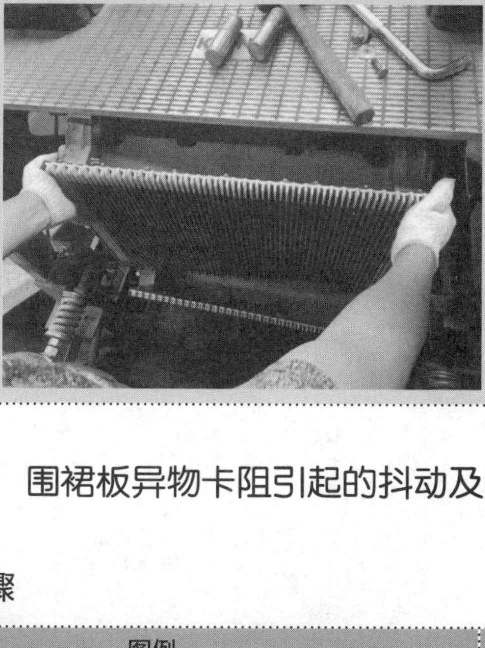	步骤4 清除异物后如果还有抖动及噪声存在，应调整抖动及噪声位置的部件。

围裙板异物卡阻引起的抖动及噪声诊断修理

操作步骤

图例	步骤说明
	步骤1 在扶梯正常运行过程中，通过目测及耳听判断抖动及噪声来源（注意做好防护，不要直接靠近驱动主机等运动部件）。

图例	步骤说明
	步骤2　找到抖动及噪声问题点，该裙板上有一块胶布需要清除。
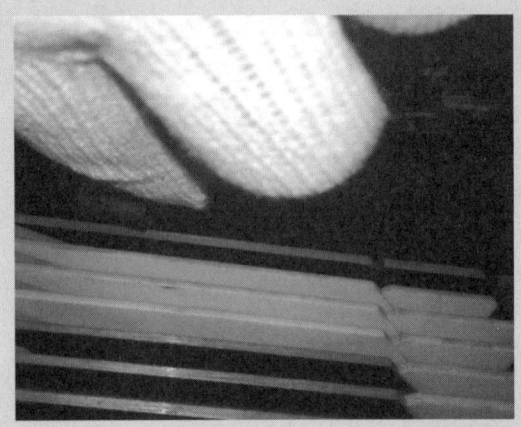	步骤3　停止扶梯运行，移除胶布，正常运行扶梯，再次确认抖动及噪声是否消除。
	步骤4　如果抖动及噪声未完全消除，可调整抖动及噪声位置的部件。

驱动链咬链引起的抖动及噪声诊断修理

操作步骤

图例	步骤说明
	步骤1 在扶梯正常运行过程中，通过目测及耳听判断抖动及噪声来源（注意做好防护，不要直接靠近驱动主机等运动部件）。
	步骤2 找到抖动及噪声问题点，该扶梯卡有异物，产生咬链现象。
	步骤3 停止扶梯运行，移除异物，再正常运行扶梯，确认咬链现象消除，扶梯没有抖动。

续表

图例	步骤说明
	步骤4 如果噪声未完全消除，可以调整噪声位置的部件。

梯级异物卡阻引起的抖动及噪声诊断修理

操作步骤

图例	步骤说明
	步骤1 检修向上或向下运行，通过目测及耳听判断抖动及噪声来源。如果检修运行无法判断，需要正常运行观察。在电梯正常运行过程中不要直接靠近运动部件。
	步骤2 找到抖动及噪声问题点，该梯级的梯级轮内有异物。

续表

图例	步骤说明
	步骤3 检修下行让异物露出,清除异物。恢复扶梯正常运行,观察是否仍有抖动及噪声。
	步骤4 如果抖动及噪声未完全消除,可以调整抖动及噪声位置的部件。

扶手带端部回转链卡阻引起的抖动及噪声诊断修理

操作步骤

图例	步骤说明
	步骤1 在扶梯正常运行中,目测及耳听判断扶手带抖动及噪声来源,做好防护。

续表

图例	步骤说明
	步骤2 拆下回转链,找到抖动及噪声问题点,该回转链卡有异物。
	步骤3 清除回转链异物,将回转链安装回扶梯后测试运行,观察是否还有抖动及噪声。
	步骤4 如果仍有抖动及噪声,调整抖动及噪声位置的部件,再继续测试运行,直到抖动及噪声完全消失。

理论知识复习题

一、判断题（将判断结果填入括号中。正确的填"√"，错误的填"×"）

1. 安全回路由多个电梯安全装置的常闭输出触点开关并联组成。（　　）

2. 电梯控制回路包括安全回路、门锁回路、制动回路、功能反馈回路、通信回路等。（　　）

3. 一般电梯的制动回路由3个继电器来控制。（　　）

4. 非必须带电操作时，一律切断电源，上锁挂牌并验证断电后操作；必须带电操作时，应使用防护设备。（　　）

5. 当电梯制动器的制动力不足时，空载电梯上行到顶楼或满载电梯下行到底楼时不能正常停车，引起电梯轿厢冲顶或蹲底。（　　）

二、单项选择题（选择一个正确的答案，将相应的字母填入题内的括号中）

1. 限速器应每（　　）年进行一次校验。

　　A. 半　　　　　B. 一　　　　　C. 两　　　　　D. 三

2. 曳引与强制驱动电梯的平衡系数应在（　　）之间，或者符合制造（改造）单位的设计值。

　　A. 0.1～0.2　　　　　　　　　B. 0.2～0.3
　　C. 0.3～0.4　　　　　　　　　D. 0.4～0.5

3. 当对重侧装有安全钳时，对重侧安全钳的动作速度应大于轿厢侧安全钳的动作速度，且不大于（　　）。

　　A. 10%　　　　B. 12%　　　　C. 15%　　　　D. 16%

4. 自动扶梯或者自动人行道的围裙板应当设置在梯级、踏板或者胶带的两侧，任何一侧的水平间隙应当不大于（　　）mm。

　　A. 3　　　　　B. 4　　　　　C. 5　　　　　D. 7

5. 自动扶梯或者自动人行道应当在速度超过额定速度的（　　）倍时自动停止运行。

　　A. 1.1　　　　B. 1.15　　　　C. 1.2　　　　D. 1.25

理论知识复习题参考答案

一、判断题

1. × 2. √ 3. × 4. √ 5. √

二、单项选择题

1. C 2. D 3. A 4. B 5. C

职业模块 ③
维护保养

内容结构图

- 维护保养
  - 机房设备维护保养
    - 限速器及其张紧装置维护保养
    - 钢丝绳端接装置维护保养
    - 制动器监测装置维护保养
    - 控制柜仪表及显示装置维护保养
    - 曳引轮绳槽维护保养
    - 联轴器螺栓维护保养
    - 减速机维护保养
  - 井道设备维护保养
    - 层门维护保养
    - 补偿链（绳）与随行电缆维护保养
    - 钢丝绳维护保养
    - 钢丝绳张力检查调整
  - 轿厢设备维护保养
    - 导靴维护保养
    - 轿门运行维护保养
    - 门机机械装置、轿门门锁及其电气安全装置维护保养
    - 运行噪声测试修正
  - 自动扶梯设备维护保养
    - 扶手装置维护保养
    - 制动器间隙检查调整
    - 监控和安全装置维护保养
    - 运行制动距离测试
    - 其他装置维护保养

培训项目 1 机房设备维护保养

培训单元 1　限速器及其张紧装置维护保养

能够对限速器各销轴部位进行维护保养
能够对限速器绳槽、限速器钢丝绳进行维护保养
能够对限速器电气安全装置和张紧装置进行维护保养
能够对限速器张紧装置悬挂高度进行检查与调整

一、限速器各销轴部位维护保养

1. 限速器电气安全开关维护保养

（1）检查方法。将电梯停在中间楼层的位置，断电，打开限速器电气安全开关，拆下电气安全触点，确认动、静触点之间不存在粘连，观察是否存在氧化或积灰的情况。重复操作电气安全开关，在整个过程中观察开关动作是否灵活、不卡阻。

（2）失效状态的识别与处置

失效类型：电气安全开关积灰严重、电气线路破断、电气安全开关未接地，如图 3-1 所示。

电气安全开关积灰严重　　　电气线路破断　　　电气安全开关未接地

图 3-1　限速器电气安全开关失效状态

失效模式：电气安全开关触点存在氧化或积灰的情况，限速器电气安全开关不起作用，无法在指定速度有效触发。

解决措施：清洁触点表面，在清洁过程中，仅将触点表面的氧化层清除，不可用百洁布、砂纸等对触点表面进行打磨，以免破坏触点表面。

如电气安全开关动作不灵活，则进一步检查开关机械结构，做适当清洁与调整。如仍然无法排除故障，则更换电气安全开关。需要注意的是，如电气安全开关固定螺母上印有封记，单独更换电气安全开关后，需要对限速器重新进行校验。

2. 限速器触发机构维护保养

（1）检查方法

1）将限速器甩块人为动作后再手动复位，重复几次，在整个过程中观察摆臂及连杆各活动部件动作是否灵活，是否存在锈蚀的情况。

2）将限速器棘爪人为动作后再手动复位，重复几次，在整个过程中观察棘爪各活动部件动作是否灵活，是否存在锈蚀的情况。

3）对棘轮上各轮齿的状态进行检查，各轮齿不应缺齿，且不应存在目视可见的磨损，以防止限速器棘爪不能卡入轮齿，导致事故。

4）必要时可以在限速器触发机构动作后，通过机房紧急电动向上（双向限速器应分别向上及向下）运行轿厢，使限速器反向运行一周，此时每个轮齿都应能被棘爪触碰而发出清脆的声音。

5）观察限速器上各封记是否完好。

（2）失效状态的识别与处置

失效类型：触发机构失效。

失效模式一：甩块及其连杆机构的各销轴（见图 3-2）出现缺油、磨损，阻力增大导致甩块动作不灵活，无法在指定速度有效触发。

图 3-2　甩块及其连杆机构上的各销轴

解决措施：如果限速器甩块及其连杆机构动作不灵活、存在卡阻现象，且润滑无效或存在严重锈蚀、磨损，应更换新的限速器。如果离心机构各活动部件存在锈蚀的情况，用润滑脂对销轴、轴承进行适当润滑。同时应清除触发机构的灰尘及油污。

失效模式二：棘爪及其释放机构上的各销轴（见图 3-3）出现缺油、磨损，或棘爪的释放机构卡阻，导致棘爪无法释放。

图 3-3　棘爪及其释放机构上的各销轴

失效模式三：限速器棘爪、制动轮轮齿出现磨损或断裂，限速器棘爪不能卡入部分轮齿，无法在指定速度有效触发。

解决措施：如果棘爪和棘轮动作不灵活、存在卡阻现象，且润滑无效或存在严重锈蚀、磨损，应更换新的限速器。如果棘爪各活动部件存在锈蚀的情况，用润滑脂对销轴、轴承进行适当润滑。同时应清除触发机构的灰尘及油污。

失效模式四：调速弹簧等速度调整部位的螺母松动，或铅封、封记破损，无法在指定速度有效触发。

解决措施：调速弹簧等速度调整部位的螺母松动，应旋紧螺母。当限速器上的铅封、封记出现破损，需要专业人员对限速器重新校验后进行铅封或封记。同时应清除触发机构的灰尘及油污。

3. 限速器制动机构维护保养

（1）检查方法

1）将夹绳机构人为动作后再复位，重复几次，在整个过程中观察夹绳机构各活动部件动作是否灵活，是否存在锈蚀的情况。

2）观察复位弹簧上各封记是否完好。

3）在电梯运行过程中，观察限速器的转动是否存在异响，如果出现异响，则需要将限速器钢丝绳从限速器轮上剥离后，转动限速器轮，确认限速器轮轴承工作正常。

（2）失效状态的识别与处置

失效类型：制动机构失效。

失效模式一：夹持式限速器的夹绳机构各销轴（见图3-4）出现缺油、磨损，限速器触发后无法有效制动钢丝绳。

图3-4 夹绳机构各销轴

解决措施：如果夹绳机构动作不灵活、存在卡阻现象，且润滑无效或存在严重锈蚀、磨损，应更换新的限速器。同时应清除制动机构的灰尘及油污。

失效模式二：夹绳弹簧式夹绳机构的限速器，夹绳弹簧的预压缩行程不足（见图3-5），夹绳块无法有效压紧钢丝绳，制动失效。

图3-5 夹绳弹簧的预压缩行程不足

解决措施：夹绳弹簧的预压缩行程不足，需要重新校验限速器。同时应清除制动机构的灰尘及油污。

失效模式三：复位弹簧式夹绳机构的限速器，复位弹簧铅封损坏，弹簧初始状态的预压缩行程过大，限速器触发后无法有效制动钢丝绳。

解决措施：当复位弹簧上的封记出现破损，需要重新校验限速器。同时应清除制动机构的灰尘及油污。

失效模式：限速器轮轴承卡阻。

解决措施：如果限速器轮的转动不灵活、限速器在运行中出现松动及异响、机械机构不能灵活动作，应更换新的限速器。

二、限速器绳槽、限速器钢丝绳维护保养

1. 限速器绳槽维护保养

（1）检查方法。目视检查。

（2）失效状态的识别与处置

失效类型：限速器绳槽失效。

失效模式一：限速器绳槽油污堆积（见图3-6），引起电气安全开关误动作，此类情况多发生于气温较低的冬季。

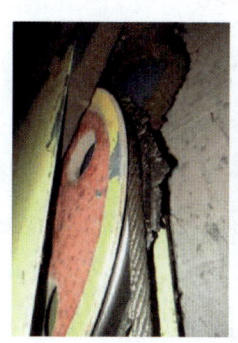

图3-6 限速器绳槽油污堆积

解决措施：检查限速器绳槽两缘的油污堆积情况，对堆积的油污进行清除。

失效模式二：限速器绳槽过于油腻（见图3-7），导致限速器机械动作后无法制动钢丝绳。

解决措施：将限速器钢丝绳从绳轮上脱卸，用毛刷、棉纱对限速器绳槽表面进行清洁，清除油污。

图 3-7 限速器绳槽过于油腻

2. 限速器钢丝绳维护保养

（1）检查方法。目视检查。

（2）失效状态的识别与处置

失效类型：限速器钢丝绳失效。

失效模式：限速器钢丝绳过于油腻，导致限速器机械动作后无法制动钢丝绳。

解决措施：在井道内全程检修运行电梯，用毛刷、棉纱对限速器钢丝绳表面进行清洁，切勿使用钢丝刷，避免磨损钢丝绳。需要注意的是，严禁对限速器钢丝绳进行润滑，以防止限速器钢丝绳与绳轮摩擦力不足导致制动失效。

三、限速器电气安全装置和张紧装置维护保养

1. 限速器电气安全装置维护保养

（1）检查方法

1）检查电气安全装置是否动作灵活，其活动部件不应出现锈蚀、异物卡阻等。

2）检查电气安全装置是否封闭良好，内部接线端子和电气安全触点应无锈蚀、氧化、积灰等，接线应牢固可靠。

3）检查电气安全装置是否固定牢固，应防止其在触发装置的撞击下出现松动。

（2）失效状态的识别与处置

失效类型：电气安全装置状态不良。

失效模式一：电气安全装置锈蚀且内部有积水残留，或罩壳破损，如图 3-8 所示，导致触点积灰严重，电气安全装置动作失效。

解决措施：更换电气安全装置。

失效模式二：电气安全装置安装不牢固发生松动，或电气线缆接线松动。

解决措施：紧固开关和电气线缆各固定螺母。

锈蚀且内部有积水残留　　　　　　　　破损

图 3-8　底坑电气安全装置失效

失效模式三：电气安全装置与碰铁间距过小（见图 3-9），电梯运行时发生误动作，引起故障。

解决措施：调整电气安全装置的固定位置，使之与碰铁之间保持合适距离。当张紧装置的绳轮发生 100 mm 以内的上下飘摆时，电气安全装置不发生误动作。

图 3-9　电气安全装置与碰铁间隙过小

2. 限速器张紧装置维护保养

（1）检查方法

1）在张紧装置下方放置 150 mm 高的支撑物，并使张紧装置最低位置落在支撑物上，此时电气安全装置应被触发。

2）改变张紧装置的高度，模拟其发生 100 mm 以内的上下飘摆，此时电气安全装置不应被触发。

3）手动旋转张紧装置绳轮，绳轮转动应灵活，无明显阻力或异响。

4）人为轻微触动张紧装置的电气安全装置，确认开关动作灵活可靠。

5）底坑作业人员复位底坑下急停按钮，并在下急停按钮处以蹲姿用手扶住下急停按钮，要求轿顶作业人员复位轿顶急停按钮后，检修向上点动运行电梯。此时电梯应能够检修上行，确认检修上行按钮有效。

6）底坑作业人员在底坑内将下急停按钮置于动作状态后，触发张紧装置电气安全开关，复位底坑下急停按钮，并在下急停按钮处以蹲姿用手扶住下急停按钮，要求轿顶人员复位轿顶急停按钮后，检修向上点动运行电梯，此时电梯应无法检修运行，确认张紧装置电气安全开关有效。

（2）失效状态的识别与处置

失效类型：限速器张紧装置状态不良。

失效模式一：张紧装置离地高度不足（见图3-10），断绳时重锤触地后无法使电气安全装置动作。

图3-10 限速器张紧装置离地高度不足

解决措施：脱卸限速器钢丝绳端接装置，使之与安全钳提拉机构分离，向下滑行至底坑内。作业人员抬起张紧装置，并在其下方放置特定高度的支撑物，该高度等于制造单位对张紧装置的离地距离加50 mm；调整电气安全装置的固定位置，使之与碰铁之间保持合适距离，当张紧装置的绳轮发生100 mm以内的上下飘摆时，电气安全装置不应发生误动作。脱卸限速器钢丝绳，按照新的张紧装置高度重新收短、制作限速器钢丝绳端接装置，端接装置在装配时，其工艺应参照制造单位的设计要求进行。

对于重锤式张紧轮，其电气安全装置由安装在重锤上的碰铁直接触发，因此电气安全开关触发时张紧装置的离地高度可通过张紧装置最低部位的离地高度减去张紧轮开关与碰铁的距离测算。

失效模式二：限速器张紧轮与轴承锈蚀（见图3-11），运行时产生异响并导致钢丝绳异常磨损。

图 3-11 限速器张紧轮与轴承锈蚀

解决措施：作业人员抬起张紧装置，并在其下方放置 150 mm 支撑物后，脱卸限速器钢丝绳，使张紧装置落在支撑物上；拆卸张紧装置绳轮，并更换其轴承，或直接更换整个限速器张紧装置。

失效模式三：限速器轮罩壳松动、变形，与限速器钢丝绳刮擦。

解决措施：调整、紧固张紧装置罩壳和防脱槽装置，使之不与限速器钢丝绳刮擦。

限速器张紧装置悬挂高度检查调整

操作步骤

步骤 1　整体检查与调整

调整限速器张紧装置前，应先对限速器张紧装置上电气安全装置和限速器张紧装置悬挂状态进行整体检查，根据检查结果确定进一步的调整方案。

完成整体检查后，如发现限速器张紧装置的电气安全装置、限速器张紧轮、限速器张紧装置上各轴承存在磨损、锈蚀、卡阻、变形等情况，应更换相关部件。

根据整体检查中发现的各类待调整项目，按照脱卸限速器钢丝绳、调整张紧装置、调整限速器钢丝绳三个步骤逐一进行。

步骤2 张紧装置调整与确认

摆臂式限速器张紧装置和重锤式限速器张紧装置由于结构不同，应采用不同的调整方法。在完成张紧装置调整后，应对张紧装置的工作状态进行确认。

（1）调整完毕后，张紧装置在下落至离地150 mm前，电气安全装置应当被触发。

（2）调整完毕后，张紧装置的绳轮发生100 mm幅度的飘摆时，电气安全装置不应被触发。

（3）调整完毕后，张紧装置绳轮的悬挂高度不应低于调整前的悬挂高度。

步骤3 限速器张紧装置的固定支架调整

（1）摆臂式限速器

1）增加或减少初始支撑物的高度和数量，调整限速器张紧装置最低部位的高度，使张紧装置绳轮轴承下落距离 ΔD 处于 100～150 mm，如图3-12所示。其中 $\Delta D = D_0 - D_m$；D_0 为张紧装置摆臂转轴中心离地距离；D_m 为张紧装置绳轮转轴中心离地距离。

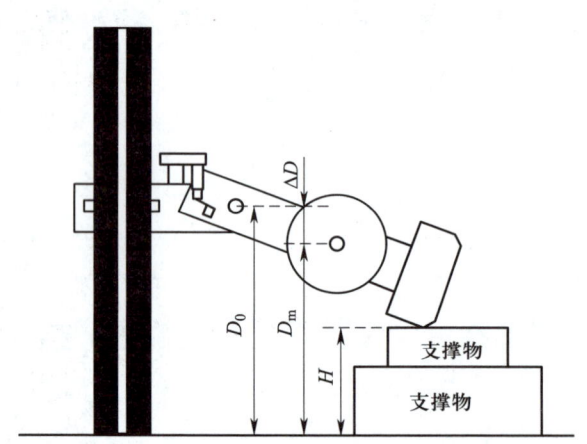

图3-12 调整限速器张紧装置最低部位的高度

2）调整电气安全装置与碰铁间距，使电气安全开关处于触发状态，测量此时支撑物的高度 H，该高度 H 应大于150 mm，如图3-13所示。

如果测得 $H<150$ mm，则应将支撑物再次更换为初始支撑物，初始支撑物高度 H_0 在 100～200 mm，同时拧松张紧装置固定支架上的固定螺母，向上移动固定支架 $H_0 - H$，如图3-14所示。

调整后的支架高度（摆臂转轴高度）D_0，不小于原始悬挂状态下的绳轮悬挂高度 S_0，否则会由于限速器钢丝绳长度不足，引起绳轮悬挂后出现上仰的情况。

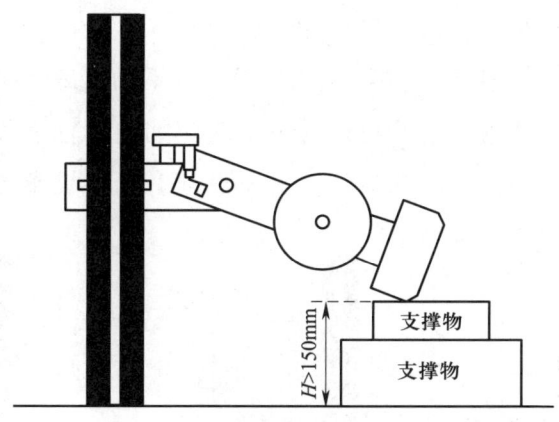

图 3-13　调整电气安全装置位置

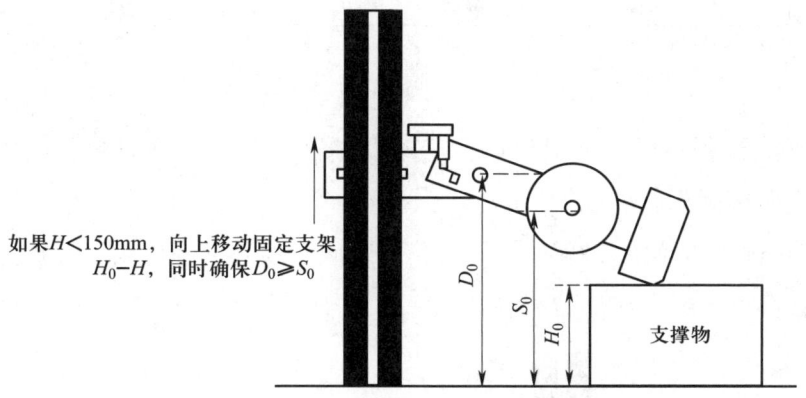

图 3-14　调整限速器张紧装置固定支架高度

3）将初始支撑物加高，使张紧装置的摆臂保持水平，测量此时张紧装置绳轮中心距离地面的总高度 S，该高度即张紧装置的悬挂高度（见图 3-15）。调整完毕后张紧装置绳轮的悬挂高度 S 不应低于调整前的悬挂高度 S_0。

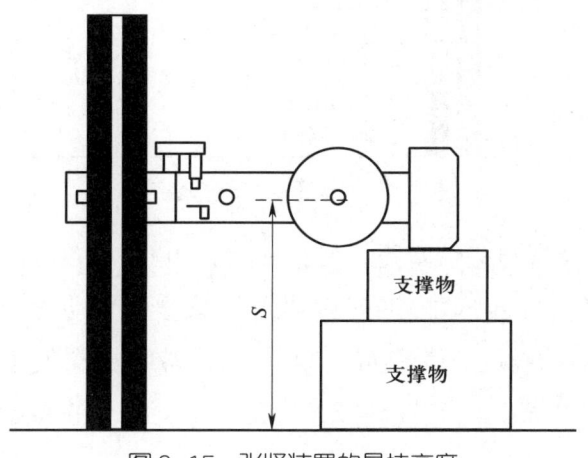

图 3-15　张紧装置的悬挂高度

（2）重锤式限速器

1）移除重锤下方的初始支撑物，测量绳轮轴承初始离地距离 S_0，上下移动重锤使之到达行程的最高点和最低点，并测量对应的绳轮轴承离地距离 S_H、S_L，如图 3-16 所示，原则上 $S_H-S_L \geq 300$ mm，否则不适用于本调整方法。

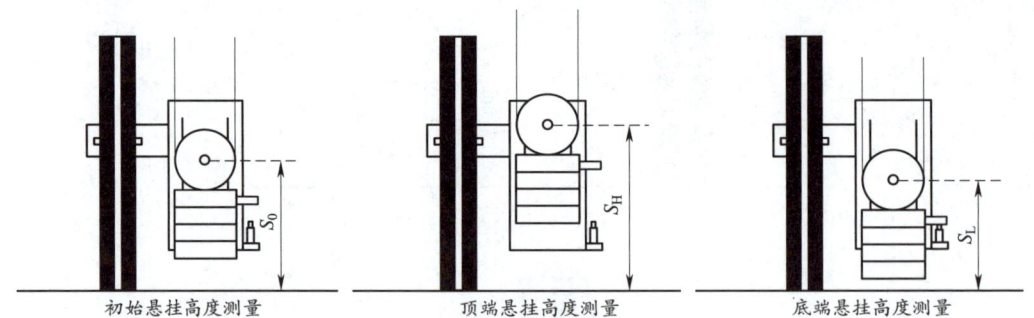

图 3-16　不同位置悬挂高度测量

如果到达行程最低点之前重锤已经触及地面，则应将张紧装置的固定支架向上调整一定距离后重新测量 S_H 和 S_L。

2）在重锤下方增加支撑物，测量并记录该支撑物的高度 H，并调整限速器张紧轮的悬挂高度 $S=(S_H+S_L)/2$，如图 3-17 所示。

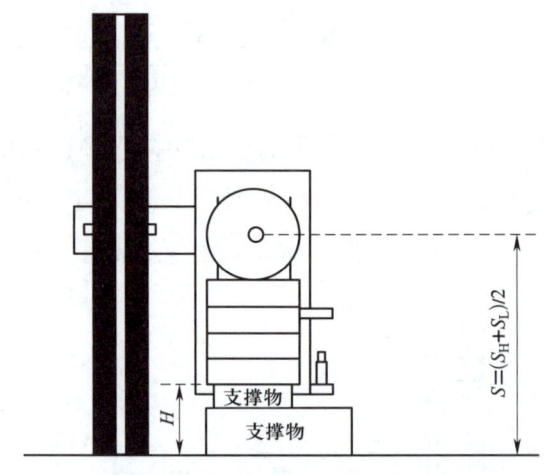

图 3-17　调整限速器张紧装置

调整电气安全装置与碰铁间距，使该间距在 100～150 mm，如图 3-18 所示。当重锤下落 100～150 mm 时能够有效触发电气安全装置动作。

3）如果支撑物的高度 $H<150$ mm，则应将支撑物再次更换为初始支撑物，使 150 mm $\leq H_0 \leq 200$ mm，同时拧松张紧装置固定支架上的固定螺母，向上移动固定支架 H_0-H。

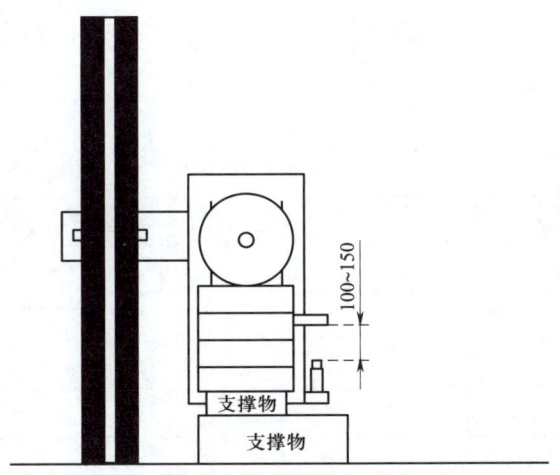

图 3-18　电气安装装置与碰铁距离

测量此时张紧装置绳轮中心距离地面的总高度 S，该高度即张紧装置的悬挂高度。调整完毕后张紧装置绳轮的悬挂高度 S，不应低于调整前的悬挂高度 S_0。

步骤 4　限速器钢丝绳调整

在完成张紧装置的调整后，应根据调整完毕的绳轮悬挂高度，重新调整限速器钢丝绳长度，并制作限速器钢丝绳端接装置。

（1）拆除限速器钢丝绳提拉块下端的钢丝绳端接装置。

（2）将限速器张紧装置在已调整完毕的悬挂高度基础上向上抬高 50 mm。

（3）将限速器钢丝绳穿过张紧装置绳轮后，再穿过提拉块下端的钢丝绳套环，用力使限速器钢丝绳张紧后，用胶布在钢丝绳的回弯点上做好标记。

（4）根据标记位置，将限速器钢丝绳回弯，并用三个绳夹夹住限速器钢丝绳。

1）钢丝绳绳夹应把夹座扣在钢丝绳的工作段上，U 形螺栓扣在钢丝绳的尾端，钢丝绳绳夹不得在钢丝绳上交替布置，如图 3-19 所示。

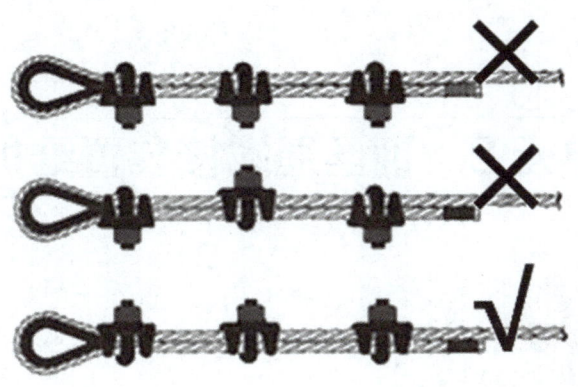

图 3-19　钢丝绳夹安装方法

2）钢丝绳的每一个连接处需要的绳夹数量见表3-1，两绳夹之间的间距等于钢丝绳直径的6～7倍。

表3-1 钢丝绳的每一个连接处需要的绳夹数量

钢丝绳直径/mm	钢丝绳夹的最少数量/组
$d \leqslant 18$	3
$18 < d \leqslant 26$	4
$26 < d \leqslant 36$	5
$36 < d \leqslant 44$	6
$44 < d \leqslant 60$	7

3）离套环最近处的绳夹（第一个绳夹）应尽可能地紧靠绳环，但仍需保证绳夹的正确拧紧，不得损坏钢丝绳的外层钢丝，通常情况下第一个绳夹与套环处的距离为钢丝绳直径的1～2倍。

4）紧固绳夹时必须考虑每个绳夹的合理受力，离套环最远处的绳夹不得先单独紧固。

（5）紧固绳夹，移除张紧装置下方所有支撑物，使限速器钢丝绳受力张紧，测量此时张紧装置最低部位的离地间距，该间距与张紧装置调整完毕后的悬挂高度偏差不大于50 mm。

（6）确认钢丝绳调整完毕后，再次对绳夹上的各螺母进行紧固，并将提拉块与提拉摆臂连接。

（7）作业人员在轿顶上检修运行电梯，确认限速器张紧装置和安全钳联动机构工作正常后，复位电梯。

培训单元2　钢丝绳端接装置维护保养

能够对钢丝绳端接装置进行维护保养

知识要求

一、检查方法

1. 检查曳引绳绳头的紧固螺母，钢丝绳绳头应当由两个螺母锁紧，不应出现螺母未锁紧或者螺母缺失的情况。

2. 检查曳引绳绳头的螺母防松开口销以及自锁楔块开口销，开口销应完好、无断损，开口状态如图 3-20 所示，开口销的打开角度原则上为 60°；若与工件相碰时，可将开口销沿工件表面卷起来。在检查过程中，注意不应出现开口销打开长短不一、开口销打开带 R 型、开口销上下有空当等失效状态，如图 3-21 所示。

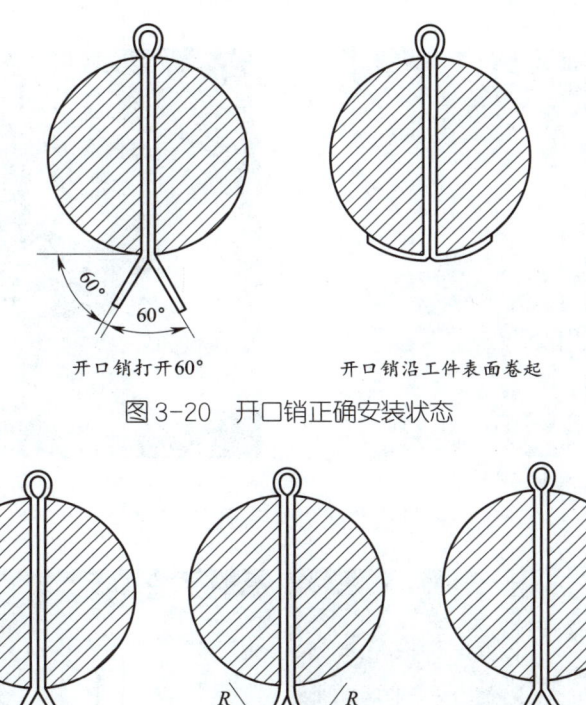

图 3-20 开口销正确安装状态

图 3-21 开口销错误状态

二、失效状态的识别与处置

失效类型：绳头固定机构状态不佳。

失效模式一：曳引绳头组合锁紧螺母松动（见图 3-22）。

解决措施：紧固锁紧螺母，同时应注意不能改变绳头弹簧的原有压缩行程，以免引起钢丝绳张力不均。

失效模式二：曳引绳头组合各开口销失效（见图3-23）。

解决措施：更换不符合要求的开口销，注意开口销不应重复使用。

失效模式三：曳引绳头无防止钢丝绳松捻保护（见图3-24）；钢丝绳经长时间运行在自身松捻力驱动下发生自转，使钢丝绳松捻损坏（见图3-25）。

图3-22　曳引绳头组合锁紧螺母松动

漏装开口销

开口销角度错误

图3-23　曳引绳头组合开口销失效状态

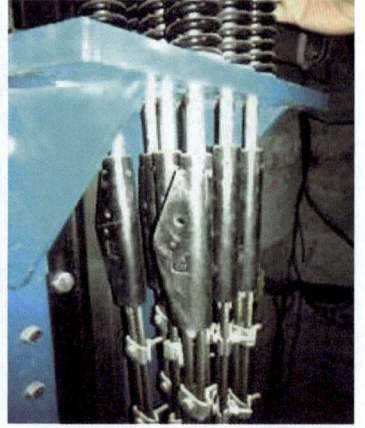

图3-24　曳引绳头无防止钢丝绳松捻保护

图 3-25　使用中的钢丝绳发生松捻

解决措施：用 $\phi6$ 或 $\phi8$ 的钢丝绳将各钢丝绳锥套相互之间穿插扎结，并用三个 U 形夹将钢丝绳收尾连接固定。

培训单元 3　制动器监测装置维护保养

能够对制动器监测装置进行维护保养

一、制动器销轴和弹簧维护保养

1. 制动器销轴维护保养

（1）检查方法

1）将电梯主电源切断后向上电动溜车，直至对重完全压实在缓冲器上。

2）逐一拆卸制动器各销轴，检查销轴无异常磨损，对销轴表面进行清洁润滑后，装配销轴并手动活动销轴铰接部件，确认销轴活动灵活、无异响。

（2）失效状态的识别与处置

失效模式：制动臂鼓式制动器销轴失效。

失效模式一：销轴旋转运动阻力过大，导致制动器无法打开或关闭；或销轴润滑不当，导致制动面油污污染，引发安全事故。

解决措施：正常状态下无须对销轴进行润滑，严格防止制动器销轴润滑后的多余油脂或机械油滴落至制动鼓上，使制动鼓与制动衬失去摩擦力，导致制动力丧失，引起事故。当销轴表面出现轻微锈蚀时，可用除锈剂对销轴表面进行除锈，然后用擦布清洁销轴表面。对于严禁进行润滑的制动器销轴，应采取正确方式进行表面除锈。当销轴表面出现明显磨损或严重锈蚀导致其动作不灵活时，应更换销轴。

2. 制动器弹簧维护保养

（1）检查方法。拆解和装配制动臂上的销轴，检查制动器弹簧是否存在表面缺陷（裂纹疲劳源，如折叠、倒痕、夹杂物等），并确认弹簧在拆除后能够正常恢复，不存在塑性形变。

（2）失效状态的识别与处置

失效模式：制动臂鼓式制动器弹簧失效。

失效模式一：制动器弹簧调整不当导致其压缩行程不足，导致制动力不足。

解决措施：根据制造单位设计要求调整制动器弹簧的压缩行程，如图3-26所示。正常状态下严禁对制动器弹簧进行润滑。

图3-26 不同结构的制动器弹簧压缩行程调整

失效模式二：制动器弹簧存在表面缺陷，容易发生断裂或塑性形变，引起摩擦面正压力下降，导致制动力不足。

解决措施：当弹簧表面状态不佳或存在塑性形变时，应当更换制动器弹簧，并在更换后对制动器的制动力进行测试。

二、制动器铁芯维护保养

1. 衔铁内置制动臂鼓式制动器铁芯维护保养

（1）检查方法

1）将电梯主电源切断后向上电动溜车，直至对重完全压实在缓冲器上。

2）打开制动器电磁铁的线圈端盖，拆卸制动器柱塞，检查柱塞是否出现异常磨损，并手动使柱塞在导向装置中往复运动，观察柱塞运动是否顺畅、无异响，如柱塞或导向装置表面出现锈蚀，可用除锈剂进行表面除锈。当柱塞或导向装置出现异常磨损，引起柱塞运动不灵活或异响时，建议对制动器电磁铁进行更换，不建议在工作现场用砂纸等打磨工具进行表面打磨，以免加剧柱塞和导向装置表面磨损，引起柱塞运动卡阻。

3）对于采用了端盖集成导向装置设计方案的柱塞，应在检查维护时拆解端盖总成，检查柱塞导向部分的磨损状态。

（2）失效状态的识别与处置

失效类型：衔铁内置制动臂鼓式制动器衔铁失效。

失效模式：衔铁运动阻力过大，导致制动器无法打开或关闭。

解决措施：对柱塞（衔铁）表面的锈蚀和附着物（如油泥）（见图3-27）等进行清洁，保持其表面光滑。切勿对柱塞（衔铁）及其导向机构进行润滑。

图3-27　柱塞（衔铁）表面的锈蚀和附着物

如柱塞（衔铁）及其导向机构出现明显磨损，有可能导致柱塞运动阻力增加或发生卡阻，应对制动器电磁铁进行更换。

切勿对柱塞（衔铁）表面进行打磨，以免破坏其表面光洁度和导向机构的机械配合状态，引起柱塞运动时发生异常磨损。

2. 衔铁内置制动臂鼓式制动器手动开闸机构维护保养

（1）检查方法

1）将电梯主电源切断后向上电动溜车，直至对重完全压实在缓冲器上。

2）人为动作手动开闸机构，检查其打开与关闭过程是否顺畅，对于动作不顺畅、存在卡阻或异响的机构，应进一步拆解检查，确认磨损或锈蚀的位置。

3）检查完毕后，应将非固定的机械机构拆除（如手柄等）或固定在关闭位置，以免电梯运行时此类机构意外动作，导致制动器无法关闭。

（2）失效状态的识别与处置

失效类型：手动开闸机构故障，导致衔铁失效。

失效模式：制动器的手动开闸装置由于锈蚀、磨损或意外卡阻无法复位，导致制动器打开后无法关闭。

解决措施：对柱塞（衔铁）表面的锈蚀和附着物（如油泥）等进行清洁，保持其表面光滑。如手动开闸机构出现明显磨损，有可能导致柱塞运动阻力增加或发生卡阻，应对相应的部件进行更换。切勿对手动开闸机构中装配在制动器上的部件或其与制动器的连接部件进行润滑。

3. 衔铁外置制动臂鼓式制动器铁芯维护保养

（1）检查方法

1）将电梯主电源切断后向上电动溜车，直至对重完全压实在缓冲器上。

2）对于无防尘措施（如防尘胶条）的外置衔铁制动器，应拆除单侧制动臂并取下，检查外置衔铁表面，清除异物，保持清洁。有防尘措施的制动器或制造单位设计要求不得拆解的制动器，无须特意拆解检查。

（2）失效状态的识别与处置

失效类型：衔铁外置制动臂鼓式制动器衔铁失效。

失效模式：制动器衔铁与电磁线圈端盖之间落入粉尘颗粒，导致制动器无法完全打开，漏磁过大导致制动器温升发热。

解决措施：对柱塞（衔铁）表面的粉尘颗粒等进行清洁，清洁工作完毕后应将防尘胶条稳固安装。切勿对柱塞（衔铁）及其导向机构进行润滑。

4. 电磁直推鼓式制动器铁芯维护保养

（1）检查方法

1）将电梯主电源切断后向上电动溜车，直至对重完全压实在缓冲器上。

2）对于无防尘措施（如防尘胶条）的电磁直推制动器，应拆除单侧制动器总成并取下，检查衔铁表面，清除异物，保持清洁。有防尘措施的制动器或制造单位设计要求不得拆解的制动器，无须特意拆解检查。

3）切勿对衔铁表面进行打磨，以免破坏衔铁的表面状态。

4）检查完毕后应将防尘胶条稳固安装。

（2）失效状态的识别与处置

失效类型：电磁直推鼓式制动器衔铁失效。

失效模式一：制动器衔铁与电磁线圈端盖之间落入粉尘颗粒，导致制动器无法完全打开，漏磁过大导致制动器温升发热。

解决措施：对衔铁表面的粉尘颗粒等进行清洁，清洁工作完毕后应将防尘胶条稳固安装。切勿对衔铁及其导向机构进行润滑。

失效模式二：制动器衔铁导向机构运行阻力过大，导致制动器无法打开或关闭。

解决措施：对导向机构的锈蚀和附着物等进行清洁，保持其表面光滑。如导向机构出现明显磨损，应对制动器电磁铁进行更换。切勿对导向机构的表面进行打磨，以免引起异常磨损。

5. 电磁直推鼓式制动器手动开闸机构维护保养

同"2. 衔铁内置制动臂鼓式制动器手动开闸机构维护保养"。

制动器监测装置维护保养

操作步骤

步骤1　整体检查

在开始电磁直推鼓式制动器调整之前，应首先对制动器间隙和制动器动作状态监测装置的工作状态进行整体检查，根据检查结果确定进一步的调整方案。

步骤2　检查制动器间隙

在机房内用紧急电动和停止装置控制电梯，然后在电梯停止运行、制动器关闭的状态下，用塞尺在制动器衔铁（动板）与电磁线圈端盖（静板）之间的四个方向上进行测量，如图 3-28 所示。

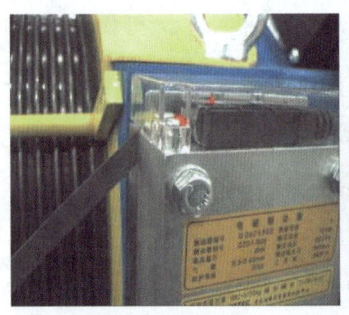

左上角间隙检查　　　　　右上角间隙检查

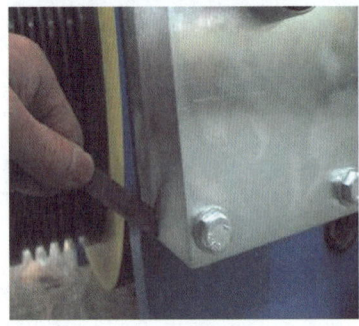

左下角间隙检查　　　　　右下角间隙检查

图 3-28　制动器间隙检查

（1）制动器四角上的间隙大小应符合制造单位设计要求，该要求可在制动器铭牌上读取，通常情况下应在 0.1～0.5 mm。

1）对于电磁直推鼓式制动器，该间隙与制动器的打开间隙相等，如无特殊说明，该间隙宜不小于 0.1 mm，确保制动器开启时，制动衬与制动鼓不碰擦。

2）该间隙不宜过大，根据经验判断，当制动器间隙接近 0.6 mm 时，制动器关闭时的噪声会大幅度增加。

3）间隙过大时，衔铁（动板）与电磁铁（静板）之间的距离过大，衔铁受到的电磁力变小，可能引起制动器无法正常启动。

（2）制动器四角上的间隙大小应一致，各间隙间最大允许偏差 0.05 mm，以避免制动衬与制动鼓接触面积不足。

在检查间隙时，应在制动器关闭的状态下进行，无须将对重压实在缓冲器上，但是在该状态下不允许对制动器的间隙进行调整。

步骤 3　调整制动器间隙

在进行间隙调整前，应先确认制动器动作状态监测装置工作正常。

（1）在机房内，将电梯紧急电动向上运行至井道顶部，直至触发上极限开关；随后切断电梯主电源，用手动紧急操作装置开启两侧制动器，轿厢向上溜车，使对重完全压实在缓冲器上。

（2）当制动器四角间隙偏差超过 0.05 mm 或间隙超出设计要求范围时，可按照以下方法对间隙进行调整。

1）调整间隙使之变小。先逆时针轻微转动并松开间隙调节螺栓 B，再逆时针转动导向螺母 A，使电磁铁（静板）克服压缩弹簧的弹力，向靠近曳引机的方向移动，如图 3-29 所示，完成调整后，顺时针转动螺栓 B 使之紧固。

图 3-29　调整间隙使之变小

2）调整间隙使之变大。先逆时针轻微转动并松开间隙调节螺栓 B，再顺时针转动导向螺母 A，使电磁铁（静板）在压缩弹簧的弹力作用下，向远离曳引机的方向移动，如图 3-30 所示。完成调整后，顺时针转动螺栓 B 使之紧固。

 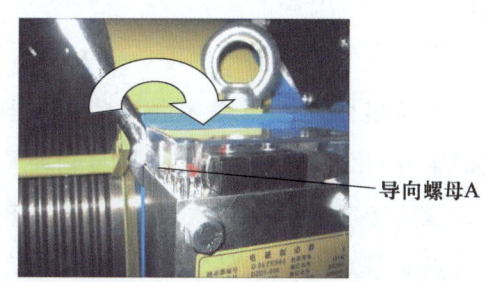

图 3-30　调整间隙使之变大

（3）通过上述方法反复调整各位置的间隙并复验，将制动器各位置的间隙调整至设计要求范围的中间值。

（4）首次调整完成后，接通电梯主电源，在机房内通过紧急电动运行电梯，使制动器在非零速状态下进行制动，必要时可在运行过程中动作停止装置的方法进行制动。

（5）反复制动 5～10 次后，在机房内通过紧急电动和停止装置控制电梯，用塞尺再次复测制动器四角的间隙是否符合要求，并根据测量结果，重复前述步骤对制动器进行二次调整。

（6）重复上述步骤，直至制动器四角的间隙符合要求。

步骤4　检查监测功能工作状态

对于常规状态下采用常闭电气安全开关的监测装置，应至少进行旁路测试；采用常开电气安全开关的监测装置时，则应至少进行断路测试。

（1）旁路测试。在机房内用紧急电动和停止装置控制电梯，切断电梯主电源后，在两侧制动器的动作状态监测装置接线端子处，将监测电路所有接线端子进行短接。

接通电梯主电源，在机房以紧急电动运行电梯，对制动器动作状态监测功能进行检查，此时电梯应无法运行，如能够运行说明动作状态监测功能被关闭，应将该功能开启后，重新进行本步骤测试。

（2）断路测试。在机房内用紧急电动和停止装置控制电梯，切断电梯主电源后，在两侧制动器的动作状态监测装置接线端子处，将监测电路所有接线端子拆除，断开监测电路。

接通电梯主电源，在机房以紧急电动运行电梯，对制动器动作状态监测功能进行检查，此时电梯应无法运行，如能够运行说明动作状态监测功能被关闭，应将该功能开启后，重新进行本步骤测试。

步骤5　检查监测装置动作状态

在确认监测功能正常后，切断主电源，恢复监测装置的电路接线。

确认电路连接正确无误，接通主电源，在机房内以紧急电动运行电梯。如果此时电梯能够启动运行，说明监测装置动作状态正常；如果此时电梯不能启动运行，说明监测装置动作状态异常，应进行进一步调整。

需要注意的是，对于电磁直推式鼓式制动器，由于在制动器监测装置固定无松动情况下，监测装置的出发点始终不会发生改变，因此在改变制动器间隙后，也即制动器打开间隙发生改变后，无须对制动器动作状态监测装置重新进行调整。但是检查过程中要特别注意检查簧片的状态。当出现簧片表面磨损、簧片应力变形等情况时，簧片与开关之间产生间隙，导致制动器关闭时顶杆触发开关动作失败，需要重新调整。

步骤6　调整制动器动作状态监测装置

如发现制动器动作状态监测装置的工作状态不良，电梯无法正常运行，则应立即对监测装置进行调整。

该装置主要由顶杆、支架、簧片、微动开关、罩盖、支撑块、六角螺母等构成,如图 3-31 所示。

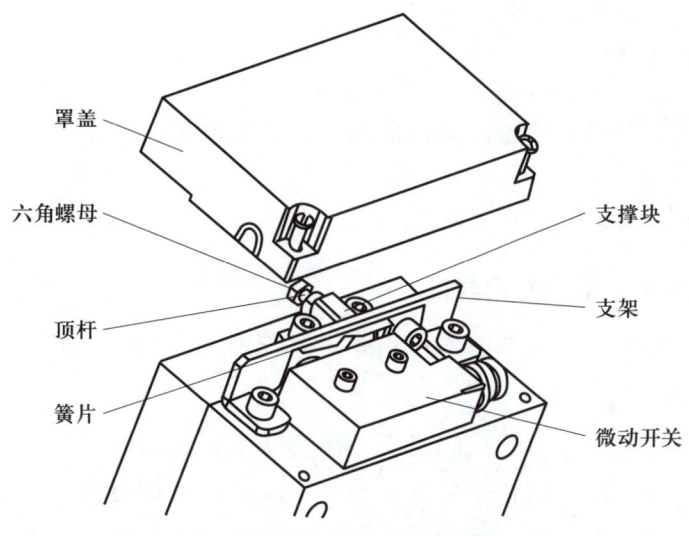

图 3-31 制动器动作状态监测装置结构

在机房内,将电梯紧急电动向上运行至井道顶部,直至触发上极限开关。切断电梯主电源,用手动紧急操作装置开启两侧制动器,轿厢向上溜车,使对重完全压在缓冲器上。

(1) 将顶杆锁紧螺母松开,将顶杆旋转向前微移,然后锁紧六角螺母,用手动紧急操作装置打开制动器,检查行程开关是否可靠动作(反复检查 3~4 次),确保开关可靠动作后将六角螺母锁紧。

(2) 顶杆每次调整量不能超过 0.1 mm,对于 M5 细牙螺栓,相当于旋转 1/5 圈。顶杆调整的最大行程不能超过 0.3 mm,单次调整量过大,会使簧片变形。

培训单元 4　控制柜仪表及显示装置维护保养

能够对控制柜仪表及显示装置进行维护保养

知识要求

一、检查方法

目视检查仪表及显示装置,确认显示器、计数器等显示正常、完整。

二、失效状态的识别与处置

1. 失效类型一:主板显示异常。

失效模式一:控制系统存在故障,主控板、驱动器或外围回路存在故障。

解决措施:根据所显示的代码定义,排查状态异常的原因。

失效模式二:电梯运行状态异常,如进入超载、消防等功能模式。

解决措施:根据所显示的代码定义,排查状态异常的原因。

2. 失效类型二:计数器显示异常。

失效模式一:电梯正常运行下控制柜计数器无显示(见图3-32)。

图3-32 计数器无显示

失效模式二:计数器显示数接近回零。

解决措施:记录每次维护保养时的电梯运行次数,对功能不正常的计数器进行更换。

培训单元 5　曳引轮绳槽维护保养

能够对曳引轮绳槽进行维护保养

一、检查方法

1. 用 1 mm 直径的钢丝（或电线）插入钢丝绳与绳槽的切口槽底部之间，并应能够不受阻碍地从曳引轮绳槽另一侧伸出，检查电梯钢丝绳的磨损情况。

2. 用直尺沿轴向紧贴曳引轮外圆面压住钢丝绳，然后测量槽内钢丝绳顶点至直尺的距离，各钢丝绳在曳引轮上的高度偏差应在 3 mm 以内。

二、失效状态的识别与处置

失效类型：半圆形带切口绳槽磨损。

失效模式一：绳槽磨损至切口槽底部（见图 3-33），导致钢丝绳曳引力明显下降。

解决措施：如果钢丝绳与槽底的间隙不足 1 mm，即钢丝无法顺利插入并穿过时，应当更换曳引轮。切勿对已经磨损的绳槽切口进行车削加工，当切口下方的轮缘厚度过小时，极易引起曳引轮绳槽强度不足而破裂。

图 3-33　曳引轮绳槽磨损至切口槽底部

失效模式二：各绳槽磨损不均匀（见图 3-34），部分绳槽磨损严重，引起曳引能力明显下降。

解决措施：如果各曳引轮绳槽磨损程度差异过大（超过 3 mm），可能影响曳引能力，应当对曳引能力进行验证试验，同时应当及时对钢丝绳张力进行调整，以减轻落槽程度较严重绳槽的进一步磨损。

失效模式三：曳引轮绳槽油污堆积（见图 3-35），引起曳引能力下降。

图 3-34　各绳槽磨损不均匀

图 3-35　曳引轮绳槽油污堆积

解决措施：对绳槽油污进行清洁。

培训单元 6　联轴器螺栓维护保养

能够对联轴器螺栓进行维护保养

一、检查方法

1. 用测力矩扳手对各连接螺栓的紧固程度进行检查，螺栓拧紧扭力大小建议根据表 3-2 进行选择。

表 3-2 各规格螺栓拧紧力矩表

螺栓强度等级	屈服强度/(N/mm²)	螺栓公称直径 /mm													
		6	8	10	12	14	16	18	20	22	24	27	30	33	36
		拧紧力矩 /N·m													
4.6	240	4~5	10~12	20~25	36~45	55~70	90~110	120~150	170~210	230~290	300~377	450~530	540~680	670~880	900~1 100
5.6	300	5~7	12~15	25~32	45~55	70~90	110~140	150~190	210~270	290~350	370~450	550~700	680~850	825~1 100	1 120~1 400
6.8	480	7~9	17~23	33~45	58~78	93~124	145~193	199~264	282~376	384~512	488~650	714~952	969~1 293	1 319~1 759	1 694~2 259
8.8	640	9~12	22~30	45~59	78~104	124~165	193~257	264~354	376~502	512~683	651~868	952~1 269	1 293~1 723	1 759~2 345	2 259~3 012
10.9	900	13~16	30~36	65~75	110~130	180~201	280~330	380~450	540~650	740~880	940~1 120	1 400~1 650	1 700~2 000	2 473~3 298	2 800~3 350
12.9	1 080	16~21	38~51	75~100	131~175	209~278	326~434	448~597	635~847	864~1 152	1 098~1 464	1 606~2 142	2 181~2 908	2 968~3 958	3 812~5 082

2. 将联轴器连接螺栓定位编号后,拆除螺栓,打开联轴器,检查弹性体状态,是否存在破裂、缺损、硬化、失去弹性等现象。

3. 检查确认各连接螺栓均匀紧固、弹性元件功能状态良好的情况下,如果联轴器运行仍然存在异常振动,则应当用百分表对联轴器输入轴与输出轴的同轴度进行检查。

用百分表分别测量联轴器电动机侧输入轴的凸缘外圆和端面,旋转电动机侧的输入轴,测量其径向位移和轴向位移的偏差值,如图3-36所示。此时联轴器径向位移偏差与轴向位移偏差应满足设计要求。

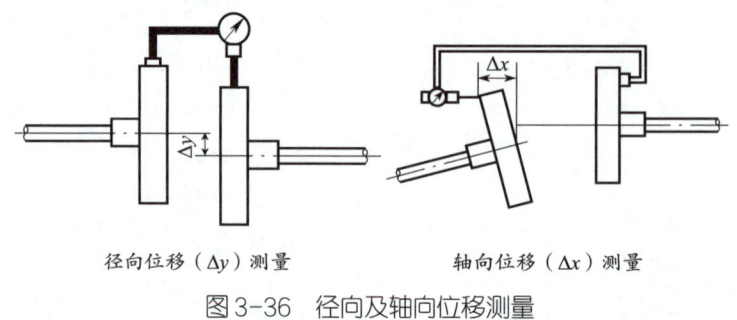

径向位移（Δy）测量　　　　轴向位移（Δx）测量

图3-36　径向及轴向位移测量

4. 检查确认各连接螺栓均匀紧固、弹性元件功能状态良好、输入轴与输出轴同轴度良好的情况下,应进一步排除联轴器动平衡问题。

在对减速箱与电动机之间的联轴器进行检查和维护时,如果需要对联轴器螺栓进行拆除,则应将对重完全压实在缓冲器上,切断电梯主电源,完全释放并打开制动臂后方可进行。

二、失效状态的识别与处置

失效类型:曳引机发出异常振动和异常声响。

失效模式一:联轴器各连接螺栓紧固扭力不均,引起联轴器装配歪斜。

解决措施:用测力矩扳手拧紧各螺栓,在拧紧联轴器的连接螺栓时,应对称、逐步拧紧。

失效模式二:联轴器弹性元件损坏,输入轴驱动输出轴运行过程中失去缓冲。

解决措施:更换老化损坏的弹性体,联轴器在拆卸重新装配时,必须按照出厂状态的标记组装,且应用测力矩扳手拧紧各螺栓,在拧紧联轴器的连接螺栓时,应对称、逐步拧紧。

失效模式三：联轴器输入轴与输出轴同轴度差，引起联轴器装配歪斜。

解决措施：用两表法或三表法测量联轴器同轴度，通过调整主动机的位置以及在电动机的支脚下方加减垫片来调整同轴度。

失效模式四：联轴器输入轴与输出轴定位发生改变，各连接螺栓位置发生改变，引起联轴器动平衡失准，在运行中产生异常振动。

解决措施：将联轴器拆除后，用动平衡测试仪对其动平衡进行测试和校准。

培训单元 7　减速机维护保养

能够对减速机进行维护保养

一、减速机状态检查处置

1. 检查方法

检查减速机各轴承端盖、油封、放油口是否存在漏油、渗油的情况，并及时进行维修。观察曳引机各开口的端盖和封堵件，其开口下方不应存在油脂滴流的痕迹。

如果发现油脂滴流痕迹，应进行清除，并在后续维护保养过程中持续观察，确认该处是否存在渗漏情况。

2. 失效状态的识别与处置

失效类型：减速机状态不佳。

失效模式一：润滑油释放口出现渗漏，或蜗轮蜗杆轴端盖处油封老化出现渗漏（见图 3-37）。

解决措施：拧紧或更换润滑油释放口封堵件，更换端盖处老化的油封，对润滑油滴流的痕迹进行清洁。

图 3-37　端盖油封处渗漏

失效模式二：油量镜表面污损，难以观察油位。

解决措施：清洁或更换油量镜，使其保持清洁透明。

失效模式三：油量标尺变形严重或刻度模糊，无法有效判断油位。

解决措施：更换油量标尺。

二、减速机润滑油油量检查处置

1. 检查方法

在检查减速机润滑油油量前，应首先将曳引机停止运行 5 min 左右，待减速机内润滑油从蜗轮蜗杆上回流到减速机底部后，观察油量大小是否合适，同时检查油量镜或油量标尺的状态，应能够清晰准确地显示减速箱内的油量。

（1）采用油量镜测量的减速机。正常情况下，润滑油液面应处于油量镜的中部，当液面充满油量镜时，应适当放出部分润滑油，减少油量；当液面位于油量镜最下方甚至无法观测到油位时，应当根据润滑油的使用时间，补充或更换润滑油。

（2）采用油量标尺测量的减速机。取出油位标尺，用洁净无杂质的纸或布擦干标尺上的油渍，重新插入油位标尺座内，再次取出后观察润滑油刻度。正常情况下，润滑油在标尺上的高度应处于标尺的最高刻度和最低刻度之间，超过最高刻度时，应适当放出部分润滑油，减少油量；达到或低于最低刻度时，应当根据润滑油的使用时间，补充或更换润滑油。

2. 失效状态的识别与处置

失效模式：润滑油油位不佳。

失效模式一：油位过高导致减速机散热不佳，油温过高超过润滑油工作温度。

解决措施：确认减速箱内润滑油脂状态良好的情况下，释放一定量的润滑油。

失效模式二：油位过低导致减速机润滑不佳，蜗轮蜗杆不能充分润滑，长期运行导致磨损（见图 3-38），甚至断齿。

图 3-38　润滑状态不良引起蜗轮蜗杆磨损

解决措施：确认减速箱内润滑油脂状态良好的情况下，向减速箱内添加足够的同型号润滑油。若减速箱内润滑油脂状态不佳，应释放原有润滑油，添加足量的新润滑油。

三、减速机润滑油状态检查处置

1. 检查方法

（1）油流观察法。取两个量杯，其中一个盛有待检查的润滑油，另一个空置，将盛满润滑油的量杯举高离开桌面 30～40 cm 并倾斜，让润滑油慢慢流到空杯中，观察其流动情况。质量好的润滑油油流时应该是细长、均匀、连绵不断的，若出现油流忽快忽慢、时而有大块流下的现象，则说明润滑油已变质。

（2）手捻法。将润滑油捻在大拇指与食指之间反复研磨，较好的润滑油手感润滑、磨屑少、无颗粒感，若感到手指之间有较大摩擦感，则表明润滑油内杂质多。

（3）油滴痕迹法。取一张干净的白色滤试纸，滴数滴油在滤试纸上，待润滑油渗漏后，若表面有黑色粉末，用手触摸有阻滞感，则说明润滑油内杂质较多，好的润滑油无粉末，用手摸上去干而光滑，且呈黄色痕迹，如图 3-39 所示。

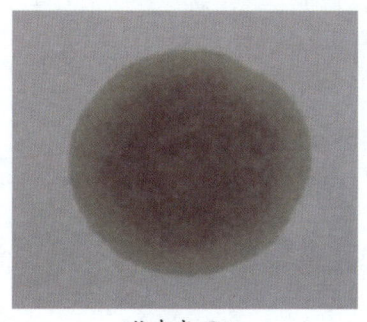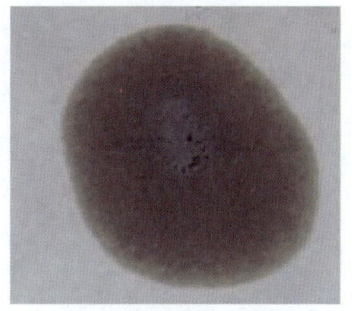

状态尚可　　　　　　　　　　杂质沉积

图 3-39　油滴痕迹法测试油滴状态对比

2. 失效状态的识别与处置

失效类型：润滑油状态不佳。

失效模式：润滑油使用时间过长，润滑油变质黏稠，油脂内杂质过多，油脂状态不佳（见图3-40），导致润滑性能和耐高温性能不佳。

解决措施：将原有润滑油释放完毕后，添加足量的新润滑油。如原有润滑油严重变质黏稠，应使用柴油等有机溶剂清洗减速箱内部。

变质的润滑油　　　　　　　　　乳化的润滑油

图3-40　润滑油脂状态不佳

培训项目 2 井道设备维护保养

培训单元 1　层门维护保养

能够对层门悬挂装置及导向机构进行维护保养
能够对层门联动机构进行维护保养
能够对层门锁紧机构进行维护保养

一、层门悬挂装置及导向机构维护保养

1. 层门悬挂装置维护保养

（1）检查方法

1）手动开关层门，观察各导向轮转动是否灵活，导向轮不应存在严重锈蚀或磨损。

2）检查门限位轮与导轨之间的运行间隙，该间隙应不大于 0.5 mm；用手拨动限位轮，检查门限位轮转动是否灵活，限位轮在手指拨动下应能够无阻力地立即转动，但是在转动半圈至一圈内，限位轮应当立即在门导轨摩擦下停止转动。

3）检查门导轨开门与关门末段是否存在油污。

（2）失效状态的识别与处置

失效类型：门导向轮或限位轮（偏心轮）状态失效。

失效模式一：门导向轮或限位轮（偏心轮）锈蚀（见图 3-41），导致层门开关运行阻力过大或伴有噪声。

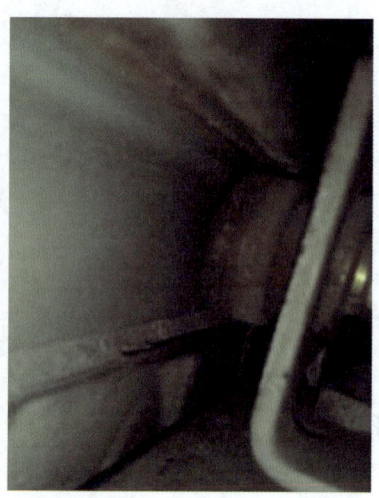

图 3-41　门限位轮锈蚀

解决措施：更换锈蚀的门导向轮或限位轮。

失效模式二：门限位轮（偏心轮）调整不良（见图 3-42），如与上坎导轨间隙过大或过小，导致层门开关运行阻力过大或伴有噪声。

图 3-42　门限位轮（偏心轮）调整不良

解决措施：对门限位轮与上坎导轨之间的间隙进行调整，通常情况下该间隙不大于 0.5 mm。

失效模式三：门导轨存在油污（见图 3-43），导致开门与关门末段阻力过大。

解决措施：用百洁布等柔性清洁工具对门导轨开关门行程末段进行清洁，切勿使用砂纸、刮刀等工具对其进行打磨。

2. 层门导向装置维护保养

（1）检查方法

1）检查层门导向装置时，应对当前检查层的层门门口进行防护，防止非作业人员进入作业区域而发生危险。

图 3-43　门导轨存在油污

2）在轿顶上手动反复开关层门，观察层门开关运行是否顺畅，是否存在异常声响。

3）将层门分别打开至开门到底、开门一半的位置，松开层门，观察层门是否能够自动关闭，关闭过程中是否存在减速的现象，注意在自动关门至最后 10 cm 时用手扶住门板，防止门板发生撞击。

4）将层门分别打开至开门 10 cm、开门 5 cm 的位置，松开层门，观察层门是否能够自动关闭，关闭过程中是否存在减速的现象，同时确认门锁锁钩能否自动落下。

5）检查连接钢丝绳的两端固定是否可靠，锁紧螺母是否松动，防止重锤松脱坠落。

6）反复手动开关门，观察重锤在其导向装置中的运行是否顺畅，不应存在卡阻或异常声响。

7）观察重锤导向装置，该装置不应存在破损或者松动，必须确保重锤坠落时不会脱离导向装置，以免坠落井道导致危险发生。

（2）失效状态的识别与处置。

失效类型：层门导向装置失效。

失效模式一：重锤的导向装置存在破损（见图 3-44）或松动，引起重锤卡阻，导致层门无法自动关门。

解决措施：更换重锤的导向装置。

失效模式二：重锤导向装置的下沿位置过高（见图 3-45）或导向装置下部防脱落螺栓丢失，重锤一旦脱落就会脱离导向装置坠落井道，导致危险发生。

解决措施：更换高度、长度合适的导向装置，更换长度合适的重锤联动钢丝绳，补齐并紧固导向装置下部防脱落螺栓。

图 3-44 重锤的导向装置上端磨损

图 3-45 导向装置安装位置过高

失效模式三：重锤的联动钢丝绳的端接固定不可靠，锁紧螺母松动（见图 3-46），导致层门无法自动关闭。

解决措施：拧紧重锤联动钢丝绳端接螺母。

失效模式四：高层建筑中，低层站的层门由于井道烟囱效应，室内热空气会沿着井道的空间向上流动，室外冷空气由低层渗入补充，造成井道内和层门外的气压差，如图 3-47 所示。层门风压过大，层门无法自动关闭。

图 3-46 重锤联动钢丝绳端接螺母松动

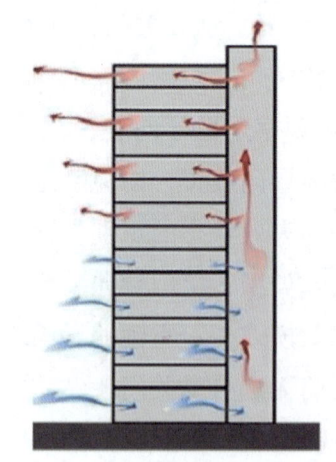

图 3-47 高层建筑内冷热空气对流示意图

解决措施：在重锤导向装置行程允许的前提下，适当增加重锤的重量，但是应注意重锤在导向装置中应运行顺畅，无卡阻的风险。

二、层门联动机构维护保养

1. 检查方法

（1）检查联动钢丝绳的表面状态（如表面是否干燥），同时检查联动钢丝绳是否存在断丝、断股、明显磨损和锈蚀。

（2）检查联动钢丝绳的张紧程度

1）不宜过紧，在联动钢丝绳中部用50 N左右的力量下压，钢丝绳应当有5～10 mm的行程，并且在层门开关过程中，联动钢丝绳不应发出"嗞嗞"的声响。

2）不宜过松，在联动钢丝绳中部用50 N左右的力量下压，钢丝绳的行程不宜超过10 mm，并且在层门开关过程中，联动钢丝绳不应存在异常振动。

（3）检查联动钢丝绳的传动轮是否存在严重的锈蚀、磨损和变形。

（4）检查联动钢丝绳端接装置是否固定，检查锁紧螺母或开口销等防松措施状态是否正常。

2. 失效状态的识别与处置

失效类型：层门联动机构失效。

失效模式一：联动钢丝绳表面出现干燥、锈蚀（见图3-48）。

图3-48 联动钢丝绳表面干燥、锈蚀

解决措施：用漆扫在钢丝绳表面刷涂钢丝绳专用润滑脂，待溶剂挥发后留下一层保护油膜。涂抹润滑脂不能清除已有的锈渍，只能防护钢丝绳不再生锈。

涂脂前钢丝绳应光洁、干燥、干净，不应有杂质存在。清洁钢丝绳时可用软刷直接清理钢丝绳表面，将多余油污清除。不可用柴油等有机溶剂直接对钢丝绳进行清洗，以免加速钢丝绳的锈蚀和磨损。

如果钢丝绳锈蚀严重，铁锈已填满绳股间隙，应更换钢丝绳。

失效模式二：联动钢丝绳出现磨损、断丝、断股，或出现明显受损变形（见图3-49）。

图3-49　联动钢丝绳受损变形

解决措施：更换钢丝绳。

失效模式三：联动钢丝绳张力过小（见图3-50），容易与其他部件钩挂刮擦，甚至从传动轮上脱落。

图3-50　联动钢丝绳张力过小

解决措施：适当松开联动钢丝绳端接装置，并收紧一定长度，提高钢丝绳张力，完成调整后应将端接装置可靠固定。

失效模式四：联动钢丝绳张力过大（见图3-51），导致传动系统磨损过快。

图 3-51　联动钢丝绳张力过大

解决措施：适当松开联动钢丝绳端接装置，并释放一定长度，降低钢丝绳张力，完成调整后应将端接装置可靠固定。

失效模式五：联动钢丝绳端接装置松动，或端接装置过于靠近螺栓端部且未安装开口销（见图3-52），容易引起端接装置脱落。

解决措施：拧紧端接装置的锁紧螺母，并根据需要正确安装开口销。

失效模式六：层门联动钢丝绳调整不当，引起层门门扇关闭中心偏离。

解决措施：调节主动门上的联动钢丝绳端接装置，或调节被动门上的联动钢丝绳固定装置，移动两门扇的关闭中心。

图 3-52　端接装置过于接近螺栓端部且未安装开口销

失效模式七：联动钢丝绳传动轮锈蚀卡阻，引起开关门阻力增加，导致联动钢丝绳磨损。

解决措施：当发现传动轮出现局部锈蚀时，应对传动轮轴承进行润滑，使之保持转动灵活。如果联动钢丝绳传动轮出现大面积严重锈蚀，或通过润滑轴承无法使其灵活转动，应更换传动轮。

三、层门锁紧机构维护保养

1. 检查方法

（1）在层门关闭的情况下，手动打开层门门锁机械锁钩，然后释放，观察锁钩落锁是否灵活，落锁是否到位。层门门锁在长期使用过程中，由于撞击变形、锈蚀，会导致自身机构运行不畅，此时应对层门门锁进行更换。

（2）在层门关闭的情况下，手动开启层门的紧急开锁装置，然后释放，观察紧急开锁装置和门锁锁钩能否灵活动作，落锁是否到位。由于层门紧急开锁装置与层门门锁之间存在机械传动，一旦紧急开锁装置由于变形、锈蚀等原因出现卡阻、不能自动复位等情况，在利用紧急开锁装置打开层门门锁后，同样会引起门锁无法自动复位。

2. 失效状态的识别与处置

失效类型：层门锁紧机构失效。

失效模式一：主动锁钩与固定锁钩的锁紧间隙偏小（见图3-53），导致主动锁钩无法完成锁紧。

解决措施：对主被动锁钩的锁紧间隙进行调整，原则上该间隙应保持在2～3mm之间，具体以制造厂家设计要求为准。

失效模式二：层门门锁铰接部件（轴承）锈蚀、磨损，导致主动锁钩无法动作。

解决措施：门锁出现较为严重的锈蚀时，应在其轴承出现卡阻前予以更换。

失效模式三：层门紧急开锁装置锈蚀、磨损，或与其他部件干涉、擦碰（见图3-54），引起运动卡阻、无法复位。

图3-53 锁钩的锁紧间隙偏小　　图3-54 门锁顶杆与钢丝绳端接装置干涉

解决措施：更换严重锈蚀或磨损、运动卡阻的紧急开锁装置。对于发生擦碰的开锁机构，调整干涉部件的位置，使其不与其他部件干涉、擦碰。

失效模式四：层门紧急开锁装置松动、变形（见图 3-55），引起机械传动失效，无法开启门锁。

图 3-55　紧急开锁装置失效

解决措施：检查并紧固层门紧急开锁装置各固定螺栓，保持机械运动灵活。

失效模式五：水平碰铁开锁机构被异物卡阻，导致碰铁无法自动复位。

解决措施：清理水平碰铁周边的异物，确认水平碰铁周边无异物，如图 3-56 所示。

图 3-56　水平碰铁检查区域

层门悬挂装置及导向机构调整

操作步骤

步骤1 整体检查

对层门自动关闭装置、层门联动钢丝绳、层门悬挂装置和层门门导靴进行整体检查，根据检查结果确定进一步的调整方案。

步骤2 更换部件

完成整体检查后，如发现下列部件存在磨损、锈蚀、卡阻、变形等情况，则应在开始层门运行调整前，首先更换相关部件。

1）层门自动关闭装置的联动钢丝绳、钢丝绳端接装置、重锤或弹簧。

2）层门联动钢丝绳及各滚轮。

3）层门悬挂装置的导轨、门导向轮和门限位轮。

4）层门门导靴。

步骤3 用百洁布等柔性清洁工具对门导轨开关门行程末段进行清洁，切勿使用砂纸、刮刀等打磨工具进行打磨。

步骤4 拧松门限位轮固定螺母，使门限位轮与层门上坎导轨不紧密接触。

步骤5 用厚度0.2 mm的塞尺（或同等厚度的长垫片）插入门限位轮与门导轨下端之间，随后向上移动门限位轮，向上压住塞尺。

步骤6 紧固门限位轮固定螺母。

步骤7 用上述方法，逐一调整各门限位轮与门导轨的运行间隙，完成初次调整后，反复开关层门，观察门限位轮运行是否顺畅。

层门联动机构调整

操作准备

将开门限位装置和关门限位装置完全释放，不限制层门门扇的运行位置。

操作步骤

步骤1　层门联动钢丝绳张紧度调整

（1）联动钢丝绳张力过小时，同时向右调节端接装置A、向左调节端接装置B，两端接装置调节幅度相等，使两侧联动钢丝绳同时张紧，如图3-57所示。

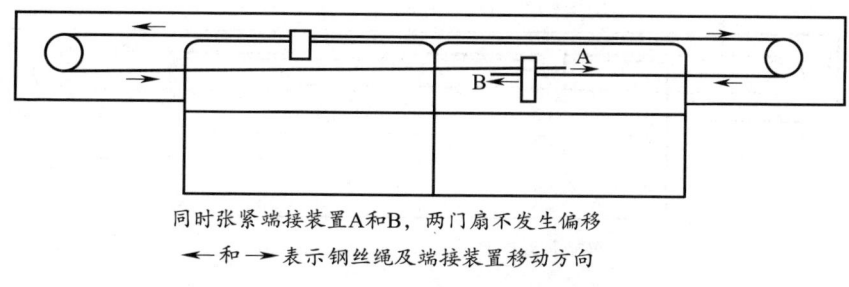

同时张紧端接装置A和B，两门扇不发生偏移
←和→表示钢丝绳及端接装置移动方向

图3-57　层门联动钢丝绳张力过小时的调整方法

（2）联动钢丝绳张力过大时，同时向左调节端接装置A、向右调节端接装置B，两端接装置调节幅度相等，使两侧联动钢丝绳同时松弛，如图3-58所示。

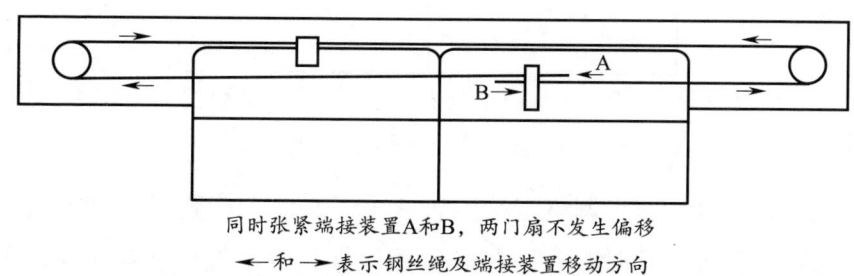

同时张紧端接装置A和B，两门扇不发生偏移
←和→表示钢丝绳及端接装置移动方向

图3-58　层门联动钢丝绳张力过大时的调整方法

需要注意的是，单独调整端接装置A或B使联动钢丝绳张紧时，会引起两门扇发生偏移。单独向右调节端接装置A，其左侧联动钢丝绳张紧后，引起右侧联动钢丝绳受力伸长，导致两门扇向左偏移；单独向左调节端接装置B，则右侧联动钢丝绳张紧后，引起左侧联动钢丝绳受力伸长，导致两门扇向右偏移，如图3-59所示。

步骤2　层门中心调整

层门中心偏右时，同步调整端接装置A和B，使端接装置A和B同时向右移动，且移动距离相等，此时左右两侧联动钢丝绳张力不发生变化，层门两门扇同时向左偏移，如图3-60所示。

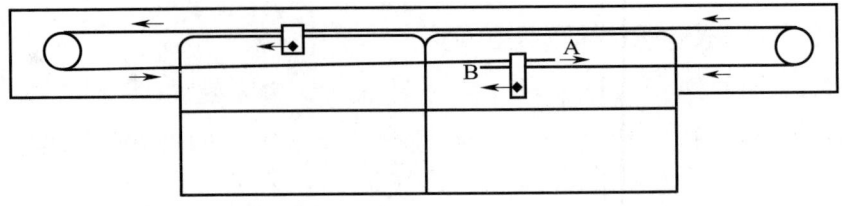

单独张紧端接装置A，两门扇向左偏移

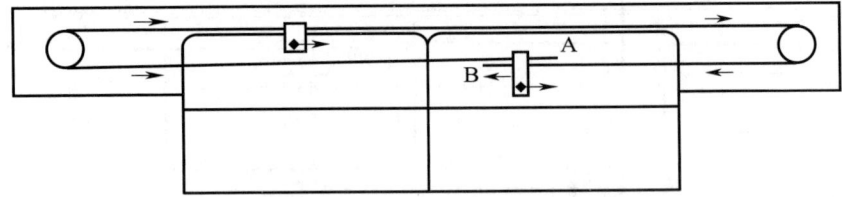

单独张紧端接装置B，两门扇向右偏移

←—和—→表示钢丝绳及端接装置移动方向，←—◆和◆—→表示悬挂装置移动方向

图 3-59　单独调整端接装置引发的层门偏移

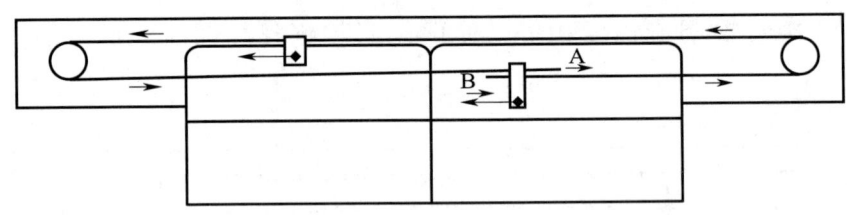

←—和—→表示钢丝绳及端接装置移动方向，←—◆表示悬挂装置移动方向

图 3-60　层门中心偏右时的调整方法

层门中心偏左时，同步调整端接装置 A 和 B，使端接装置 A 和 B 同时向左移动，且移动距离相等，此时左右两侧联动钢丝绳张力不发生变化，层门两门扇同时向右偏移，如图 3-61 所示。

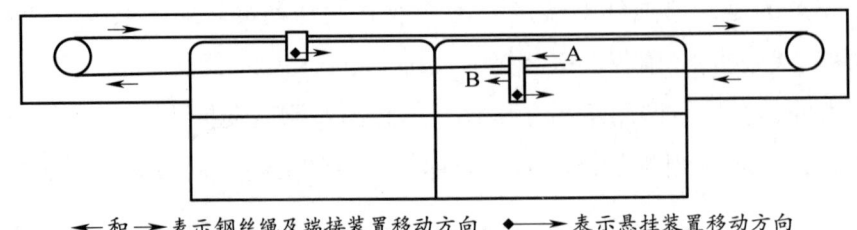

←—和—→表示钢丝绳及端接装置移动方向，◆—→表示悬挂装置移动方向

图 3-61　层门中心偏左时的调整方法

向右调整门扇中心的过程中，如层门门锁的锁钩阻挡了门扇的移动，则应适当释放固定锁钩的安装螺栓，将固定锁钩向右移动，如图 3-62 所示，使主动锁钩和固定锁钩之间的锁紧间隙变大后，继续调整门扇中心位置。

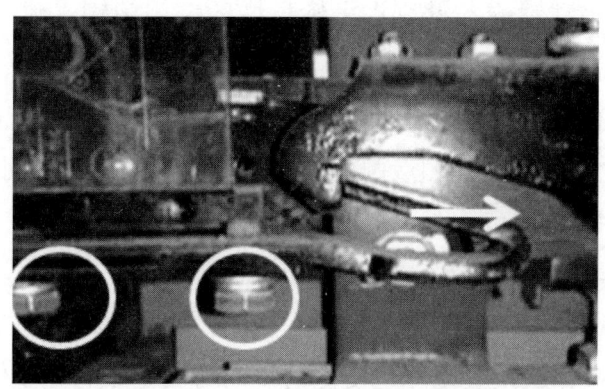

图 3-62　向右调整门扇中心时应适当移动固定锁钩

步骤 3　开关门限位装置调整

将层门门扇完全关闭，调节关门限位装置的位置，使限位装置的胶垫与碰铁相互接触且挤压，此时门扇不应被触动出现开启。

将层门门扇完全开启，使门扇的端面与门套立柱齐平，调节开门限位装置的位置，使限位装置的胶垫与碰铁相互接触且挤压。

反复开关层门，门扇到达开关门末端前 1～2 mm 时应先与限位装置接触，不应由于撞击而发出明显的声响。

层门锁紧机构调整

操作步骤

步骤 1　紧急开锁装置调整

对紧急开锁装置各固定螺栓进行紧固，并对由于磨损、锈蚀而出现卡阻的紧急开锁装置进行更换，确保紧急开锁装置安装牢固、动作灵活。

步骤 2　层门锁紧元件锁紧间隙与锁紧行程调整

（1）对锁紧元件的锁紧行程进行调整，并对主动锁钩的水平位置进行定位。调整时完全释放锁紧元件，使主动锁钩与固定锁钩完全锁紧，拧松主动锁钩上的固定螺母。

1）调整主动锁钩的水平角度，使主动锁钩上的水平标记线与固定锁钩端部对齐。

2）调整主动锁钩的水平位置，使主动锁钩上的门锁滚轮与门刀的运动间隙符合要求。

3)对于部分主动锁钩上没有水平标记线的层门门锁,建议锁紧行程不小于10 mm。

测量门锁滚轮与门刀的运动间隙时,应关闭层门,检修向上移动轿厢,使主动锁钩的门锁滚轮进入门刀,测量两侧刀片与对应门锁滚轮的间隙在7~9 mm之间。

(2)完成锁紧行程的调整和主动锁钩的定位后,进一步对主动锁钩和固定锁钩之间的锁紧间隙进行调整。

1)调整时完全释放锁紧元件,使主动锁钩与固定锁钩完全锁紧,拧松固定锁钩上的固定螺母,适当左右移动固定锁钩,使主动锁钩上的垂直标记线与固定锁钩端部对齐。

2)对于部分主动锁钩上没有垂直标记线的层门门锁,建议锁紧间隙应在1~2 mm之间,确保主动锁钩落锁顺畅、无卡阻。此外,如果锁紧间隙超过2 mm,外力扒门时会引起层门门扇开启间隙过大产生危险,同时也会引起层门电气安全触点的接触行程变小或者触点接触不居中,甚至触点分离而导致故障发生。

步骤3 锁紧元件啮合长度调整

(1)手动打开层门门锁的主动锁钩,随后缓慢释放锁钩,并在锁紧元件电气安全触点恰好接通时停止,测量此时锁紧元件相互啮合的长度 D。完全释放锁紧元件,使主动锁钩与固定锁钩完全锁紧,观察主动锁钩上的水平标记线是否与固定锁钩的端部对齐,并测量此时锁紧元件的锁紧行程 L 和电气安全触点的接触行程 d,如图3-63所示。

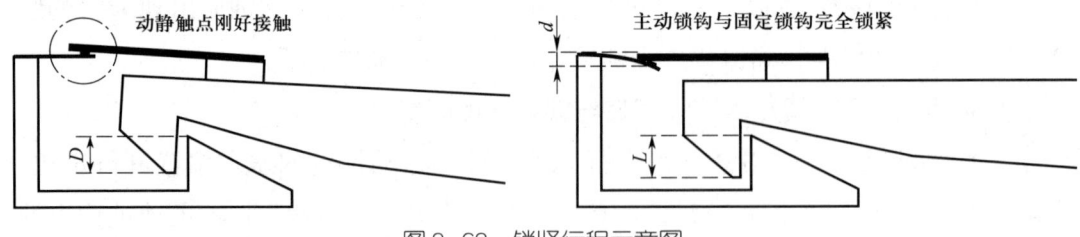

图3-63 锁紧行程示意图

(2)根据图3-63所示的原理,$L=D+d$,也就是说,锁紧元件的锁紧行程=锁紧元件的啮合长度+锁紧元件电气安全触点的接触行程。在锁紧元件的锁紧行程调整正常的情况下,如果人为改变锁紧元件电气安全触点的高度,就会使锁紧元件的啮合长度及电气安全触点的接触行程产生变化。

（3）在锁紧元件的锁紧行程正常（也即主动锁钩上的水平标记线与固定锁钩的端部对齐）的情况下，可按以下要求进行调整。

1）锁紧元件啮合长度 $D<7$ mm，则说明在前期维修保养过程中，锁紧元件电气安全触点的高度被人为抬高。此时电气安全触点的接触行程 d 应处于偏大状态（超过 4 mm），应将电气安全触点的弹簧触片向下调整一定高度，使啮合长度 $D \geqslant 7$ mm、触点接触行程 d 在 2～4 mm。

2）如果动静触点接触时啮合长度 $D \geqslant 7$ mm，但是此时主动锁钩剩余的锁紧行程较小（不足 2 mm），也即触点接触行程 $d=L-D<2$ mm，则说明电气安全触点的接触高度过低，引起弹簧触片的接触行程不足，应将电气安全触点的弹簧触片向上调整一定高度，使啮合长度 $D \geqslant 7$ mm 且触点接触行程 d 在 2～4 mm 之间。

3）对于部分主动锁钩上没有水平标记线的层门门锁，建议锁紧行程 L 不小于 10 mm，方能将触点接触行程 d 和锁紧元件啮合长度 D 同步调整在要求范围内。

4）调整弹簧触片的接触高度时，应采用合适的方法断开层门电气联锁回路的电源，以防止调整过程中触电。

步骤 4　锁紧元件居中度调整

（1）根据实际需要，拧松层门主动门锁左右固定螺栓中的一个，并在该螺栓处的锁钩底座与悬挂机构之间增加或减少垫片。或根据实际情况，拧松固定锁钩底座固定螺栓处，在两螺栓处的锁钩底座与悬挂机构之间增加或减少垫片。需要注意的是，垫片应穿入固定螺栓中，以防止其松动脱落。

（2）不应在非螺栓固定处增加垫片，以免垫片松脱后锁钩松动引起脱锁，导致事故发生。

培训单元 2　补偿链（绳）与随行电缆维护保养

能够对补偿链（绳）进行维护保养

能够对随行电缆进行维护保养

知识要求

一、补偿链（绳）维护保养

1. 检查方法

（1）检查补偿链（绳）与对重和轿厢底部的各端接装置（如U形螺栓等连接部件）是否安装牢固可靠。根据厂家设计要求，如连接处采用了二次保护措施，则根据二次保护的方式，检查相关固定部件（如绳夹等）是否安装紧固。

（2）检查补偿链（绳）与底坑地面的距离，当轿厢即将接触缓冲器时，测量随行电缆回转弯曲段与底坑地面的距离 D，$D \geq$ 缓冲器最大可压缩行程 +100 mm。检查补偿链（绳）与对重护网之间的垂直距离，补偿链（绳）应当与对重护网保持 100 mm 以上的距离，以避免电梯运行时补偿链（绳）与对重护网发生刮擦。

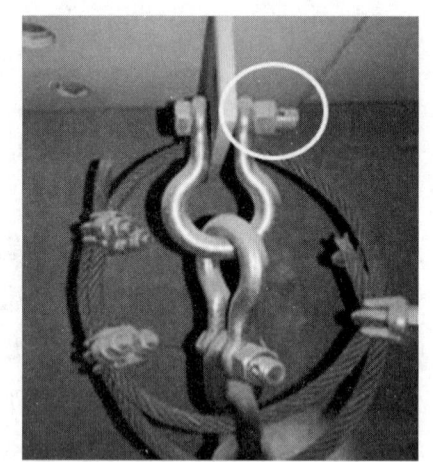

图 3-64　补偿链（绳）端部连接环固定螺栓缺少开口销

（3）检查导向装置的安装位置，确认补偿链（绳）运行中不与导向装置发生刮擦。

（4）将电梯检修运行至顶层，检查导向装置的安装高度是否符合标准，避免导向装置与对重发生撞击。

2. 失效状态的识别与处置

失效类型：补偿链（绳）端部连接状态失效。

失效模式一：补偿链（绳）端部连接环固定螺栓缺少开口销（见图 3-64）等防松措施，未有效锁紧。

解决措施：各螺栓应当被锁紧螺母可靠锁紧，并配以合适的防松措施。

失效模式二：二次保护装置装配工艺不良（见图 3-65）。

解决措施：根据二次保护的方式，安装紧固相关固定部件。

失效模式三：补偿链（绳）离地高度不符合标准（见图 3-66），引起补偿链（绳）运行中与底坑地面、导向装置、对重护网刮擦（见图 3-67）。

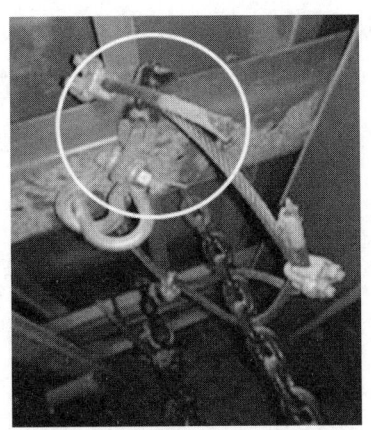
补偿链（绳）与其他部件缠绕单独受力

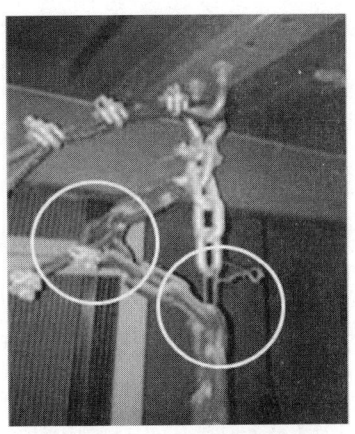
补偿链（绳）二次保护挂点提前受力

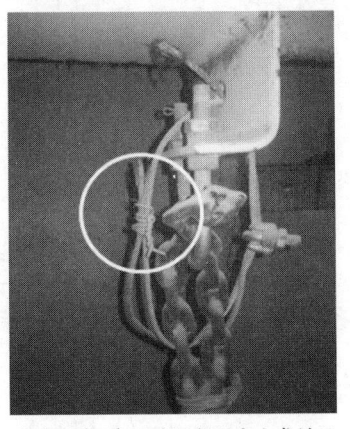
补偿链（绳）二次保护固定方式错误

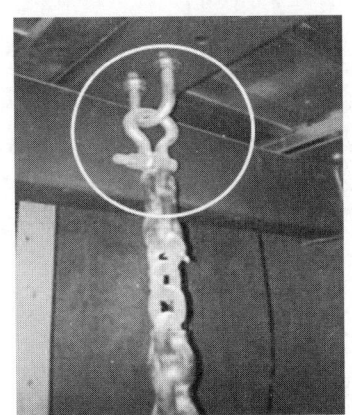
补偿链（绳）断臂缺少二次保护

图 3-65　二次保护装置装配工艺不良

图 3-66　补偿链（绳）离地距离过小

解决措施：调整补偿链（绳）悬挂高度。

1）正常状态下，补偿链（绳）距离底坑地面距离应大于轿厢和对重缓冲器的最大可压缩行程，确保当轿厢或对重完全压实在缓冲器上时，补偿链（绳）不与地面发生刮擦，应与地面保持 100 mm 以上的距离。

2）需要注意补偿链（绳）与对重防护网的有效距离，若电梯运行时无法避免补偿链（绳）与防护网的刮擦，则需用软性材料将防护网刮擦局部进行包扎处理。

失效模式四：补偿链（绳）的导向装置位置不佳，引起补偿链（绳）运行过程中存在噪声。

解决措施：调整补偿链（绳）的导向装置位置。

失效模式五：补偿链（绳）的导向装置安装过高，在对重压实在缓冲器上时，与导向装置发生撞击（见图3-68）。

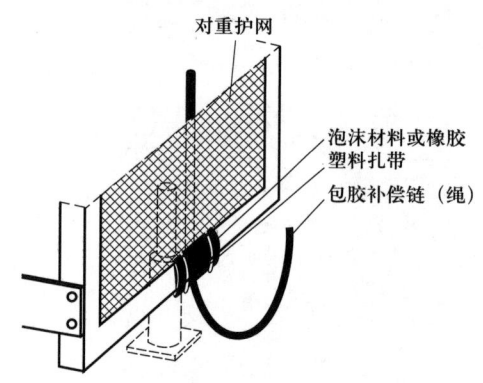 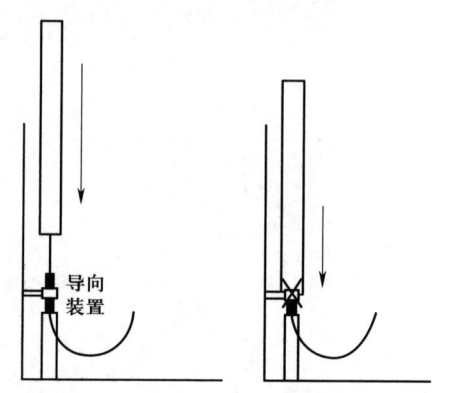

图3-67　补偿链（绳）与对重护网刮擦　　　图3-68　补偿链（绳）的导向装置安装过高

解决措施：调整补偿链（绳）的导向装置高度。

二、随行电缆维护保养

1. 检查方法

（1）轿顶作业人员在验证并控制电梯后进入轿顶，底坑作业人员在轿顶作业人员的配合下，验证并控制电梯后进入底坑。

（2）轿顶作业人员将轿厢检修点动向下运行至底坑作业人员能够对轿底挂架进行拆装的高度。

（3）轿顶作业人员在检修移动轿厢的过程中，底坑作业人员应复位底坑上、下停止按钮，并在下停止按钮处以蹲姿用手扶住下停止按钮后，允许轿顶人员复位轿顶停止按钮检修点动运行电梯。操作过程中，作业人员之间应保持有效的沟通，在接收到对方肯定信息后，方可移动轿厢。

（4）底坑作业人员检查随行电缆回转弯曲段

1）随行电缆在回转弯曲段不应有打结和波浪扭曲现象，多根随行电缆不应相互绑扎。

2）扁平型随行电缆可重叠安装，重叠根数不宜超过3根，每两根之间在回转弯曲段应保持30～50 mm的活动间距。需要注意的是，该活动间距应当在相邻随行电缆回转弯曲段的最底部进行测量。

3）底坑作业人员测量此时电梯的轿底缓冲距离和随行电缆离地距离。当轿厢完全压实在缓冲器上时，该随行电缆回转弯曲段最低位置与底坑地面的距离应不小于100 mm。

4）在随行电缆弯曲回转段内侧测量其回转直径，随行电缆在底坑的弯曲直径L不小于其直径d的20倍（见图3-69）。多种规格随行电缆共用时，回转直径按最大的电缆直径计算。

5）检查随行电缆与底坑各部件之间的距离，轿厢位于井道底部时，随行电缆应能避开底坑其他固定部件，不与底坑的爬梯、缓冲器、导轨支架等部件发生干涉。需要注意的是，如果调整随行电缆轿底挂架的位置无法避开底坑内的固定部件，则尝试对该部件重新进行移位安装，通过水平方向调整随行电缆架的位置，调整随行电缆与底坑各部件之间的距离。

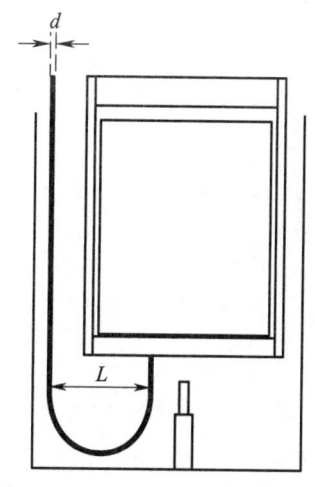

图3-69 随行电缆回转直径

2. 失效状态的识别与处置

失效类型：随行电缆安装失效。

失效模式一：随行电缆离地高度过低，容易与底坑地面刮擦。

解决措施：调整随行电缆回转弯曲段离地高度。

失效模式二：多根随行电缆绑扎方法错误，在电缆回转曲线段出现弯曲鼓出，易引起电缆折损或与井道部件钩挂。

解决措施：释放被绑扎的随行电缆，对多根随行电缆的长度进行调节，使每两根之间在回转弯曲段保持30～50 mm的活动间距。

失效模式三：随行电缆与井道部件（如底坑爬梯、缓冲器等）干涉，如图3-70所示，存在钩挂风险。

解决措施：水平方向调整随行电缆架的位置，调整随行电缆与底坑各部件之间的距离，轿

图3-70 随行电缆与爬梯干涉

厢位于井道底部时，随行电缆应能避开底坑其他固定部件，且保持不小于 200 mm 的距离。如果调整随行电缆轿底挂架的位置仍无法避开底坑内的固定部件，则尝试对该部件重新进行移位安装。

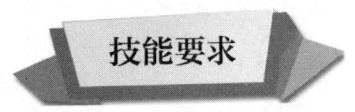

随行电缆悬挂调整

操作准备
根据随行电缆检查方法进行整体检查，记录相关数据。

操作步骤

步骤 1　回转直径调整

根据整体检查结果，如果 $L<20\times d$，则需要对随行电缆的轿底挂架位置进行调整。调整时可以将挂架随同随行电缆一起拆下，并将其固定到相邻的安装孔上，使随行电缆的回转直径 L 变大，满足 $L\geqslant 20d$ 的要求，如图 3-71 所示。

步骤 2　悬挂高度调整

（1）根据整体检查中测量到的轿底缓冲距离 S 和随行电缆离地距离 H，并在缓冲器铭牌上查阅缓冲压缩行程参数 L（见图 3-72），按照以下公式进行计算。

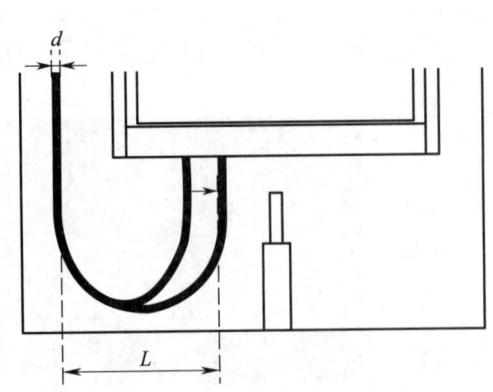

图 3-71　随行电缆回转直径调整

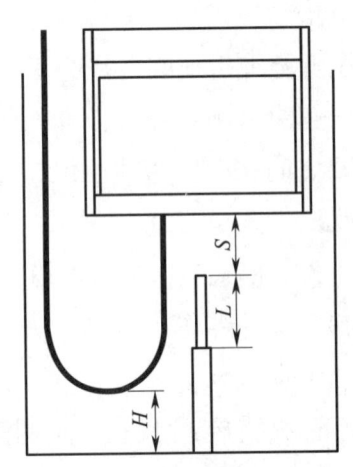

图 3-72　随行电缆悬挂高度计算图

如果 $H<\left(\dfrac{L+S}{2}+100\right)$ mm，则说明随行电缆离地距离 H 过低，需要对随行电缆的悬挂高度进行调整。

当无法获得缓冲器缓冲行程参数 L 时，可以依据以下规则计算最小缓冲压缩行程。

1）对于液压缓冲器（耗能型），按照其液压缸体的长度计算缓冲压缩行程 L。

2）对于弹簧缓冲器（蓄能型线性），按照其弹簧总高度的一半计算缓冲压缩行程 L。

3）对于聚氨酯缓冲器（蓄能型非线性），按照其缓冲体总高度的 2/3 计算缓冲压缩行程 L。

调整此时随行电缆离地距离 H_M，使 $\left(\dfrac{L+S}{2}+100\right)$ mm $\leqslant H_M \leqslant \left(\dfrac{L+S}{2}+200\right)$ mm。可以将随行电缆从轿底挂架上拆下，向上提起 $(H_M-H)\times 2$，随后将随行电缆重新在轿底挂架上进行简单固定。

步骤 3　悬挂间距调整

如果每两根随行电缆之间在回转弯曲段活动间距小于 30 mm，或者多根随行电缆相互绑扎引起回转弯曲段打结和波浪扭曲现象，则应在完成回转直径和悬挂高度的调整后，对随行电缆的悬挂间距进行调整。

调整时，一名作业人员保持最外侧随行电缆在挂架上的位置固定不变，另一名作业人员将内侧的随行电缆从挂架上松开，并逐一向上提起 50 mm 左右的高度，使相邻随行电缆之间的间距保持在 30 ~ 50 mm 之间，随后将随行电缆重新在轿底挂架上进行简单固定。

需要注意的是，多根随行电缆相互绑扎易引起回转弯曲段出现打结和波浪扭曲现象，因此在进行悬挂间距调整之前，应当先卸下所有绑扎物，使各随行电缆相互松脱。

步骤 4　随行电缆状态复查

在完成随行电缆回转直径、悬挂高度和悬挂间距调整后，应对随行电缆的整体状态进行一次复查，复查状态正常的情况下，可以对调整完毕的随行电缆进行固定。

步骤 5　轿底随行电缆固定

将调整完毕的随行电缆（单根或多根）绕过轿底挂架的挂轴，在挂轴下方

150～200 mm 处，用电缆夹将挂轴两侧的随行电缆夹紧，如图 3-73 所示。电缆夹与随行电缆相接触的内侧表面应敷设有胶垫，避免电缆夹夹紧时损伤随行电缆。

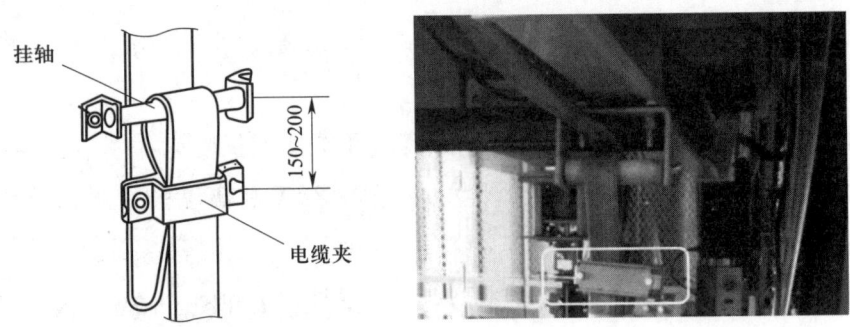

图 3-73　随行电缆在轿底挂架上的固定

步骤 6　轿顶随行电缆固定

（1）完成随行电缆在轿底挂架上的固定后，轿顶作业人员松开轿顶的随行电缆固定架，在底坑作业人员的配合下，将多余的随行电缆向上收至轿顶，使随行电缆紧贴轿厢侧面走线。

（2）底坑作业人员用力晃动轿厢内侧面的随行电缆，确认电缆未被张紧且无明显晃动后，轿顶作业人员固定轿顶的随行电缆固定架，在轿顶上固定随行电缆。

（3）整理轿顶上随行电缆的走线，将其敷设到线槽之内，多余随行电缆无法敷设到轿顶线槽内的，应当适当盘整并固定，如图 3-74 所示。

图 3-74　随行电缆在轿顶上的盘整固定

培训单元 3　钢丝绳维护保养

能够对钢丝绳进行维护保养

一、检查方法

1. 在轿顶上自上而下全程检修运行电梯，同时对钢丝绳的表面状态进行检查，观察钢丝绳表面是否存在油污堆积。

2. 仔细用手指触摸钢丝绳表面：如果手指上有污迹并有轻微油感，则不需要润滑；如果手指干净或触感干燥，则需要进行适度润滑。

3. 用宽钳口游标卡尺测量钢丝绳的直径（见图 3-75），钳口宽度最小应跨越两个相邻的股（见图 3-76），测量时在钢丝绳运行段中取至少两个点进行测量，每个测量点用游标卡尺测量两次，两侧测量的方向应呈 90°，同时应确保每个测量点间距不小于 1 m，四次测量的平均值即为钢丝绳的实测直径。

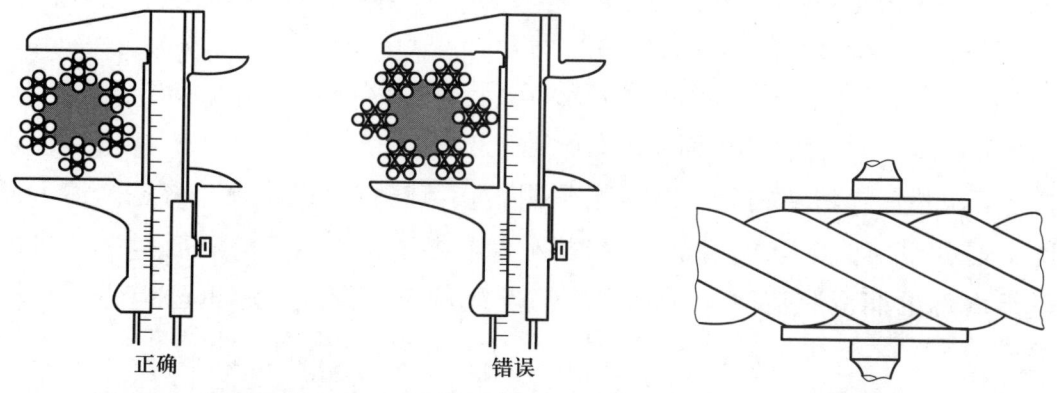

图 3-75　宽钳口游标卡尺测量钢丝绳直径　　图 3-76　钳口宽度最小要跨越两个相邻的股

4. 对钢丝绳表面的断丝、断股状态进行检查，钢丝绳表面状态出现下列状态时，应及时进行报废和更换。

（1）钢丝绳出现笼状畸变、绳股挤出、扭结、压扁、弯折。

（2）一个捻距内出现的断丝数大于表3-3列出的数值。

表3-3 钢丝绳断丝数

断丝的形式	钢丝绳类型		
	6×（19）	8×（19）	9×（19）
均布在外层绳股上	24	30	34
集中在1~2根外层绳股上	8	10	11
一根外层绳股上相邻的断丝	4	4	4
绳股（缝）断丝	1	1	1

注：上述断丝数的参考长度为一个捻距，约为 $6d$（d 表示钢丝绳的公称直径，mm）

（3）钢丝绳实测直径小于其公称直径的90%。

（4）钢丝绳严重锈蚀，铁锈填满绳股间隙。

二、失效状态的识别与处置

失效类型：钢丝绳失效。

失效模式一：钢丝绳表面过于干燥，局部出现锈蚀。

解决措施：用漆扫在钢丝绳表面刷涂钢丝绳专用润滑脂，待溶剂挥发后留下一层保护油膜，应等待4~8h再满负荷运转，防止甩油现象。涂抹润滑脂不能清除已有锈渍，只能防护钢丝绳不再生锈。

需要注意的是，涂脂前钢丝绳应光洁、干燥、干净，不应有杂质存在。

失效模式二：钢丝绳表面油污堆积或过于油腻。

解决措施：清洁钢丝绳时可用软刷直接清扫钢丝绳表面，将多余油污清除。不可用柴油等有机溶剂直接对钢丝绳进行清洗，有机溶剂清洗会将钢丝绳内部的润滑脂清除，反而导致钢丝绳过于干燥，引起钢丝绳锈蚀和磨损。

钢丝绳表面清洁完成后，应及时对其表面漆扫刷涂专用润滑脂进行润滑。

失效模式三：内部的润滑油被挤出，产生甩油现象。

解决措施：立即检查，确认是否存在钢丝绳载荷过大、有机溶剂清洗或者再润滑过度的情况，必要时更换钢丝绳。

失效模式四：钢丝绳严重锈蚀，出现铁锈填满绳股间隙、发黑、斑点、麻坑以及外层钢丝松动的现象。

失效模式五：钢丝绳绳股变形，出现笼状畸变（见图3-77）、绳芯挤出、扭结、压扁、弯折。

失效模式六：钢丝绳绳股未发生变形，但钢丝绳出现断股或多处断丝（见图3-78）。

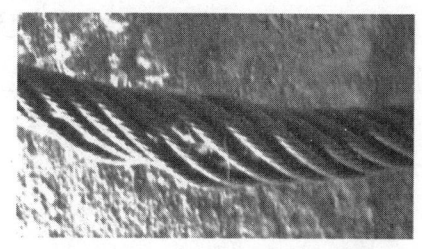

图3-77 钢丝绳笼状畸变

图3-78 钢丝绳多处断丝

失效模式七：钢丝绳绳股未发生变形，但钢丝绳磨损严重（见图3-79），实测直径小于公称直径的90%。

解决措施：应立即更换钢丝绳，在更换该电梯钢丝绳时，同组的各电梯钢丝绳也要更换。如果电梯运行次数较多，曳引轮的绳槽已出现明显磨损，则应将曳引轮一起更换。

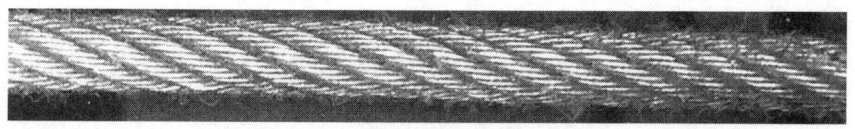

图3-79 钢丝绳磨损严重

培训单元4　钢丝绳张力检查调整

能够对钢丝绳张力进行调整

能够对钢丝绳扭转应力进行调整

一、检查方法

目测钢丝绳各个绳头压缩弹簧的长度应持平。如压缩弹簧的长度存在落差,应进一步用拉力法测量各钢丝绳张力的差异。

将轿厢停在井道 2/3 高度处,在轿顶用 300 N 的弹簧测力计测量对重侧每根钢丝绳沿水平方向拉开同样距离时(建议用角尺测量)的张力值,其张力值应满足如下要求:

$$(F_{max}-F_{avg})/F_{avg} \leq 0.05 \text{ 且 } (F_{avg}-F_{min})/F_{avg} \leq 0.05$$

式中　F_{max}——张力最大值,N;

　　　F_{min}——张力最小值,N;

　　　F_{avg}——张力平均值,N。

在检查过程中,应注意确认钢丝绳张力是否均匀,各钢丝绳张力与所有钢丝绳张力的平均值差异不应超过 5%。

二、失效状态的识别与处置

失效类型:钢丝绳张力不均。

失效模式:各钢丝绳张力与所有钢丝绳张力的平均值差异超过 5%。

解决措施:对钢丝绳的张力进行调节。

钢丝绳张力调整

操作步骤

步骤 1　钢丝绳的张力是通过顺时针或逆时针拧动端接装置上的固定螺母,使端接装置固定高度发生改变,从而改变该钢丝绳悬挂长度来实现的,如图 3-80 所示。

步骤 2　每次调整只选择张力差异最大的钢丝绳进行调整,因为多根钢丝绳的张力在调整时存在此消彼长的情况。

步骤3 调整应当在测量端的端接装置上进行，也就是在对重侧钢丝绳端接装置上调整该钢丝绳的张力，并且应将对重运行至井道最底部，使被调整钢丝绳的悬挂长度达到最大。

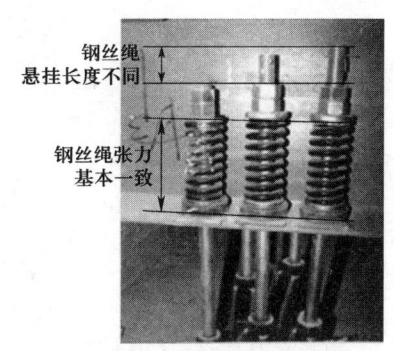

图3-80 钢丝绳端接装置

（1）钢丝绳张力偏大，应拧松端接装置上的固定螺母，使端接装置的固定位置向下、钢丝绳的悬挂长度变长，促使压缩弹簧的长度变长、钢丝绳张力下降。钢丝绳张力偏小，应拧紧端接装置上的固定螺母，使端接装置的固定位置向上、钢丝绳的悬挂长度变短，促使压缩弹簧的长度变短、钢丝绳张力提高。钢丝绳张力偏大、偏小调整方法如图3-81所示。

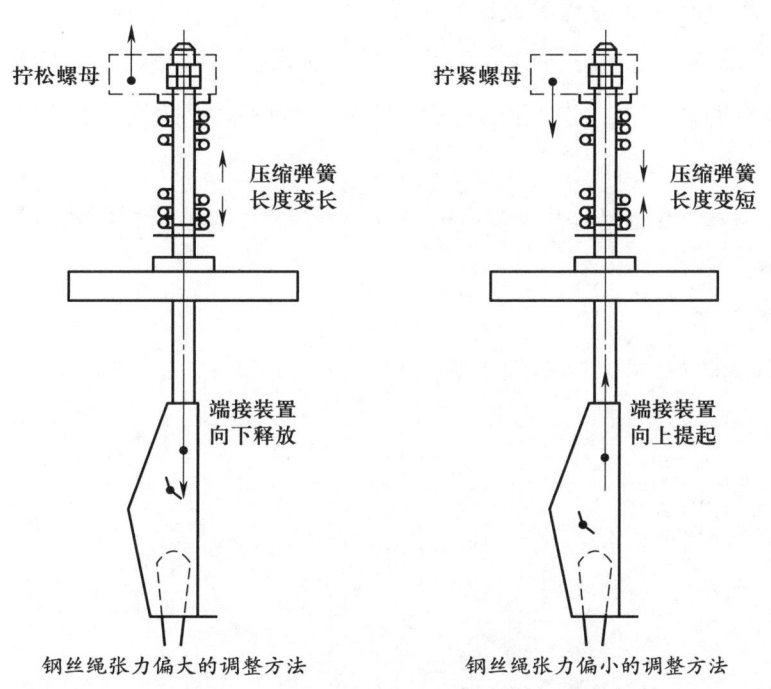

图3-81 钢丝绳张力偏大、偏小的调整方法

（2）当钢丝绳端接装置上的压缩弹簧长度与其他钢丝绳基本一致后，锁紧端接装置上的固定螺母，上下多次全程正常运行电梯，然后再次进入轿顶，重新对各钢丝绳的张力差异进行测量和计算。

（3）如果再次测算各钢丝绳的张力差异偏差仍然大于5%，则重新选择张力偏差最大的钢丝绳，进行二次调整。

（4）重复上述步骤，直至各钢丝绳的张力偏差不再超出5%，检查确认各钢丝绳端接装置上的螺母、开口销以及防止松捻保护状态正常。

钢丝绳扭转应力调整

操作步骤

如果电梯上下运行时，钢丝绳端接装置上的压缩弹簧长度发生大幅度的变化，说明钢丝绳的张力也在不断发生变化。这种情况下难以对钢丝绳的张力差异进行测量和调整，需要释放该钢丝绳的扭转应力后，才能对各钢丝绳的张力差异进行准确测量和调整。

步骤1 针对张力异常变化的钢丝绳，用吊索连接该钢丝绳的对重侧端接装置，并将吊索悬挂在端接装置悬挂的钢梁上。

步骤2 将对重运行至井道底部后，拆下对重侧的端接装置。将钢丝绳自由悬挂在绳头挂板的钢梁上，使其在井道内悬空，自由旋转释放其自身的扭转应力后重新安装。

步骤3 反复运行电梯后观察端接装置的高度变化，如有需要再次重复上述操作，直至恢复正常。

注意事项

悬挂钢丝绳释放应力的时间不宜过长，钢丝绳停止自转即可。

培训项目 3 轿厢设备维护保养

培训单元 1 导靴维护保养

能够对弹性滑动导靴进行维护保养
能够对弹性滚动导靴进行维护保养
能够对直梁扭曲度进行调整

一、弹性滑动导靴维护保养

1. 检查方法

（1）在轿顶上拆除单侧导靴上部的油杯后，取出该侧导靴的靴衬。测量靴衬两侧面之间的间隙，对于单向弹性滑动导靴，原则上该间隙达到或超过导轨导向面宽度 2.5 mm 时，应更换靴衬；对于双向弹性滑动导靴，该间隙达到或超过导轨导向面宽度 1.5 mm 时，应更换靴衬。检查靴衬两侧面磨损程度是否一致。

（2）确认靴衬状态正常后，作业人员在轿顶上沿轿厢前后方向晃动轿顶，轿顶应无异常晃动，且导靴内各部件不应由于晃动而撞击或产生声响。

对于单向弹性滑动导靴，应检查靴头导向机构（如轴与轴套）在其侧面方向上是否存在磨损和松动；对于双向弹性滑动导靴，应检查工作面弹性元件和浮动行程是否正常。

（3）确认靴衬状态正常后，沿轿厢左右方向晃动轿顶，轿顶能够产生一定的晃动，但晃动阻尼较强、幅度较小，且能被导靴有效地缓冲。导靴内各部件不应由于晃动而撞击或产生声响，检查导向面弹性元件和浮动行程是否正常。

2. 失效状态的识别与处置

失效类型：弹性滑动导靴状态不良。

失效模式一：导靴靴衬过度磨损，轿厢运行中晃动间隙过大。

解决措施：更换靴衬。

失效模式二：导靴单侧受力过大，轿厢运行舒适感不佳，同时引起靴衬异常磨损。

解决措施：如两侧导靴的靴衬均出现严重的磨损不一致，且磨损程度较大的一侧均出现在轿厢同一方向，说明轿厢静平衡或动平衡存在问题，应进行调整。

检查靴头钳口与导轨导向面是否居中，如不居中且靴衬安装困难，则应对该侧直梁的扭曲度进行调整，避免靴衬单侧受力。

失效模式三：导靴调整不良，靴头的导向面弹性元件预压缩力调整过大，电梯运行舒适感不佳。

解决措施：根据导靴设计要求调整导向面弹性元件预压缩力。如图3-82所示的某型号导靴，首先拧松导向面弹性元件调节杆锁紧螺母，根据导靴实际状态旋转导向面弹性元件调节杆，调节弹性元件预压缩力。弹性元件预压缩力调节完毕后，应锁紧导向面弹性元件调节杆锁紧螺母。

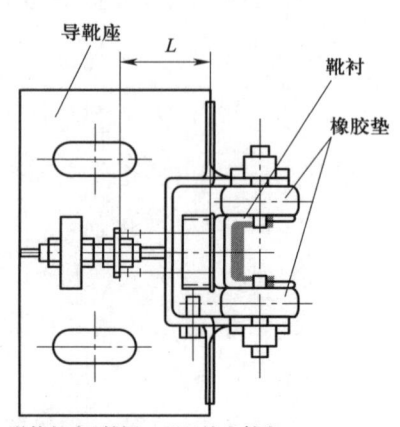

图3-82　导向面弹性元件

失效模式四：导靴调整不良，靴头的导向面浮动行程过小，轿厢遇到冲击时晃动幅度变大。

解决措施：根据导靴设计要求调整导向面浮动行程，正常情况下为 2～3 mm，同时导向面浮动行程的调节螺母不应拧紧在导靴壳体上。

失效模式五：双向弹性滑动导靴靴头的工作面浮动行程过小，电梯运行舒适感不佳。

解决措施：根据导靴设计要求调整工作面浮动行程，原则上不大于安全钳制动元件与导轨工作面之间的间隙，正常情况下为 1～2 mm。

失效模式六：导靴定位不良，靴衬底部未压住导轨导向面（见图 3-83），轿厢在偏载下产生晃动或倾斜。

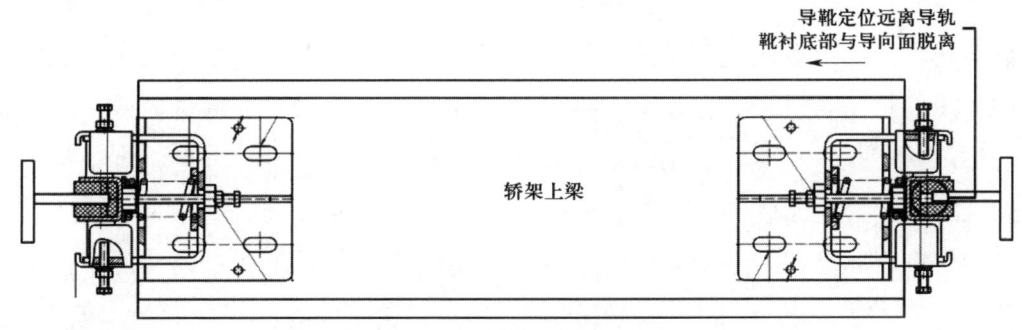

图 3-83　导轨定位远离导轨

失效模式七：导靴定位不良，靴头的导向面弹性元件过度预压缩，电梯运行舒适感不佳。

失效模式八：导靴定位不良，两侧导靴存在扭转（见图 3-84），电梯运行舒适感不佳。

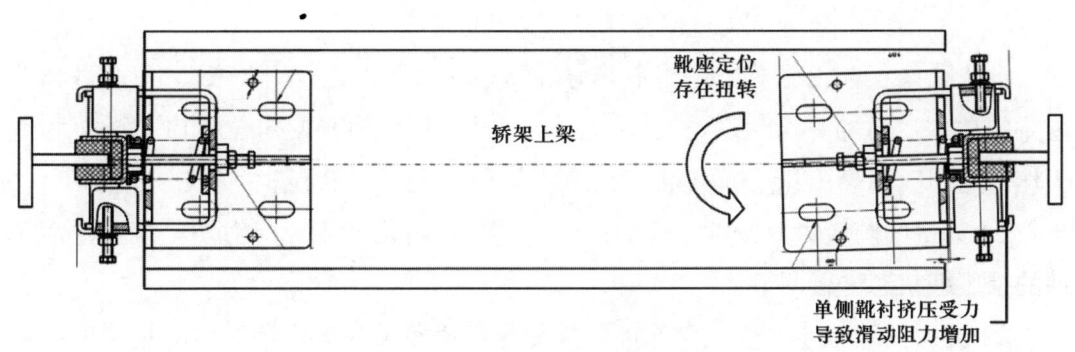

图 3-84　导轨靴座定位存在扭转

解决措施：调整导靴的位置，使导轨完全嵌入靴衬内，并使靴衬的底部完全压住导轨导向面；导靴不应存在水平侧转，靴衬侧面不应与导轨工作面挤压受力；

调整左右两侧导靴的相对位置，使两侧导靴的靴衬处于同一工作面。

二、弹性滚动导靴维护保养

1. 检查方法

（1）将轿厢停在井道中间位置，对轿顶左右两侧导靴的定位状态进行检查。检查定位钳口与导轨是否居中；检查两侧导靴的定位钳口底部与导轨导向面间隙是否一致；检查各滚轮弹性元件的预压缩程度是否一致；检查各滚轮的浮动行程是否符合要求，原则上各滚轮的浮动行程不大于2mm。

（2）将轿厢停在井道中间位置，在导靴定位钳口与各导轨面的间隙合适、各滚轮弹性元件压缩程度基本一致的情况下，手动转动各滚轮一圈以上，滚轮应当能够被转动。如出现滚轮转动阻力过大而难以转动的情况，应检查该滚轮的弹性元件预压缩量是否过大，在排除弹性元件预压紧力过大的可能后，应进一步确认滚轮轴承状态是否正常。如出现滚轮在个别角度下转动阻力偏大的情况，应进一步确认滚轮轮缘是否存在磨损或变形。

（3）将轿厢停在井道中间位置，在确认定位钳口与导轨居中的情况下，沿轿厢前后、左右方向晃动轿顶，轿顶能够产生一定的晃动，但晃动阻尼较强、幅度较小，且能被导靴有效地缓冲，导靴内各部件不应由于晃动而撞击或产生声响。

2. 失效状态的识别与处置

失效类型：弹性滚动导靴状态不良。

失效模式一：导靴定位钳口与导轨工作面的间隙不一致，容易引起门刀与层门地坎间隙不良、撞弓与端站越程保护开关间隙不良。

解决措施：如果导靴定位钳口与导轨两侧工作面的间隙不一致，应通过调整直梁扭曲度、轿厢平衡状态、工作面弹性元件预压缩力，使定位钳口与导轨两侧工作面的间隙相等，并保持两侧工作面弹性元件的预压缩力基本一致。

1）如果间隙较大一侧的工作面弹性元件压缩程度较大，应对两侧滚轮弹性元件的预压缩状态进行调整。

2）如果间隙较小一侧的工作面弹性元件压缩程度较大，应对直梁扭曲度或轿厢平衡状态进行调整。

3）如轿顶左右导靴的状态一致，其钳口均偏向导轨的某一侧工作面，该侧滚轮弹性元件压缩程度较大，则应对轿厢的静平衡或动平衡状态进行调整。

4）如果钳口与导轨的某一侧工作面间隙较小，其钳口偏向导轨不同侧的工作面，则应对轿架直梁的扭曲度进行调整。

失效模式二：左右两侧导靴定位钳口与导轨导向面的间隙不一致，容易引起门刀与层门门锁滚轮间隙不良、撞弓与端站越程保护开关滚轮不居中。

解决措施：如果左右导靴的钳口与导轨导向面间隙不一致，应通过调整轿厢平衡状态、导向面弹性元件预压缩力，使左右导靴的定位钳口与导轨导向面的间隙相等，并保持左右导靴导向面弹性元件的预压缩力基本一致。

1）如果间隙较大一侧导靴的导向面弹性元件压缩程度较大，应对左右导靴上的导向面弹性元件的预压缩状态进行调整。

2）如果间隙较小一侧导靴的导向面弹性元件压缩程度较大，应对轿厢的静平衡和动平衡状态进行调整，使轿厢在左右方向上重量平衡。

失效模式三：单个或多个滚轮的弹性元件预压缩力偏大，滚轮在导轨面上的浮动阻尼偏大，运行舒适感不佳。

解决措施：根据制造厂家设计要求，调整各滚轮弹性元件的预压缩状态，使预压缩量基本一致。根据经验，通常情况下单侧滚轮在导轨面上的压力不大于150 N，调整完毕后滚轮压紧在导轨上时，原则上应能够用手将其转动。

失效模式四：滚轮浮动间隙过大，轿厢在该滚轮方向上晃动间隙过大，同时可能引起其他机械装置失效。

失效模式五：滚轮浮动间隙过小，轿厢在该滚轮方向上缓冲距离不足，轿厢运行舒适感不佳。

解决措施：根据导靴设计要求调整滚轮的浮动行程调节机构（见图3-85），使滚轮能够在导轨面上进行一定的浮动。工作面滚轮的浮动行程不大于安全钳制动元件与导轨工作面之间的间隙，正常情况下应为1～2 mm。

图3-85 弹性滚动导靴的浮动行程调节机构

失效模式六：导靴滚轮轴承磨损或锈蚀，滚轮滚动阻力过大。

解决措施：在滚轮轮缘破损变形或滚轮转动不灵活时，更换滚动导靴的滚轮。

失效模式七：导靴滚轮外缘变形，对重运行过程中产生振动。

解决措施：在滚轮轮缘破损变形或滚轮转动不灵活时，更换滚动导靴的滚轮。

失效模式八：导靴定位不良，定位钳口底部与导轨导向面间隙过小，电梯运行舒适感不佳。

失效模式九：导靴定位不良，定位钳口底部与导轨导向面间隙过大，电梯运行舒适感不佳，同时可能引起其他机械装置失效。

解决措施：调整导靴的水平位置，使导靴定位钳口与导轨导向面和工作面的间隙符合导靴设计要求，该间隙原则上不小于 5 mm。调整左右两侧滚动导靴的相对位置，不应存在扭转，且各导靴的导向面滚轮处于同一平面。调整滚动导靴的水平度，使各滚轮的安装方向与运行方向一致。

技能要求

直梁扭曲度调整

操作步骤

步骤 1　作业人员在轿顶，调节一侧导靴的工作面浮动行程调节机构，使之顶住靴头侧面，此时该侧导靴不能在轿厢前后方向产生晃动。随后拆除单侧轿顶导靴靴衬，观察在没有靴衬固定的情况下，该导靴靴头的钳口与导轨位置是否居中，并在直梁与上梁的连接处分别测量直梁侧面与同侧导轨工作面之间的距离 a、b，如图 3-86 所示。原则上两侧距离相等（$a=b$），考虑到测量误差等因素，建议两侧距离偏差不大于 1 mm。

当轿顶使用弹性滚动导靴时，可以将一侧导靴上的滚轮弹性元件全部压紧，调节该导靴上两个工作面滚轮的弹簧压缩程度，使导靴定位钳口与导轨居中。然后将另一侧导靴三个滚轮的弹性元件（弹簧）和浮动行程限制螺母调松，使滚轮与导轨不紧密接触，观察该侧导靴的定位钳口与导轨是否居中。

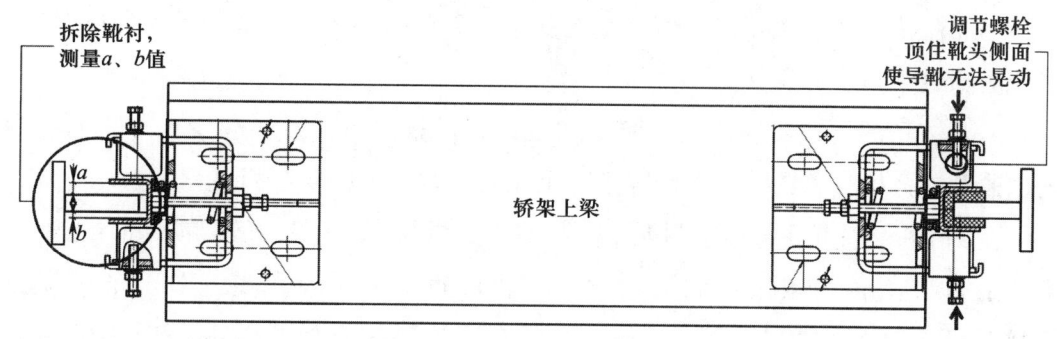

图3-86 调节一侧导靴的工作面浮动行程调节螺栓

直梁扭曲的主要原因是直梁在生产加工和运输过程中发生变形，运行中的电梯发生严重的冲顶、蹲底，在安全钳楔块调整不当状态下全速动作等。

此时应当对直梁的扭曲偏移量 x 进行调整，在没有消除偏移量 x 之前，不应用撬棍、扳手等工具强行撬动直梁、上梁，使靴衬强行插入靴头、轿顶导靴强行安装就位。通过挤压导靴靴衬的方式使轿架变直，会导致导靴靴衬的单侧快速磨损。

步骤2 在拆除单侧导靴、检查直梁扭曲度后，如果确认直梁存在扭曲，可以参照以下方法，对该侧直梁的扭曲偏移量 x 进行调整。

（1）将需调整一侧直梁上的导靴和轿厢限位卡板（见图3-87）拆除，在轿底拧松与该直梁连接的斜拉杆的固定螺母。

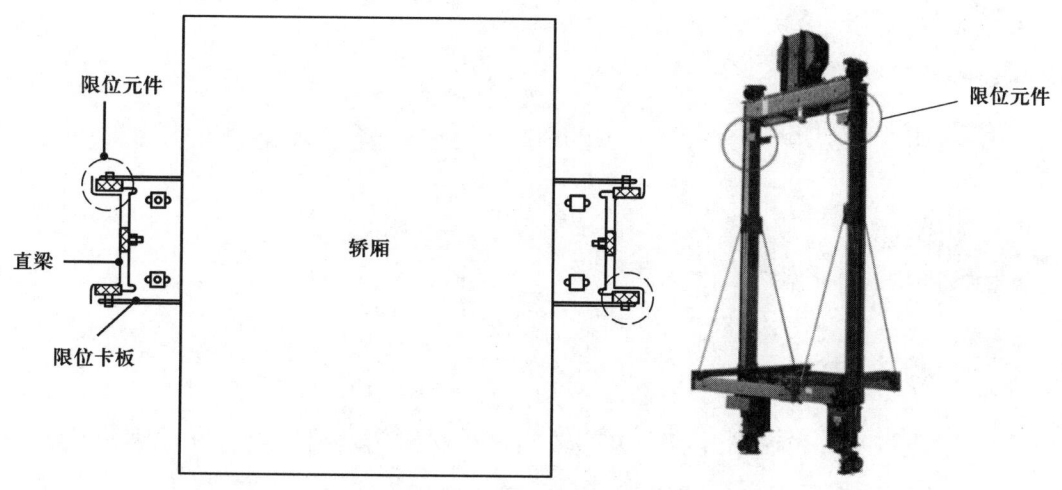

图3-87 限位卡板和限位元件

（2）将直梁扭曲偏移方向相反的斜拉杆长度适当收短，将扭曲偏移方向相同侧的斜拉杆长度放长。

（3）在轿顶观察直梁扭曲偏移量的变化，直至两侧距离相等，考虑测量误差，建议两侧距离偏差不大于 1 mm。

需要注意的是，当对一侧直梁扭曲度进行调整以后，需要同步对另一侧直梁的扭曲度进行检查和调整，以确保轿顶上梁与导轨中心线的平行度。

在对轿厢斜拉杆进行调整以后，需要重新检查活动轿厢的地面水平度，通过增减轿厢减振垫处的垫片，对轿厢水平度进行调整。对于采用弹性连接的活动轿厢结构的轿架，不应当采用调整斜拉杆的方法调整轿厢地面水平度。

如果在轿厢减振垫处调整了垫片的数量，会引起活动轿底与轿架底梁之间的距离改变。如果电梯采用了轿底称重方式，原则上应当对电梯重新进行称重测试，调整轿厢的称重系统，并对轿厢减振垫限位螺栓的间隙重新进行检查调整。

培训单元 2　轿门运行维护保养

能够对轿门运行进行维护保养

一、检查方法

1. 在轿厢内人为控制开启和关闭轿门，观察轿门运行状态，轿门运行应当平稳、无异常声响、无异常晃动或抖动。

2. 在轿厢内人为控制开启和关闭轿门，检查轿门运行时间应满足 GB/T 10058 中的要求，见表 3-4。

表 3-4　乘客电梯开关门时间　　　　　　　　　　　　单位：s

开门方式	开门宽度（B）			
	$B \leq 800$ mm	800 mm$<B \leq$ 1 000 mm	1 000 mm$<B \leq$ 1 100 mm	1 100 mm$<B \leq$ 1 300 mm
中分自动门	3.2	4.0	4.3	4.9
旁开自动门	3.7	4.3	4.9	5.9

注1：开门宽度超过 1 300 mm 时，其开门时间由制造商与客户协商确定。
注2：开门时间是指从开门启动至达到开门宽度的时间；关门时间是指从关门启动至 GB 7588 中 7.7.3.1，7.7.4，8.9 证实层门锁紧装置、轿门锁紧装置（如果有）以及层门、轿门关闭状态的电气安全装置的触点全部接通的时间。

轿门运行的动能不超过 GB 7588 中的要求，GB 7588 要求层门或轿门在平均关门速度下的测量值或计算值不大于 10 J，该限制包含了与门扇刚性连接的机械零件的动能。

对于中分式滑动门的平均关门速度，应按照其总行程减去 25 mm 计算；对于旁开式滑动门的平均关门速度，应按照其总行程减去 50 mm 进行计算。

另外，根据标准要求，也可采用专门的测量装置进行测量，该装置包括一个带刻度的活塞。它作用于一个弹簧常数为 25 N/mm 的弹簧上，并装有一个容易滑动的圆环，以便测定撞击瞬间的运动极限点。

在测量时，通过所得极限点对应的刻度值，读出撞击瞬间的活塞行程，根据以下公式可以计算得出平均动能数值：

$$E = \frac{1}{2} kL^2$$

式中　E——平均动能，J；

　　　k——弹簧劲度系数，25 N/mm；

　　　L——活塞行程，mm。

二、失效状态的识别与处置

失效类型：轿门运行状态不佳。

失效模式一：轿门运行速度过快或开门保持时间过短，存在安全隐患。

解决措施：对轿门的运行速度、加速度进行调试，使轿门运行时间满足 GB/T 10058 中的要求。

失效模式二：轿门运行速度过慢或开门保持时间过长，造成电梯运行效率下降。

解决措施：对轿门的运行速度、加速度进行调试，使轿门运行的动能不超过

GB 7588 中的要求。

失效模式三：直流电阻门机轿门运行全速和低速差异过大，运行中存在顿挫和异响。

解决措施：对轿门的运行速度、加速度进行调试，使运行平稳、无顿挫感。

培训单元 3　门机机械装置、轿门门锁及其电气安全装置维护保养

能够对门机机械装置进行维护保养

能够对轿门门锁进行维护保养

能够对轿门门锁电气安全装置进行维护保养

一、门机机械装置维护保养

1. 检查方法

（1）根据制造厂家设计要求，逐层测量校对门刀与门锁滚轮之间的运行间隙。如采用的是独立开启的轿门开门限制装置，还应对轿门开锁门刀和门锁滚轮之间的运行间隙进行测量校对。

（2）逐层检查门锁滚轮与门刀之间的啮合宽度，门锁滚轮应与门刀工作面完全接触，滚轮的工作面不应存在部分悬空的状态。如采用的是独立开启的轿门开门限制装置，还应对轿门开锁门刀和门锁滚轮之间的啮合宽度进行测量校对。

（3）逐层测量校对门刀的上下端部与层门地坎之间的运行间隙，原则上该运行间隙应在 5～10 mm 之间。

（4）手动开关轿门使门刀动作，并手动动作门刀上轿门开锁摆臂，观察门刀各摆臂和销轴的运动状态是否灵活、无卡阻，是否存在锈蚀、磨损或松动的情况。

2. 失效状态的识别与处置

失效类型：门刀运行间隙不佳。

失效模式一：独立开启的轿门开门限制装置的门刀与门锁滚轮运行间距过大，导致轿门无法开启，引起困人故障。

解决措施：根据制造厂家设计要求，调整轿门开锁门刀和门锁滚轮之间的运行间隙。对间距不符合要求的层站，校正层门上部件（如轿门开锁门刀、轿门开锁滚轮等）的位置。如大多数层站的该间距均不符合要求，且这些层门上部件的位置均偏向同一侧时，可对门机上部件的位置进行调整。

失效模式二：轿门门刀与层门门锁滚轮运行间距过小，轿厢偏载状态运行，容易导致门刀撞击门锁滚轮。

解决措施：根据制造厂家设计要求，调整轿门门刀和层门门锁滚轮之间的运行间隙。对间距不符合要求的层站，校正层门门锁的相对位置，并在门锁位置校正之后，对层门门锁锁紧状态、层门联动机构和层门门扇间隙重新进行调整。如大多数层站的该间距均不符合要求，且这些层门门锁滚轮的位置均偏向同一侧时，可对轿门门刀的位置进行调整。

失效模式三：门刀与地坎运行间隙过大，引起门刀与门锁滚轮啮合宽度不足，门刀容易脱离门锁滚轮。

失效模式四：门刀与地坎运行间隙过小，轿厢偏载状态运行，门刀容易撞击地坎或上坎。

解决措施：根据制造厂家设计要求，对门刀的上下端部与层门地坎之间的运行间隙进行调整，原则上该运行间隙应在 5～10 mm 之间。在门刀底座上增减相应的垫片，或者适当移动门机前后位置。调整过程中，应当充分考虑轿顶导靴工作状态和轿厢平衡状态对该运行间距的影响，避免由于轿顶导靴磨损、轿厢前后偏载等问题引起该运行间隙不符合要求。

二、轿门门锁维护保养

1. 检查方法

（1）对轿门门锁的工作状态进行检查，其摆臂和销轴等运动机构应灵活无卡阻，且不应存在锈蚀、磨损或松动的情况。

（2）在层站外，手动触发轿门开门限制装置上的便捷开锁装置，应能顺畅地开启轿门门锁，不应出现卡阻、难以开启的情况。

2. 失效状态的识别与处置

失效类型：轿门门锁联动机构状态不良。

失效模式一：联动开启的轿门开门限制装置，其轿门开锁摆臂上的销轴锈蚀、卡阻，轿门门锁无法开启或锁紧。

解决措施：更换联动开启的轿门开门限制装置。

失效模式二：独立开启的轿门开门限制装置，其轿门门锁的销轴锈蚀、卡阻，轿门门锁无法开启或锁紧。

解决措施：更换独立开启的轿门开门限制装置。

失效模式三：轿门开门限制装置便捷开锁装置缺失，无法在层站外快速开启轿门门锁。

解决措施：更换轿门开门限制装置的便捷开锁装置。

三、轿门门锁电气安全装置维护保养

1. 检查方法

（1）手动打开轿门，观察轿门门锁电气触点和触片的表面是否存在拉弧氧化导致触点表面变黑的情况。

（2）手动闭合轿门，在闭合过程中仔细观察轿门门锁的电气触点与触片之间的相对位置，要求触点与触片在接触时相对位置居中。

（3）手动反复开关轿门，观察轿门门锁电气触点和触片在接触时的接触行程，一般触点与触片的接触行程在 3～5 mm。

（4）检查轿门门锁电气触点的接线，各端子接线应当紧固，不应存在短接的情况。同时检查电气线缆的走线，应当与运动部件保持适当的运行间隙，避免运动部件钩挂、刮擦或挤压线缆。

2. 失效状态的识别与处置

（1）失效类型一：触点表面状态及工作环境不佳。

失效模式一：两类轿门门锁电气触点表面氧化烧蚀，触点不能可靠接通，导致电梯发生故障。

解决措施：用百洁布对触点表面进行清洁，切忌使用砂纸、刮刀等打磨工具打磨触点表面。

失效模式二：两类轿门电气触点工作环境粉尘过大，容易引起触点表面积灰，使触点不能可靠接通，甚至引起触点表面氧化烧蚀，导致电梯发生故障。

解决措施：对轿门上坎进行清洁。

失效模式三：两类轿门电气触点罩壳破损，缺少防尘措施，触点容易受到粉尘污染。

解决措施：更换安全触点和触点罩壳。

（2）失效类型二：触点工作状态不可靠。

失效模式一：轿门直接操作的电气触点，其动、静触点相对位置不居中，不能准确接触。

解决措施：如果触点相对位置靠近触片边缘，应当立即对触点和触片的位置进行调整，调整过程中应注意门扇各间隙的变化，有可能影响动、静触点的接触位置。

失效模式二：轿门直接操作的电气触点，动、静触点的接触行程过小，触点无法可靠接通。

失效模式三：轿门直接操作的电气触点，动、静触点的接触行程过大，容易引起触点弹性元件损坏，导致触点无法接通。

解决措施：对触点与触片的压缩行程进行调整，调整过程中应注意门扇各间隙的变化，有可能对触点的接触行程产生影响。因为门锁触点电压较高，因此在触点与触片压缩量的调整过程中应注意操作安全，防止静电。

（3）失效类型三：触点电气接线不可靠。

失效模式一：两类轿门电气触点的电气接线松动。

解决措施：紧固电气线缆接线端子。

失效模式二：两类轿门电气触点的电气线缆与运动部件擦碰。

解决措施：对轿门上坎内部电气线缆的走线进行整理固定，避免与运动部件擦碰。

失效模式三：两类轿门电气触点人为短接引起门开启监测功能失效。

解决措施：拆除短接线，并检查门锁电气触点的工作状态。

培训单元4　运行噪声测试修正

能够对运行噪声进行测试

能够对噪声值进行修正

一、运行中轿厢内噪声的测试

运行中轿厢内噪声测试应采用《电梯试验方法》（GB/T 10059）中 4.2.5.1 的测试方法。

风扇、空调等轿厢内的附属设备以及可在轿厢内听到的警报、广播等层站附属设备宜处于关闭状态。如有任何一种设备不能关闭，则应在结果中说明。传声器（声级计）放置在轿厢地板中央半径为 0.1 m 的圆形范围上方（1.5±0.1）m 处，沿着水平方向直接对着轿厢主门。取电梯全程上行和全程下行运行过程中以额定速度运行时的最大值。

二、开关门过程噪声测试

开关门过程噪声测试应采用 GB/T 10059 中 4.2.5.2 的测试方法。

测试时传声器（声级计）分别从轿内和层站门宽中央水平对着轿门和层门，传声器距门 0.24 m，距地面（1.5±0.1）m 处测量。取开、关门过程的最大值。

三、机房运行噪声的测试

机房运行噪声测试应采用 GB/T 10059 中 4.2.5.3 的测试方法。

电梯以额定速度运行，取 5 个测点，即距驱动主机前、后、左、右最外侧各 1 m 处的 $(H+1)/2$ 高度上 4 个点（H 为驱动主机的顶面高度，m）及正上方 1 m 处 1 个点。受建筑物结构或者设备布置的限制可以减少测点。取每个测点测得的声压修正值的平均值。

四、噪声值的修正

噪声值得修正应采用 GB/T 10059 中 4.2.5.4 的修正方法。

如果所测声源噪声与背景噪声相差不大于 10 dB（A），按表 3-5 修正。

表 3-5　噪声修正值　　　　　　　　　　单位：dB(A)

声源工作时测得的 A 声级与背景噪声 A 声级之差	应减去的修正值
3	3.0
4	2.0
5	2.0
6	1.0
7	1.0
8	1.0
9	0.5
10	0.5
>10	0

注：背景噪声是指被测量声源不存在时，周围环境的噪声

培训项目 4　自动扶梯设备维护保养

培训单元 1　扶手装置维护保养

能够对扶手装置进行维护保养

一、检查方法

1. 控制扶梯，将上下端部扶手带与端部回转链处的扶手带剥离，检查回转链内的轴承是否缺失。用手拨动回转链内的轴承，检查各轴承是否存在卡阻。

2. 对扶手导轨连接处进行检查。检查扶手导轨之间的连接螺栓是否存在松动；检查扶手导轨之间的拼缝是否平滑连接，且拼缝间隙不大于 0.5 mm，高低差不大于 0.2 mm。

3. 控制扶梯，将扶手带剥离扶手导轨，主要检查扶手导轨与连接螺栓处是否存在异物。检查扶手导轨是否有严重磨损，尤其检查上端部过渡曲线段扶手导轨是否有严重磨损。

4. 在上下机房楼层板处，用手轻贴端部回转链处感知扶手带的温度，如明显感觉到有温升,说明扶手带张力过大。检修控制扶梯,拆除倾斜段内盖板,测量扶梯中段扶手带的下垂量是否超差,一般要求扶手带的自然下垂量为 8 ~ 12 mm。

测量时,在扶梯中部取一段两端含扶手带滑块的扶手带,以护壁板下端为基准线,在两端有扶手带滑块处测量扶手带与护壁板下端的距离 L_2,在该段扶手带中部测量扶手带与护壁板下端的距离 L_1,$\Delta L=L_1-L_2$ 即为扶手带下垂量,如图 3-88 所示。

图 3-88 护壁板下端扶手带下垂量测量

5. 控制扶梯,拆除上端部内盖板,拆除围裙板,检修运行扶梯,观察扶手带防偏轮是否存在长行程接触,观察扶手带与摩擦轮是否仅单侧与摩擦轮接触(咬边)。

二、失效状态的识别与处置

失效类型:扶手带运行失效。

失效模式一:回转链内的轴承(见图 3-89)缺失导致扶手带滑动层直接接触扶手导轨,两者之间产生摩擦,扶手带滑动层磨损。

失效模式二:回转链内的轴承卡阻,轴承与扶手带之间的摩擦由滚动摩擦变为滑动摩擦,扶手带滑动层磨损。

解决措施:剥离扶手带,更换回转链内的轴承。

失效模式三:扶手导轨之间的拼缝(见图 3-90)超差,易导致乘客手指被划伤。

失效模式四:扶手导轨拼接错位,易导致乘客手指被划伤。

解决措施:剥离扶手带,将扶手导轨的拼缝调整至小于 0.5 mm。

失效模式五:扶手导轨连接螺栓松动导致扶手导轨之间的拼缝超差,易导致乘客手指被划伤。

解决措施:剥离扶手带,紧固扶手导轨的连接螺栓。

失效模式六:扶手导轨内有大量异物存积,阻滞扶手带运行并产生磨损。

图3-89　回转链内轴承

图3-90　扶手导轨之间的拼缝

解决措施：清理扶手导轨内的异物。

失效模式七：扶手导轨磨损导致扶手带磨损。

解决措施：剥离扶手带，更换扶手导轨，并将拼缝调整至小于0.5mm。

失效模式八：扶手带张紧力不足，扶手带运行速度滞后于梯级运行速度。

失效模式九：扶手带张紧力过大，导致上下端部扶手带摩擦生热，加快扶手带磨损速度，扶手带使用寿命大大缩短。

解决措施：检查确认所有护壁板的拼缝合格，拆除上端部过渡曲线段内盖板，通过前后调整滚轮群的调节螺栓，调整扶手带的张紧力，将扶手带的下垂量调整至8~12mm，如图3-91所示。

失效模式十：扶手带与防偏轮长行程接触，导致防偏轮轴承损坏，出现卡阻。

图3-91　扶手带下垂量调整

解决措施：拆除上端部过渡曲线段内盖板，检修运行扶梯，拆除防偏轮，调整滚轮群，直至防偏轮不再与扶手带长行程接触。

失效模式十一：扶手带仅单侧与摩擦轮接触（咬边），导致扶手带严重磨损。

解决措施：拆除上端部过渡曲线段内盖板，检修运行扶梯，拆除防偏轮，调整滚轮群，直至扶手带两侧边缘与摩擦轮存在大于2mm的活动间隙。

培训单元 2　制动器间隙检查调整

能够对制动器间隙进行检查调整

一、制动器间隙检查

1. 切断扶梯主电源，并对扶梯进行机械锁闭。

2. 用手动开闸装置打开制动器，用塞尺检查制动衬下端与制动鼓的间隙，该间隙宜不小于 0.1 mm，确保其不与制动鼓擦碰；同时不宜过大，根据经验判断，当制动器间隙接近 0.6 mm 时，制动器关闭噪声会大幅度增加。

二、制动器间隙调整

1. 拧松制动臂开启顶杆的锁紧螺母，通过调节顶杆的位置对制动器开启间隙进行调整：如开启间隙过大，旋转顶杆螺栓，使顶杆向制动臂外侧移动，减少制动臂开启的行程；如开启间隙过小，旋转顶杆螺栓，使顶杆向制动臂内侧移动，增加制动臂开启的行程；如图 3-92 所示。

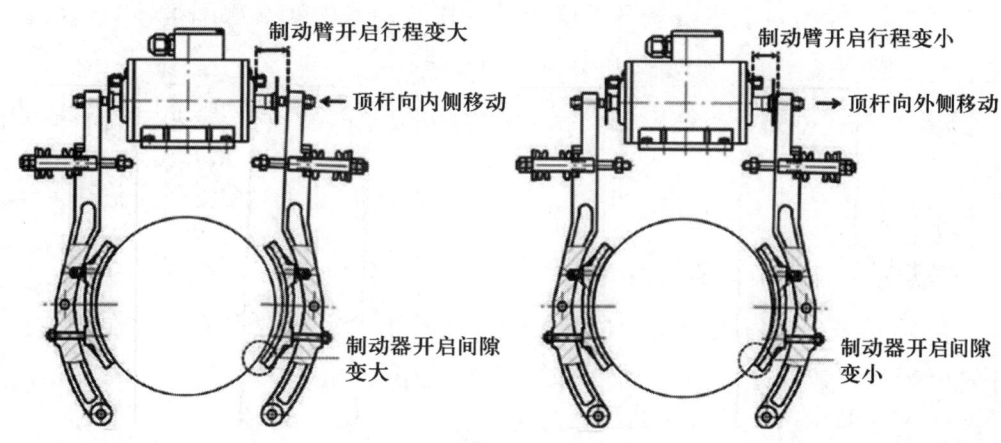

图 3-92　制动器开启间隙调整方法

2. 按照上述方法，反复调整制动器开启间隙，使之处于 0.1 ~ 0.6 mm 范围内。

培训单元 3 监控和安全装置维护保养

能够对梳齿板上抬安全开关进行维护保养
能够对梳齿板后退安全开关进行维护保养
能够对超速或非操纵逆转监测装置进行维护保养

一、梳齿板安全开关维护保养

1. 梳齿板上抬安全开关维护保养

（1）检查方法

1）检查梳齿板上抬安全开关固定板件是否松动。

2）使用塞尺测量梳齿板上抬安全开关与动板之间的间隙，该间隙一般不大于 0.5 mm。

3）为了使梳齿板上抬安全开关能上抬动作，检查两侧端部围裙板与梳齿板前沿是否有足够使梳齿板上抬安全开关动作的间隙。

4）检查端部围裙板与梳齿板安装位置之间的间隙是否符合要求，且不能露出缝隙。

（2）失效状态的识别与处置

失效类型：梳齿板上抬保护失效。

失效模式一：梳齿板上抬安全开关固定板件松动，导致安全开关在梳齿板发生上抬时无法有效触发，扶梯无法制停，引发事故。

解决措施：紧固安全开关固定板件固定螺栓。

失效模式二：梳齿板上抬安全开关与动板的间隙过大，导致安全开关无法有效动作。

解决措施：拆除上端部过渡曲线段内盖板，调整梳齿板上抬安全开关，确保其与动板之间间隙不大于 0.5 mm。

失效模式三：端部围裙板与梳齿板前沿上抬间隙超差，导致安全开关无法动作。

解决措施：拆除上端部过渡曲线段内盖板，调整端部围裙板与梳齿板前沿上抬间隙。

失效模式四：端部围裙板与梳齿安装位置之间间隙过小，导致安全开关无法动作。

解决措施：拆除上端部过渡曲线段内盖板，调整端部围裙板与梳齿安装位置之间间隙大于 3 mm，且不能露出缝隙。

2. 梳齿板后退安全开关维护保养

（1）检查方法

1）控制扶梯，检查梳齿板台阶与中板之间是否有异物。

2）测量梳齿板台阶与中板间隙是否为 5 ~ 8 mm。

（2）失效状态的识别与处置

失效类型：梳齿板后退保护失效。

失效模式一：梳齿板后退安全开关固定板件松动，导致安全开关在梳齿板发生后退时无法有效触发，扶梯无法制停，引发事故。

解决措施：紧固安全开关固定板件固定螺栓。

失效模式二：梳齿板后退安全开关与动板的间隙过大，导致安全开关无法有效动作。

解决措施：拆除上端部过渡曲线段内盖板，调整梳齿板后退安全开关，确保其与动板之间间隙不大于 0.5 mm。

失效模式三：梳齿板台阶与中板间隙不符合要求，导致安全开关无法动作。

解决措施：拆除上端部过渡曲线段内盖板，调整梳齿板，使梳齿板台阶与中板间隙为 5 ~ 8 mm。

失效模式四：梳齿板台阶与中板之间存在异物，导致安全开关无法动作。

解决措施：清除梳齿板台阶与中板之间的异物。

二、超速保护监测装置维护保养

1. 检查方法

（1）控制扶梯，开启上楼层板进入上机房，检查测速传感器的固定螺栓是否松动，表面是否存在油污。

（2）检测超速保护。扶梯通过装于主驱动轮上的两个主驱动测速传感器检测扶梯当前的速度，当测速传感器检测到的脉冲值超过自学习值的110%时，扶梯就会保护停梯，报超速故障；当检测到的脉冲值超过自学习值的120%时，附加制动器也会动作（下行超速附加制动器才会动作）。

（3）检测逆转保护。当这两个主驱动测速传感器检测到的脉冲值低于自学习值的15%时，扶梯会保护停梯，报故障，附加制动器也会动作（上行逆转附加制动器才会动作）。

（4）确认两个主驱动速度传感器与主驱动链轮的轮齿距离在2～3mm，两个主驱动轮测速传感器之间的中心距应保证在（40±1）mm。使主驱动轮旋转时测速传感能感应产生速度脉冲，同时传感器探头又不会被主驱动轮撞坏，在维保过程中需保证传感器表面没有油污，以免影响传感器的检测精度。

检查测速传感器与主驱动齿顶间隙为1.5～2.5mm（见图3-93），调节测速传感器的位置使服务器的相位角参数调整至70°～110°。

（5）根据电气原理图检查线路是否存在故障，检查电缆表面是否有破损。

2. 失效状态的识别与处置

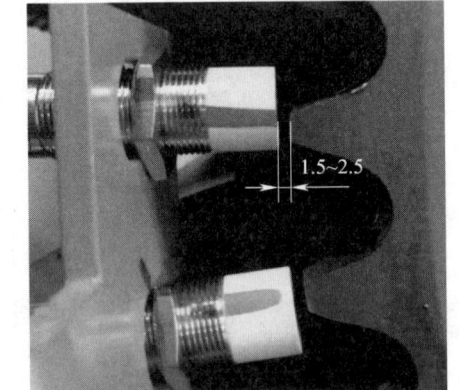

图3-93 测速传感器

失效类型：测速开关失效。

失效模式一：测速传感器端部有油污。

解决措施：清理测速传感器端部油污。

失效模式二：固定螺栓松动导致扶梯误动作，报故障，频繁停梯影响扶梯正常运行。

失效模式三：测速传感器与主驱动接近距离超差，导致扶梯报故障。

失效模式四：测速传感器固定板件变形，导致测速传感器与主驱动角度出现偏差，引起扶梯误报NRD（非操纵逆转保护功能）故障。

解决措施：扶梯控制柜自学习成功后，查看服务器信息，如上、下行相位角相差15°或者不在80°～100°，需微调整主驱动测速传感器重新自学习，重复断电、上电确认自学习是否成功。主驱动测速保护开关与主驱动齿顶间隙为

1.5～2.5 mm，相位角调整为70°～110°。

失效模式五：测速传感器的电缆破损。

解决措施：根据电气原理图对线路进行检查调整，确保与电气原理图相符；若发现线路不存在故障，则更换电缆，确保其表面完好。

三、梯级链张紧装置维护保养

1. 检查方法

（1）控制扶梯，开启下楼层板进入下机房，使用机房检修照明检查左右两侧弹簧长度是否一致。

（2）检查张紧装置侧板与角钢配合处是否充分润滑，弹簧座支架与长螺杆是否出现卡阻，目测下部侧板能否前后运行。

（3）控制扶梯，检修运行扶梯，开启下楼层板进入下机房，使用机房检修照明检查180°压轨与主轮间隙符合要求，且压轨不应出现变形。

2. 失效状态的识别与处置

失效类型：梯级链张紧装置失效。

失效模式一：左右两侧张紧弹簧压缩行程不一致，两侧梯级链张紧力不一致，导致梯级在运行中出现错齿现象。

解决措施：调整张紧装置的压缩弹簧，将尺寸调整至120 mm（见图3-94）。需要注意的是，调整压缩弹簧时还需检查侧板拉开的距离是否大于204 mm（见图3-95），若大于204 mm，说明两交叉导轨已错开，梯级滚轮无法在其上方运行，需要拆除一根梯级轴，减少一个梯级。

图3-94 调整压缩弹簧

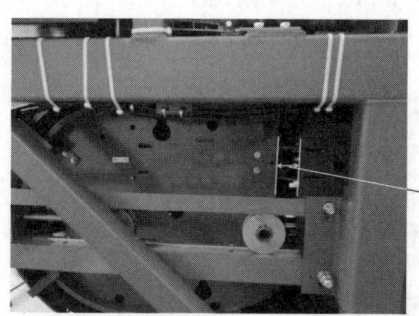

图3-95 侧板拉开的距离

失效模式二：张紧装置侧板与角钢配合处润滑不足、存在卡阻，导致扶梯运行过程中梯级产生异响，运行出现顿挫。

解决措施：控制扶梯，开启下楼层板进入下机房，对卡阻的位置进行必要的润滑（见图3-96），润滑完毕后，检修运行扶梯，观察卡阻位置是否运行灵活、无异响。

四、梯级链张紧安全开关维护保养

1. 检查方法

图3-96　侧板与角钢配合处需润滑

（1）控制电梯，开启下楼层板进入下机房，检查梯级链张紧安全开关是否松动，测量安全开关与配合支架间隙是否合格。

（2）检查梯级是否有错齿的情况。

2. 失效状态的识别与处置

失效类型：电气安全开关安装定位不佳。

失效模式一：电气安全开关螺栓松动，导致电气安全开关无法有效动作。

解决措施：紧固电气安全开关固定螺栓。

失效模式二：电气安全开关与配合支架间隙超差，导致电气安全开关无法有效动作。

失效模式三：支架变形歪斜，导致电气安全开关无法有效动作。

解决措施：调整电气安全开关与配合支架的间隙至2 mm（见图3-97）。

失效模式四：梯级链拉长，导致电气安全开关间隙超差。

解决措施：调整电气安全开关与配合支架的间隙至2 mm，若梯级链轻微拉长，则对张紧装置的压缩弹簧进行调整，将尺寸调整至（120±1）mm；若梯级链拉长较为严重，则更换梯级链。

图3-97　安全开关与配合支架的间隙

五、梯级下陷保护装置维护保养

1. 检查方法

（1）控制扶梯，开启下楼层板进入下机房，按照拆除梯级程序拆除一个梯级，将空挡运行至梯级下陷打杆所在位置，手动摆动机械结构动作开关，检测开关是否能有效动作。

（2）测量梯级下陷打杆与梯级间隙为 3 ~ 4 mm。

2. 失效状态的识别与处置

失效类型：电气安全开关失效。

失效模式一：螺栓松动，导致误报故障且不能有效反馈故障。

解决措施：紧固电气安全开关固定螺栓。

失效模式二：梯级下陷，打杆遗失或间隙超差，导致误报故障且无法有效反馈故障。

解决措施：调整打杆与梯级轴、梯级钩、梯级副轮支架、梯级间隙均为 3 ~ 4 mm。

六、梯级缺失保护装置维护保养

1. 检查方法

（1）根据 GB 16899《自动扶梯和自动人行道的制造与安装安全规范》5.3.6 的要求，自动扶梯和自动人行道应能通过装设在驱动站和转向站的装置检测梯级或踏板的缺失，并应在缺口（由梯级或踏板缺失而导致）从梳齿板位置出现之前停止。

（2）控制扶梯，开启下楼层板进入下机房，按照拆除梯级程序拆除一个梯级，检查梯级或踏板缺失检测开关检测头表面是否存在油污。使用铁片检测梯级或踏板缺失检测开关能否有效感应梯级：将铁片扫过开关检测头下方，观察开关的亮灯情况，若检测灯能够正常亮起，说明开关能够有效感应梯级；若检测灯无反应，说明开关无法有效感应梯级。

（3）控制扶梯，开启下楼层板进入下机房，按照拆除梯级程序拆除一个梯级，任取一梯级，使用检修装置运行至开关检测头位置之上，使用塞尺测量开关检测头与梯级之间的距离（见图 3-98）。若梯级为铝合金材质，该间隙为 3 ~ 5 mm；若梯级为不锈钢材质，该间隙为 4 ~ 6 mm。

2. 失效状态的识别与处置

失效类型：电气安全开关状态不佳。

失效模式一：梯级检测头表面有油污，导致电气安全开关误报故障，影响扶梯正常运行。

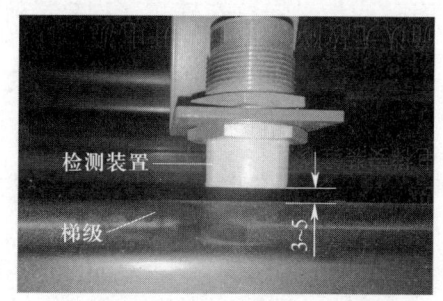

图 3-98 铝合金梯级动态检测距离

解决措施：清洁梯级检测头表面的油污。

失效模式二：电气安全开关检测头质量不佳，导致电气安全开关误报故障，影响扶梯正常运行。

失效模式三：电气安全开关检测头与梯级检测距离过大，电气安全开关无法感应梯级，导致停梯。

失效模式三：电气安全开关检测头与梯级检测距离过小，梯级与电气安全开关检测头摩擦造成磨损，导致停梯。

解决措施：更换元器件，并确保电气安全开关检测头与梯级间隙合理。

七、扶手带速度监测装置维护保养

1. 检查方法

（1）检修控制扶梯，拆除下端部内盖板或者栏板，手动转动测速滚轮，目测测速传感器上的信号灯是否闪烁。

（2）检修控制扶梯，拆除下端部内盖板或者栏板，手动转动测速滚轮，检查测速滚轮与扶手带是否有效接触；抬起测速滚轮机构重物，检查测速滚轮转动时是否存在卡阻。

（3）检修控制扶梯，拆除下端部内盖板或者栏板，使用塞尺测量测速滚轮与测速传感器间隙是否为 2～3mm。

2. 失效状态的识别与处置

失效类型：扶手带速度监控系统失效。

失效模式一：测速传感器损坏，导致无法正确检测扶手带运行速度。

解决措施：切断扶梯主电源，控制扶梯，开启下端部内盖板，更换测速传感器。

失效模式二：测速滚轮与扶手带未压实，滚轮旋转速度与扶手带运行速度未有效同步，导致扶梯频繁误报故障，影响扶梯正常运行。

解决措施：切断扶梯主电源，控制扶梯，开启下端部内盖板，调整测速滚轮，使其紧贴于扶手带。

失效模式三：测速滚轮卡阻，导致无法准确检测扶手带运行速度。

解决措施：更换测速滚轮。

失效模式四：测速滚轮与测速传感器间隙超差，导致测速传感器无法检测到扶手带的速度，频繁误报故障，影响扶梯正常运行。

解决措施：检修控制扶梯，拆除下端部内盖板或者栏板，调整测速传感器，使测速滚轮与测速传感器间隙为 2～3 mm（见图 3-99）。

八、附加制动器维护保养

1. 楔块式附加制动器维护保养

（1）功能测试

1）当符合附加制动器动作条件断电时，附加制动器工作，扶梯下行制动。这时扶梯只能上

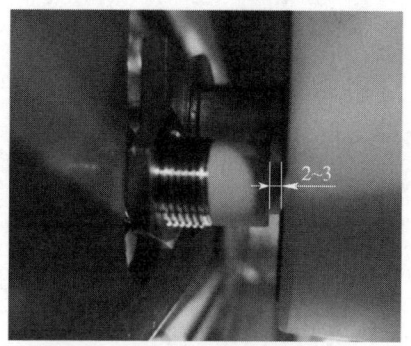

图 3-99　测速滚轮与测速传感器间隙

行，不能下行。重新开启下行扶梯时，必须先使扶梯上行，等主驱动转动 2～3 圈后，附加制动器复位，扶梯才能正常向下运行。

2）按主板上复位按钮，钥匙开关盒显示"L"或"1L"即可。

3）扶梯上行启动时，检查制动杆能否使制动块回位。特别要提醒的是，在移动制动杆前一定要先记下制动杆的原始位置，以便在检修完成后将制动杆回位。

4）附加制动器复位时，塞尺检查楔块与制动盘之间的任一侧应不小于 0.5 mm。

5）检查附加制动器制动距离及附加制动器动作后的空载制动距离。

（2）检查及保养

1）清洁运动部件并加润滑油润滑，重点检查其功能是否完好，动作是否可靠。

2）检查所有连接件是否有松动，检查各个固定螺栓是否松动。

3）制动块内侧与制动盘接触的工作面是否有毛刺，注意不要涂抹滑油脂。

2. 摩擦盘式附加制动器维护

（1）功能测试。确保在下列任一情况下，附加制动器动作正常。

1）扶梯下行超速时，扶梯停梯报故障，同时附加制动器动作。

2）扶梯上行逆转时，扶梯停梯报故障，同时附加制动器动作。

（2）检查及保养

1）每半月一次（停梯状态）。关闭主电源空开，等待 5 s，附加制动器挡块打开，要求附加制动器动作灵活，无卡阻现象，检查确保附加制动器检测开关动作可靠。附加制动器触发机构的相对活动部件处加注润滑脂（黄油）润滑。检查所有连接件、螺栓是否紧固，若有松动，用扳手紧固，并检查开关是否完好。检查

确认无故障，推上空开电源。

2）每半年一次（空载运行状态）。关闭主电源，空载盘车下行，确保刹车盘能缓缓动作且没有生锈。断开主电源盒，拆开电动机风扇罩，手动松闸、盘车。盘车使附加制动器挡块与主驱动制动盘挡块（摩擦盘挡块）贴合，施加合适的力下行盘车测试。

培训单元 4　运行制动距离测试

能够进行空载向下运行制动距离测试

能够进行有载向下运行制动距离测试

空载向下运行制动距离测试

操作步骤

步骤 1　把带复位安全开关串联在安全回路中，为便于运行时人为设置的阻挡物可以触发开关动作，停止电梯运行，将带复位安全开关固定在扶梯运行相对静止的位置（可以在内盖板上或者护壁板上）。

步骤 2　在梯级上或者扶手带上设置一个阻挡物用来触发带复位安全开关。启动自动扶梯至额定速度时，梯级或扶手带上的阻挡物撞击固定在扶梯运行相对静止位置上的带复位安全开关，带复位安全开关被触发，安全回路产生故障，自动扶梯自动停止。扶梯制停后由于惯性作用，梯级会继续向前移动一段距离，使用卷尺测量带复位安全开关与阻挡物之间的距离即为制动距离。空载情况下制动距离要求见表 3-6。

表 3-6 空载情况下制动距离要求

名义速度 /m/s	制动距离 /m
0.50	0.20 ~ 1.00[a]
0.65	0.30 ~ 1.30[a]
0.75	0.40 ~ 1.50[a]

a 不包括端点数值

如果速度在上述数值之间,制动距离用插入法计算。制动距离应从电气停止装置动作时开始测量。

步骤 3 空载运行测试步骤重复 3 次。

注意事项

如果制动距离超过表 3-6 所规定制动距离最大值的 1.2 倍,自动扶梯和自动人行道应在故障锁定被复位之后才能重新启动。

自动扶梯和自动人行道在使用中由于制动衬磨损导致制动力减小等可能导致制动距离不符合要求,维护组织会根据维护说明书的要求对制动器进行检查、调整、更换,对于调整、更换完的制动器再进行 3 次以上的试验直至合格。

有载向下运行制动距离测试

GB 16899 的 12.4.4.1 做了以下规定。

每个梯级的制动载荷按其名义宽度 z_1 来确定:

$z_1 \leqslant 0.6$ m 时　　　　　为 60 kg;

0.6 m $< z_1 \leqslant 0.8$ m 时　　为 90 kg;

0.8 m $< z_1 \leqslant 1.1$ m 时　　为 120 kg。

步骤 1 根据载重梯级数量乘以每个梯级的制动载荷计算出总试验制动载荷。

步骤 2 根据总试验制动载荷除以每块砝码的重量,计算出砝码数量。

步骤 3 砝码摆放,从扶梯上入口开始,每个梯级放置砝码,将总制动载荷分布在上 2/3 的梯级上。

步骤 4 把带复位安全开关串联在安全回路中,为便于运行时人为设置的阻挡物可以触发安全开关动作，将带复位安全开关固定在扶梯运行相对静止的位置（可以在内盖板上或者护壁板上）。

步骤5 在梯级上或者扶手带上设置一个阻挡物用来触发带复位安全开关。启动自动扶梯至额定速度时，梯级或扶手带上的阻挡物撞击固定在扶梯运行相对静止位置上的带复位安全开关，带复位安全开关被触发，安全回路产生故障，自动扶梯自动停止。

步骤6 有载运行测试重复3次。

培训单元5　其他装置维护保养

能够对梯级轴与梯级轴衬进行维护保养
能够对梯级链润滑装置进行维护保养
能够对梯级滚轮和导轨进行维护保养
能够对主驱动链进行维护保养
能够对梯级链及主驱动链异常伸长进行检查调整

一、梯级轴与梯级轴衬维护保养

1. 检查方法

正常运行扶梯，作业人员分别站立在扶梯上、下端部梳齿板处，侧耳倾听梯级运行是否存在异响。对每个梯级进行以下检查：梯级轴衬是否存在毛刺，梯级轴衬是否变形，梯级轴衬是否存在磨损。

2. 失效状态的识别与处置

失效类型：梯级轴衬表面状态不佳。

失效模式一：梯级轴衬与梯级轴之间缺少润滑，扶梯运行时发出异响。

解决措施：控制扶梯，开启下楼层板进入下机房，检修运行扶梯，使用润滑脂填充于梯级轴衬与梯级轴之间。

失效模式二：梯级轴衬表面存在毛刺。

失效模式三：梯级轴衬变形，导致梯级产生扭曲应力，引起梯级变形。

失效模式四：梯级轴衬磨损，导致梯级运行时晃动幅度过大。

解决措施：更换梯级轴衬。

二、梯级链润滑装置维护保养

1. 检查方法

（1）作业人员开启上楼层板进入上机房，使用机房检修照明对以下项目进行检查：塑料油管是否老化，油管各接头是否漏油，油管分支是否漏油。

如在检查过程中发现扶梯自动运行过程中油管不出油的情况，在确保油泵有油的情况下，使用服务器测试加油，并保证服务器加油时间足够长，观察油管是否出油，若不出油，拆除油泵与油管连接处的螺栓，观察油管是否出油。若油管出油，说明油泵不工作；若不出油，说明油管存在堵塞。

（2）作业人员开启上楼层板进入上机房，检修运行扶梯，观察润滑部件是否出现缺油干涩或者底板上存在大量积油。

2. 失效状态的识别与处置

失效类型：自动润滑系统失效。

失效模式一：塑料油管老化损坏，导致油管漏油。

解决措施：控制扶梯，开启上楼层板进入上机房，更换油管。

失效模式二：油管堵塞不出油，导致润滑部件无法得到足够的润滑。

解决措施：控制扶梯，开启上楼层板进入上机房，更换油管。

失效模式三：油管各分支的连接螺栓（见图3-100）松动，导致漏油。

解决措施：更换油管。

失效模式四：油管各接头处的接头螺栓（见图3-101）松动，导致漏油。

解决措施：控制扶梯，开启上楼层板进入上机房，对油管分支处的连接螺栓进行紧固直至无漏油情况，或直接更换油管。

失效模式五：加油周期不当或加油周期过长，导致润滑部件未能得到足够的润滑。

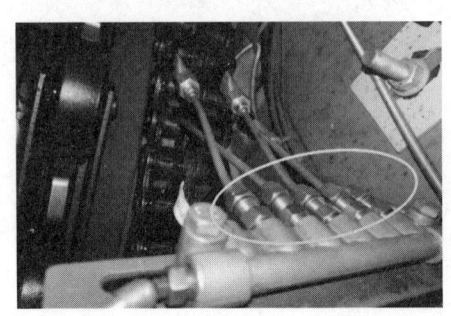 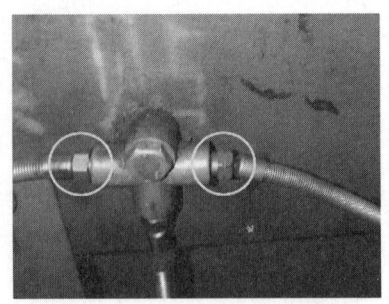

图 3-100 油管各分支连接螺栓　　　　图 3-101 油管接头处螺栓

解决措施：根据扶梯实际使用情况，使用服务器对加油周期进行修正。

失效模式六：油泵不工作，导致润滑部件无法得到足够的润滑。

解决措施：更换对应油泵，油泵更换完毕后需重新注入润滑油，并确保油位处于油壶的 1/3～1/2 之间。

三、梯级滚轮和导轨维护保养

1. 梯级滚轮维护保养

（1）检查方法

1）正常运行扶梯，依靠人体感官去感知每一个梯级的运行状况，当发现有梯级出现异常时，按照正确的拆卸梯级程序拆卸梯级。

2）对梯级进行以下检查：梯级滚轮表面是否存在异物，梯级滚轮聚氨酯与龙骨架是否脱离，梯级滚轮运行是否存在卡阻。需要注意的是，日常检查维护时若发现梯级出现梯级滚轮螺栓松动，应对扶梯所有梯级进行检查。

（2）失效状态的识别与处置

失效类型：梯级滚轮机械结构失效。

失效模式一：梯级滚轮表面附着异物，导致运行时滚轮出现起伏波动。

解决措施：控制扶梯，按照正确的拆除梯级程序拆卸梯级，对梯级滚轮进行表面异物清理。

失效模式二：梯级滚轮聚氨酯与龙骨架脱离，导致梯级左右存在高度差，运行存在卡阻。

失效模式三：梯级滚轮运行卡阻，导致运行时滚轮发出异响。

解决措施：控制扶梯，按照正确的拆除梯级程序拆卸梯级，更换相应的梯级滚轮。

失效模式四：梯级滚轮螺栓松动，导致梯级滚轮脱落，引发安全事故。

解决措施：控制扶梯，按照正确的拆除梯级程序拆卸梯级，紧固梯级滚轮螺栓。

2. 梯级导轨维护保养

（1）检查方法

1）正常运行扶梯，作业人员乘坐 2～3 次，依靠人体感官去感知梯级的运行状况。当发现有梯级出现异常时，按照正确的拆卸梯级程序拆卸梯级，对梯级的表面状态进行检查。将梯级拆除的空位运行至中间段，检查梯级导轨表面是否存在异物。

2）正常运行扶梯，作业人员从下端部乘坐扶梯至上端部，感知扶梯运行是否存在明显振动。控制扶梯，按照正确的拆卸梯级程序拆除一个梯级，将梯级拆除的空位运行至中间段，检查梯级导轨连接处是否平整，一般情况下，导轨过渡区拼缝间隙、高低错位，要求不大于 0.2 mm；检查各焊接点是否脱焊；检查梯级钩与紧急导轨间隙是否超差。

（2）失效状态的识别与处置

失效类型：梯级导轨失效。

失效模式一：梯级导轨上存在异物，导致扶梯运行时梯级出现起伏波动。

解决措施：清理梯级导轨上的异物，清理完毕后对梯级导轨进行加油润滑。

失效模式二：梯级导轨各焊接点脱焊出现台阶，导致梯级运行至此处时出现抖动。

解决措施：对脱焊的梯级导轨进行重新焊接。焊接完毕要求表面磨光，平面度 ≤ 0.2 mm/m。打磨完毕需喷冷锌漆，冷锌漆要覆盖所有打磨区。

失效模式三：梯级导轨接头处不平整出现台阶，导致梯级运行至此处时出现抖动。

解决措施：将接头处不平整的导轨打磨平整，打磨完毕需喷冷锌漆，冷锌漆要覆盖所有打磨区。

失效模式四：梯级钩与紧急导轨间隙超差，导致梯级运行出现紧急情况侧翻时，梯级上抬幅度过大，导致异物挤夹于梯级之间。

解决措施：控制扶梯，按照正确的拆除梯级程序拆除一个梯级，运行至中间段，调整梯级钩与紧急导轨间隙。

四、主驱动链维护保养

1. 主驱动链机械结构维护保养

（1）检查方法。控制扶梯，开启上楼层板进入上机房，使用机房检修照明对以下项目进行检查：检查主驱动链条连接处的销轴是否出现金属粉末，销轴是否出现磨损；检查主驱动链条连接处的销轴外侧卡簧或开口销是否遗失；检查链条的链片内侧是否存在局部磨损。

（2）失效状态的识别与处置

失效类型：主驱动链机械结构失效。

失效模式一：链条连接处销轴磨损，导致链条机械强度下降。

解决措施：将连接处销轴取出，更换相对应的连接处销轴。

失效模式二：链条连接处的卡簧或开口销遗失，链条连接不可靠，易引起断链。

解决措施：补全销轴卡簧或开口销。

失效模式三：主机位置调整不当，链条长期咬链严重，链条严重磨损导致机械强度下降。

解决措施：更换主驱动链。

2. 主驱动链与链轮配合维护保养

（1）检查方法。控制扶梯，开启上楼层板进入上机房，使用机房检修照明检查主驱动链是否出现明显抖动或张紧装置动作幅度过大。

（2）失效状态的识别与处置

失效类型：主驱动链与链轮配合不佳。

失效模式：主机位置调整不当，导致主驱动链与链轮配合不佳，产生异响。

解决措施：根据主机固定方式调整主机位置。

3. 主驱动链张紧装置维护保养

（1）检查方法

1）控制扶梯，开启上楼层板进入上机房，使用机房检修照明手动检查张紧装置是否有弹性。

2）控制扶梯，开启上楼层板进入上机房，使用机房检修照明检查张紧装置侧面的限位螺栓是否松动，主驱动链断链电气安全开关固定螺栓是否松动。

（2）失效状态的识别与处置

失效类型：张紧装置失效。

失效模式一：张紧装置弹簧发生塑性形变（见图3-102），张紧能力丧失。

解决措施：更换张紧装置。

失效模式二：张紧装置侧面的限位螺栓松动，导致张紧装置动作幅度过大，与主驱动链擦碰产生异响。

解决措施：调整并适当紧固张紧装置侧面的限位螺栓，如发现遗失则需补全该部位螺栓。需要注意的是，在调整张紧装置的限位螺栓时，拧紧力度不可过大，过大易导致限位螺栓施加在靴衬上的正压力增大，摩擦力增大，张紧装置无法压紧主驱动链从而无法实现张紧；拧紧力度也不可过小，过小易导致限位螺栓松动，引起张紧装置与梯级擦碰。

失效模式三：主驱动链断链电气安全开关固定螺栓松动（见图3-103），导致电气安全开关不起作用，无法在主驱动链断链时有效触发。

图3-102 张紧装置弹簧发生塑性形变

图3-103 张紧装置的限位螺栓

解决措施：调整主驱动链断链电气安全开关与靴衬之间的间隙，并紧固固定螺栓，确保主驱动链断链时电气安全开关能够有效触发。

技能要求

梯级链及主驱动链异常伸长检查调整

操作步骤

步骤 1　检修运行自动扶梯。

步骤 2　取下链条防护装置。

步骤 3　使用游标卡尺测量六节梯级链的长度（如果游标卡尺的测量范围允许，可以多测量几节），按图 3-104 所示的方法测量内侧长度 L_1 和外侧长度 L_2。

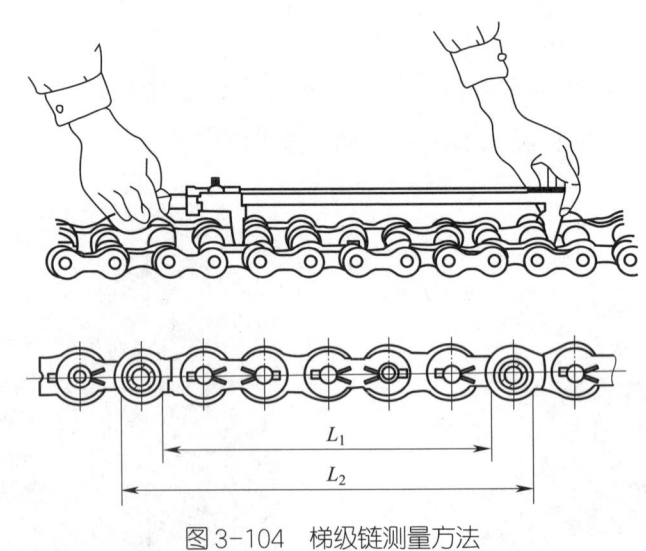

图 3-104　梯级链测量方法

步骤 4　记录测量值。

步骤 5　根据下列公式计算伸长量。

$$L=(L_1+L_2)/2$$

$$E=[(L-S)/S] \times 100\%$$

其中：S 为六节链条的标准值，可以从链条标准技术参数表中查询。

步骤 6　当伸长量 $E>1.5\%$ 时，应更换驱动链。

理论知识复习题

一、**判断题**（将判断结果填入括号中。正确的填"√"，错误的填"×"）

1. 当张紧装置的绳轮发生 100 mm 幅度的飘摆时，电气安全装置不应被触发。（ ）

2. 如果间隙较大一侧的工作面弹性元件压缩程度较紧，应对两侧滚轮弹性元件的预压缩状态进行调整。（ ）

3. 检查门限位轮与导轨之间的运行间隙，该间隙应不大于 0.5 cm。（ ）

4. 随行电缆在回转弯曲段不应有打结和波浪扭曲现象，多根随行电缆应相互绑扎。（ ）

5. 目测钢丝绳各个绳头压缩弹簧的长度应持平。如弹簧压缩长度存在落差，应进一步用拉力法测量各钢丝绳张力的差异。（ ）

二、**单项选择题**（选择一个正确的答案，将相应的字母填入题内的括号中）

1. 各螺栓应当被锁紧螺母可靠锁紧，并配以合适的（   ）。
 A. 防松措施　　　　　　　　B. 张紧措施
 C. 检查措施　　　　　　　　D. 防范措施

2. 钢丝绳张力调整时，应当在测量端的端接装置上进行，也就是在对重侧钢丝绳端接装置上调整，并且应将对重运行至井道（   ），使被调整钢丝绳的悬挂长度达到最大。
 A. 最底部　　B. 最顶部　　C. 近底部　　D. 近顶部

3. 导靴（   ），导致轿厢运行舒适感不佳，同时引起靴衬异常磨损。
 A. 双侧受力过大　　　　　　B. 单侧受力过大
 C. 调整合适　　　　　　　　D. 按要求保养

4. 加油周期不当或加油周期（   ），导致润滑部件未能得到足够的润滑。
 A. 过长　　B. 过短　　C. 不规律　　D. 正常

5. 梯级缺失保护装置中，电气安全开关检测头与梯级（铝合金材质）保持（   ）mm 的间隙。
 A. 1～3　　B. 2～4　　C. 3～5　　D. 4～6

理论知识复习题参考答案

一、判断题

1. √ 2. √ 3. × 4. × 5. √

二、单项选择题

1. A 2. A 3. B 4. A 5. C